SOTHIS PRESS

Sothis Press aims to completely reimagine the public domain book with an emphasis on universal access to captivatingly designed print editions. We believe that technology will enable every single book ever published to be perpetually accessible in beautiful print form. Sothis is beauty in ubiquity.

Printed and bound by CPI Group (UK) Ltd, Croydon, CR0 4YY

www.sothis.press
1 Waterhouse Square, London, EC1N 2ST

La Théorie Physique

Son Objet Et Sa Structure

Pierre Duhem

SOTHIS PRESS

ISBN 978-1-0365-0233-1

La Théorie Physique
is in the public domain.

This edition is published by
Sothis Press © 2023. The company
is registered in England and Wales.
The Company Number is 14900389.

LA THÉORIE PHYSIQUE

SON OBJET ET SA STRUCTURE

INTRODUCTION

Cet écrit sera une simple analyse logique de la méthode par laquelle progresse la Science physique. Peut-être certains de nos lecteurs voudront-ils étendre à des sciences autres que la Physique les réflexions qui sont ici exposées ; peut-être, aussi, désireront-ils en tirer des conséquences transcendantes à l'objet propre de la Logique ; pour nous, nous nous sommes soigneusement gardé de l'une et de l'autre généralisation ; nous avons imposé à nos recherches d'étroites limites, afin d'explorer d'une manière plus complète le domaine resserré que nous leur avons assigné.

Avant d'appliquer un instrument à l'étude d'un phénomène, l'expérimentateur, soucieux de certitude, démonte cet instrument, en examine chaque pièce, en étudie l'agencement et le jeu, la soumet à des essais variés ; il sait alors d'une manière exacte ce que valent les indications de l'instrument et de quelle précision elles sont susceptibles ; il peut en faire usage avec sécurité.

Ainsi avons-nous analysé la Théorie physique. Nous avons cherché, tout d'abord, à en fixer l'*objet* avec précision. Puis, connaissant la fin à laquelle elle est ordonnée, nous en avons examiné la *structure ;* nous avons étudié successivement le mécanisme de chacune des opérations par lesquelles elle se constitue ; nous avons marqué comment chacune d'elles concourait à l'objet de la Théorie.

Nous nous sommes efforcé d'éclairer chacune de nos affirmations par des exemples, craignant, par-dessus toutes choses, les discours dont on ne saisit point l'immédiat contact avec la réalité.

D'ailleurs, la doctrine exposée en cet écrit n'est point un système logique issu de la seule contemplation d'idées générales ; elle n'a pas été construite par une méditation ennemie du détail concret. Elle est née, elle s'est développée par la pratique quotidienne de la Science.

Il n'est presque aucun chapitre de la Physique théorique que nous n'ayons eu à enseigner jusqu'en ses détails ; il n'en est guère au progrès desquels nous ne nous soyons maintes fois efforcé. Les idées d'ensemble sur l'objet et la structure de la Théorie physique que nous présentons aujourd'hui sont le fruit de ce labeur, prolongé pendant vingt ans. Nous avons pu, par cette longue épreuve, nous assurer qu'elles étaient justes et fécondes.

La
héorie physique
Son objet et sa structure

DU MÊME AUTEUR

CHEZ GAUTHIER-VILLARS :

Le Mixte et la Combinaison chimique. *Essai sur l'évolution d'une idée.* 1902. 1 vol. in-8 carré (23 × 14) de 216 pages .... 3 fr. 50

Recherches sur l'Hydrodynamique. 2 vol. in-4.
1re Série : *Principes fondamentaux de l'hydrodynamique. Propagation des discontinuités, des ondes, des quasis-ondes*, avec 18 fig. 1903 .... 10 fr.
2e Série : *Des conditions aux limites* (*Sous presse.*)

Leçons sur l'Électricité et le Magnétisme. 3 vol. grand in-8.
Tome I : *Conducteurs à l'état permanent*, avec 112 fig. 1891. 16 fr.
Tome II : *Les aimants et les corps diélectriques*, 32 fig. 1892. 14 fr.
Tome III : *Les courants linéaires*, avec 71 fig. 1892......... 15 fr.

Applications de la Thermodynamique à la Mécanique chimique. (Extrait des *Travaux et Mémoires* des Facultés de Lille). 3 tomes en 5 parties... 23 fr.

Des corps diamagnétiques. (Extrait des *Travaux et Mémoires* des Facultés de Lille. Tome I). Grand in-8. 1889 .... 3 fr. 50

CHEZ HERMANN :

Cours de Physique mathématique, Hydrodynamique, Élasticité, Acoustique.
Tome I. *Théorèmes généraux. Corps fluides.* In-4 lith. de 370 pages. 1891 .... 10 fr.
Tome II. In-4 lith. 1892, 300 pages .... 10 fr.

Théorie Thermodynamique de la Viscosité du Frottement et des Faux équilibres chimiques. 1 vol. grand in-8 de 210 pages. 1896... 6 fr.

Traité élémentaire de Mécanique chimique fondée sur la Thermodynamique. 4 beaux vol. grand in-8................................ 35 fr.

Les Théories électriques de J. Clerck Maxwell. *Étude historique et critique.* 1 vol. grand in-8, 325 pages. 1902.................... 8 fr.

La Tension de dissociation avant H. Sainte-Claire Deville. *De l'influence de la pression sur les actions chimiques*, par Georges Aimé (1837), avec une introduction par P. Duhem, grand in-8. 1899 ...... 2 fr.

Une Science nouvelle : la Chimie physique. 1899. Grand in-8..... 2 fr.

L'Œuvre de J.-H. Van't Hoff à propos d'un livre récent. Gr. in-8. 1900. 1 fr.

L'Évolution de la Mécanique. In-8 de 348 pages. 1903............ 5 fr.

Thermodynamique et Chimie. *Leçons élémentaires à l'usage des chimistes.* Grand in-8, 500 pages, 140 fig. 1902......................... 15 fr.

éorie physique

on objet et sa structure

Par

P. DUHEM

Correspondant de l'Institut de France

ur de Physique théorique à la Faculté des Sciences de Bordeaux

PARIS

CHEVALIER & RIVIÈRE, ÉDITEURS

30, Rue Jacob

1906

PREMIÈRE PARTIE

L'OBJET DE LA THÉORIE PHYSIQUE

PREMIÈRE PARTIE

L'OBJET DE LA THÉORIE PHYSIQUE

CHAPITRE PREMIER

THÉORIE PHYSIQUE ET EXPLICATION MÉTAPHYSIQUE

§ I. — *La théorie physique considérée comme explication.*

La première question que nous rencontrions est celle-ci : *Quel est l'objet d'une théorie physique ?* A cette question, on a fait des réponses diverses qui, toutes, peuvent se ramener à deux chefs principaux :

Une théorie physique, ont répondu certains logiciens, *a pour objet l'*EXPLICATION *d'un ensemble de lois expérimentalement établies.*

Une théorie physique, ont dit d'autres penseurs, *est un système abstrait qui a pour but de* RÉSUMER *et de* CLASSER LOGIQUEMENT *un ensemble de lois expérimentales, sans prétendre expliquer ces lois.*

Nous allons examiner successivement ces deux réponses et peser les raisons que nous avons d'admettre ou de rejeter chacune d'elles. Nous commencerons par la première, par celle qui regarde une théorie physique comme une explication.

Qu'est-ce, d'abord, qu'une *explication ?*

Expliquer, *explicare,* c'est dépouiller la *réalité* des *apparences* qui l'enveloppent comme des voiles, afin de voir cette réalité nue et face à face.

L'observation des phénomènes physiques ne nous met pas en rapport avec la réalité qui se cache sous les apparences sensibles, mais avec ces apparences sensibles elles-mêmes, prises sous forme particulière et concrète. Les lois expérimentales n'ont pas davantage pour objet la réalité matérielle; elles traitent de ces mêmes apparences sensibles, prises, il est vrai, sous forme abstraite et générale. Dépouillant, déchirant les voiles de ces apparences sensibles, la théorie va, en elles et sous elles, chercher ce qui est réellement dans les corps.

Par exemple, des instruments à cordes ou à vent ont produit des sons que nous avons écoutés attentivement, que nous avons entendus se renforcer ou s'affaiblir, monter ou descendre, se nuancer de mille manières, produisant en nous des sensations auditives, des émotions musicales : voilà des *faits acoustiques.*

Ces sensations particulières et concrètes, notre intelligence, suivant les lois qui président à son fonctionnement, leur a fait subir une élaboration qui nous a fourni des notions générales et abstraites : intensité, hauteur, octave, accord parfait majeur ou mineur, timbre, etc. Les *lois expérimentales de l'Acoustique* ont pour objet d'énoncer des rapports fixes entre ces notions et d'autres notions également abstraites et générales. Une loi, par exemple, nous enseigne quelle relation existe entre les dimensions de deux cordes de même métal qui rendent deux sons de même hauteur ou deux sons à l'octave l'un de l'autre.

Mais ces notions abstraites, intensité d'un son, hauteur, timbre, figurent seulement à notre raison les caractères généraux de nos perceptions sonores ; elles lui font connaître le son tel qu'il est par rapport à nous, non tel qu'il est en lui-même, dans les corps sonores. Cette réalité, dont nos sensations ne sont que le dehors et que le voile, les *théories acoustiques* vont nous la faire connaître. Elles vont nous apprendre que là où nos perceptions saisissent seulement cette apparence que nous nommons le *son*, il y a, en réalité, un mouvement périodique, très petit et très rapide ; que l'intensité et la hauteur ne sont que les aspects extérieurs de l'amplitude et de la fréquence de ce mouvement ; que le timbre est l'apparente manifestation de la structure réelle de ce mouvement, la sensation complexe qui résulte des divers mouvements pendulaires en lesquels on le peut disséquer ; les théories acoustiques sont donc des explications.

L'explication que les théories acoustiques donnent des lois expérimentales qui régissent les phénomènes sonores atteint la certitude ; les mouvements auxquels elles attribuent ces phénomènes, elles peuvent, dans un grand nombre de cas, nous les faire voir de nos yeux, nous les faire toucher du doigt.

Le plus souvent, la théorie physique ne peut atteindre ce degré de perfection ; elle ne peut se donner pour une *explication certaine* des apparences sensibles ; la réalité qu'elle proclame résider sous ces apparences, elle ne peut la rendre accessible à nos sens ; elle se contente alors de prouver que toutes nos perceptions se produisent *comme si* la réalité était ce qu'elle affirme ; une telle théorie est une *explication hypothétique*.

Prenons, par exemple, l'ensemble des phénomènes observés par le sens de la vue ; l'analyse rationnelle de ces phénomènes nous amène à concevoir certaines notions abstraites et générales exprimant les caractères que nous retrouvons en toute perception lumineuse : couleur simple ou complexe, éclat, etc. Les lois expérimentales de l'Optique nous font connaître des rapports fixes entre ces notions abstraites et générales et d'autres notions analogues ; une loi, par exemple, relie l'intensité de la lumière jaune réfléchie par une lame mince à l'épaisseur de cette lame et à l'angle d'incidence des rayons qui l'éclairent.

De ces lois expérimentales, la théorie vibratoire de la lumière donne une explication hypothétique. Elle suppose que tous les corps que nous voyons, que nous sentons, que nous pesons, sont plongés dans un milieu, inaccessible à nos sens et impondérable, qu'elle nomme *éther* ; à cet éther elle attribue certaines propriétés mécaniques ; elle admet que toute lumière simple est une vibration transversale, très petite et très rapide, de cet éther, que la fréquence et l'amplitude de cette vibration caractérisent la couleur de cette lumière et son éclat ; et, sans pouvoir nous faire percevoir l'éther, sans nous mettre à même de constater *de visu* le va-et-vient de la vibration lumineuse, elle prouve que ses postulats entraîneraient des conséquences conformes de tout point aux lois que nous fournit l'Optique expérimentale.

§ II. — *Selon l'opinion précédente, la Physique théorique est subordonnée à la Métaphysique.*

Si une théorie physique est une explication, elle n'a pas atteint son but tant qu'elle n'a pas écarté toute apparence sensible pour saisir la réalité physique. Par exemple, les recherches de Newton sur la dispersion de la lumière nous ont appris à décomposer la sensation que nous fait éprouver un éclairement tel que celui qui émane du soleil; elles nous ont enseigné que cet éclairement est complexe, qu'il se résout en un certain nombre d'éclairements plus simples, doués, chacun, d'une couleur déterminée et invariable ; mais ces éclairements simples ou monochromatiques sont les représentations abstraites et générales de certaines sensations ; ce sont encore des apparences sensibles ; nous avons dissocié une apparence compliquée en d'autres apparences plus simples ; mais nous n'avons pas atteint des réalités, nous n'avons pas donné une explication des effets colorés, nous n'avons pas construit une théorie optique.

Ainsi donc, pour juger si un ensemble de propositions constitue ou non une théorie physique, il nous faut examiner si les notions qui relient ces propositions expriment, sous forme abstraite et générale, les éléments qui constituent réellement les choses matérielles ; ou bien si ces notions représentent seulement les caractères universels de nos perceptions.

Pour qu'un tel examen ait un sens, pour qu'on puisse se proposer de le faire, il faut, tout d'abord, que l'on regarde comme certaine cette affirmation : Sous les apparences sensibles que nous révèlent nos perceptions, il y a une réalité, distincte de ces apparences.

Ce point accordé, hors duquel la recherche d'une explication physique ne se concevrait pas, il n'est pas possible de reconnaître que l'on a atteint une semblable explication, tant que l'on n'a pas répondu à cette autre question : Quelle est la nature des éléments qui constituent la réalité matérielle?

Or, ces deux questions :

Existe-t-il une réalité matérielle distincte des apparences sensibles?

De quelle nature est cette réalité?

ne ressortissent point à la méthode expérimentale; celle-ci ne connaît que des apparences sensibles et ne saurait rien découvrir qui les dépasse. La solution de ces questions est transcendante aux méthodes d'observation dont use la Physique; elle est objet de Métaphysique.

Donc, *si les théories physiques ont pour objet d'expliquer les lois expérimentales, la Physique théorique n'est pas une science autonome; elle est subordonnée à la Métaphysique.*

§ III. — *Selon l'opinion précédente, la valeur d'une théorie physique dépend du système métaphysique que l'on adopte.*

Les propositions qui composent les sciences purement mathématiques sont, au plus haut degré, des vérités de consentement universel; la précision du langage, la rigueur des procédés de démonstration, ne laissent place à aucune divergence durable entre les vues des divers géomètres; à travers les siècles, les doctrines se développent par un progrès continu, sans que les conquêtes nouvelles fassent rien perdre des domaines antérieurement acquis.

Il n'est aucun penseur qui ne souhaite à la science qu'il médite un cours aussi paisible et aussi régulier que celui des Mathématiques; mais s'il est une science pour laquelle ce vœu puisse sembler particulièrement légitime, c'est bien la Physique théorique ; car, de toutes les branches de connaissances, elle est assurément celle qui s'écarte le moins de l'Algèbre et de la Géométrie.

Or, mettre les théories physiques dans la dépendance de la Métaphysique, ce n'est certes pas le moyen de leur assurer le bénéfice du consentement universel. En effet, aucun philosophe, si confiant qu'il soit dans la valeur des méthodes qui servent à traiter des problèmes métaphysiques, ne saurait contester cette vérité de fait : Que l'on passe en revue tous les domaines où s'exerce l'activité intellectuelle de l'homme ; en aucun de ces domaines, les systèmes éclos à des époques différentes, ni les systèmes contemporains issus d'Écoles différentes, n'apparaîtront plus profondément distincts, plus durement séparés, plus violemment opposés, que dans le champ de la Métaphysique.

Si la Physique théorique est subordonnée à la Métaphysique, les divisions qui séparent les divers systèmes métaphysiques se prolongeront dans le domaine de la Physique. Une théorie physique, réputée satisfaisante par les sectateurs d'une École métaphysique, sera rejetée par les partisans d'une autre École.

Considérons, par exemple, la théorie des actions que l'aimant exerce sur le fer et supposons, pour un instant, que nous soyons péripatéticiens.

Que nous enseigne, au sujet de la nature réelle des corps, la *Métaphysique* d'Aristote ? Toute substance et, particulièrement, toute substance matérielle, résulte de l'union de deux éléments, l'un permanent, la *matière*, l'autre variable, la *forme ;* par la permanence de sa matière, le morceau de fer que j'ai sous les yeux demeure, toujours et en toutes circonstances, le même morceau de fer ; par les variations que sa forme subit, par les *altérations* qu'elle éprouve, les propriétés de ce même morceau de fer peuvent changer suivant les circonstances ; il peut être solide ou liquide, chaud ou froid, affecter telle ou telle figure.

Placé en présence d'un aimant, ce morceau de fer éprouve dans sa *forme* une altération spéciale, d'autant plus intense que l'aimant est plus voisin ; cette altération correspond à l'apparition de deux pôles ; elle est, pour le morceau de fer, un principe de mouvement ; la nature de ce principe est telle que chaque pôle tend à se rapprocher du pôle de nom contraire de l'aimant et à s'éloigner du pôle de même nom.

Telle est, pour un philosophe péripatéticien, la réalité qui se cache sous les phénomènes magnétiques ; lorsqu'on aura analysé tous ces phénomènes jusqu'à les réduire aux propriétés de la *qualité magnétique* et de ses deux pôles, on en aura donné une explication complète ; on en aura formulé une théorie pleinement satisfaisante. C'est une telle théorie qu'en 1629 construisait Nicolas Cabeo (1) dans sa remarquable *Philosophie magnétique*.

Si un péripatéticien se déclare satisfait de la théorie du magnétisme telle que la conçoit le P. Cabeo, il n'en sera plus de même d'un philosophe newtonien fidèle à la cosmologie du P. Boscovich.

(1) *Philosophia magnetica*, in qua magnetis natura penitus explicatur et omnium quæ hoc lapide cernuntur causæ propriæ afferuntur, multa quoque dicuntur de electricis et aliis attractionibus, et eorum causis ; auctore Nicolao Cabeo Ferrariensi, Societ. Jesu ; Coloniæ, apud Joannem Kinckium, anno MDCXXIX.

Selon la Philosophie naturelle que Boscovich (1) a tirée des principes de Newton et de ses disciples, expliquer les lois des actions que l'aimant exerce sur le fer par une altération magnétique de la forme substantielle du fer, c'est ne rien expliquer du tout ; c'est proprement dissimuler notre ignorance de la réalité sous des mots d'autant plus sonores qu'ils sont plus creux.

La substance matérielle ne se compose pas de matière et de forme ; elle se résout en un nombre immense de points, privés d'étendue et de figure, mais doués de masse ; entre deux quelconques de ces points s'exerce une mutuelle action, attractive ou répulsive, proportionnelle au produit des masses des deux points et à une certaine fonction de la distance qui les sépare. Parmi ces points, il en est qui forment les corps proprement dits ; entre ces points-là, s'exerce une action mutuelle ; aussitôt que leur distance surpasse une certaine limite, cette action se réduit à la gravité universelle étudiée par Newton. D'autres, dépourvus de cette action de gravité, composent des fluides impondérables, tels que les fluides électriques et le fluide calorifique. Des suppositions convenables sur les masses de tous ces points matériels, sur leur distribution, sur la forme des fonctions de la distance dont dépendent leurs mutuelles actions, devront rendre compte de tous les phénomènes physiques.

Par exemple, pour expliquer les effets magnétiques, on imagine que chaque molécule de fer porte des masses égales de fluide magnétique austral et de fluide

(1) *Theoria philosophiæ naturalis redacta ad unicam legem virium in natura existentium*, auctore P. ROGERIO JOSEPHO BOSCOVICH, Societatis Jesu, Viennæ, MDCCLVIII.

magnétique boréal; que, sur cette molécule, la distribution de ces fluides est régie par les lois de la Mécanique; que deux masses magnétiques exercent l'une sur l'autre une action proportionnelle au produit de ces masses et à l'inverse du carré de leur mutuelle distance; enfin, que cette action est répulsive ou attractive selon que les deux masses sont de même espèce ou d'espèces différentes. Ainsi s'est développée la théorie du Magnétisme qui, inaugurée par Franklin, par Œpinus, par Tobias Mayer, par Coulomb, a pris son entier épanouissement dans les classiques mémoires de Poisson.

Cette théorie donne-t-elle des phénomènes magnétiques une explication capable de satisfaire un atomiste? Assurément non. Entre des parcelles de fluide magnétique distantes les unes des autres, elle admet l'existence d'actions attractives ou répulsives ; or, pour un atomiste, de telles actions figurent des apparences; elles ne sauraient être prises pour des réalités.

Selon les doctrines atomistiques, la matière se compose de très petits corps, durs et rigides, diversement figurés, répandus à profusion dans le vide ; séparés l'un de l'autre, deux tels corpuscules ne peuvent en aucune manière s'influencer ; c'est seulement lorsqu'ils viennent au contact l'un de l'autre que leurs deux impénétrabilités se heurtent et que leurs mouvements se trouvent modifiés suivant des lois fixes. Les grandeurs, figures et masses des atomes, les règles qui président à leurs chocs, doivent fournir la seule explication satisfaisante que puissent recevoir les lois physiques.

Pour expliquer d'une façon intelligible les mouvements divers qu'un morceau de fer éprouve en présence d'un aimant, on devra imaginer que des torrents de corpuscules magnétiques s'échappent de l'aimant en effluves pressés, bien qu'invisibles et impalpables, ou bien se précipitent vers lui ; dans leur course rapide, ces corpuscules heurtent de manières variées les molécules du fer et, de ces chocs, naissent les pressions qu'une philosophie superficielle attribuait à des attractions et à des répulsions magnétiques. Tel est le principe d'une théorie de l'aimantation déjà esquissée par Lucrèce, développée au XVIIe siècle par Gassendi et souvent reprise depuis ce temps.

Ne se trouvera-t-il plus d'esprits, difficiles à contenter, qui reprochent à cette théorie de ne rien expliquer et de prendre les apparences pour des réalités ? Voici venir les cartésiens.

Selon Descartes, la matière est essentiellement identique à l'étendue en longueur, largeur et profondeur dont discourent les géomètres ; on n'y doit rien considérer que diverses figures et divers mouvements. La matière cartésienne est, si l'on veut, une sorte de fluide immense, incompressible et absolument homogène. Les atomes durs et insécables, les vides qui les séparent, autant d'apparences, autant d'illusions. Certaines portions du fluide universel peuvent être animées de mouvements tourbillonnaires persistants ; aux yeux grossiers de l'atomiste, ces tourbillons sembleront des corpuscules insécables. D'un tourbillon à l'autre, le fluide interposé transmet des pressions que le newtonien, par une insuffisante analyse, prendra pour des actions à distance. Tels sont les principes d'une Physique dont Descartes a tracé la première ébauche, que Malebranche a fouillée plus profondément, à laquelle W. Thomson, aidé par les recherches hydrodynamiques de Cauchy et de Helmholtz, a donné l'ampleur et la précision que comportent les doctrines mathématiques actuelles.

Cette Physique cartésienne ne saurait se passer d'une théorie du Magnétisme ; Descartes, déjà, s'était essayé à en construire une ; les tire-bouchons de *matière subtile* qui remplaçaient, en cette théorie, non sans quelque naïveté, les corpuscules magnétiques de Gassendi ont cédé la place, chez les cartésiens du XIXe siècle, aux tourbillons plus savamment conçus par Maxwell.

Ainsi nous voyons chaque École philosophique prôner une théorie qui ramène les phénomènes magnétiques aux éléments dont elle compose l'essence de la matière ; mais les autres Écoles repoussent cette théorie où leurs principes ne leur laissent point reconnaître une explication satisfaisante de l'aimantation.

§ IV. — *La querelle des causes occultes.*

Il est une forme que prennent le plus souvent les reproches adressés par une École cosmologique à une autre École ; la première accuse la seconde de faire appel à des *causes occultes*.

Les grandes Écoles cosmologiques, l'École péripatéticienne, l'École newtonienne, l'École atomistique et l'École cartésienne, peuvent se ranger dans un ordre tel que chacune d'elles admette, en la matière, un moindre nombre de propriétés essentielles que ne lui en attribuent les précédentes.

L'École péripatéticienne compose la substance des

corps de deux éléments seulement, la matière et la forme; mais cette forme peut être affectée de qualités dont le nombre n'est pas limité; chaque propriété physique pourra ainsi être attribuée à une qualité spéciale; qualité *sensible,* directement accessible à notre perception, comme la pesanteur, la solidité, la fluidité, le chaud, l'éclairement; ou bien qualité *occulte,* que seuls ses effets manifesteront d'une manière indirecte, comme l'aimantation ou l'électrisation.

Les newtoniens rejettent cette multiplicité sans fin de qualités pour simplifier à un haut degré la notion de la substance matérielle; aux éléments de la matière, ils laissent seulement masses, actions mutuelles et figures, quand ils ne vont pas, comme Boscovich et plusieurs de ses successeurs, jusqu'à les réduire à des points inétendus.

L'École atomistique va plus loin : chez elle, les éléments matériels gardent masse, figure et dureté; mais les forces par lesquelles ils se sollicitaient les uns les autres selon l'École newtonienne disparaissent du domaine des réalités; elles ne sont plus regardées que comme des apparences et des fictions.

Enfin les cartésiens poussent à l'extrême cette tendance à dépouiller la substance matérielle de propriétés variées; ils rejettent la dureté des atomes, ils rejettent même la distinction du plein et du vide, pour identifier la matière, selon le mot de Leibniz (1), avec « l'étendue et son changement tout nud ».

Ainsi chaque École cosmologique admet dans ses explications certaines propriétés de la matière que

(1) LEIBNIZ : *Œuvres*, édition GERHARDT, t. IV, p. 464.

l'École suivante se refuse à prendre pour des réalités qu'elle regarde simplement comme des mots désignant sans les dévoiler, des réalités plus profondément cachées qu'elle assimile, en un mot, aux *qualités occulte* créées avec tant de profusion par la Scolastique.

Que toutes les Écoles cosmologiques, autres qu l'École péripatéticienne, se soient entendues pou reprocher à celle-ci l'arsenal de qualités qu'elle logeai dans la forme substantielle, arsenal qui s'enrichissai d'une qualité nouvelle chaque fois qu'il s'agissait d'expli quer un phénomène nouveau, il est à peine besoi de le rappeler. Mais la Physique péripatéticienne n' pas été seule à essuyer de tels reproches.

Les attractions et les répulsions, exercées à dis tance, dont les newtoniens douent les éléments maté riels, semblent aux atomistes et aux cartésiens une d ces explications purement verbales dont l'ancienn Scolastique était coutumière. Les *Principes* de Newto avaient à peine eu le temps de voir le jour qu'il excitaient les sarcasmes du clan atomistique group autour de Huygens : « Pour ce qui est de la cause d reflus que donne M. Newton, écrivait Huygens à Leib niz (1), je ne m'en contente nullement, ni de toute ses autres théories, qu'il bastit sur son princip d'attraction, qui me paraît absurde. »

Si Descartes eût vécu à cette époque, il eût tenu u langage analogue à celui de Huygens ; le P. Mersenne en effet, lui avait soumis un ouvrage de Roberval (2

(1) Huygens à Leibniz, 18 novembre 1690. (*Œuvres complètes* de Hu GENS, t. IX, p. 528.)

(2) ARISTARCHI SAMII : *De mundi systemate, partibus et motibus eju dem, liber singularis;* Parisiis, 1643. — Cet ouvrage fut reprodui en 1647, dans le volume III des *Cogitata physico-mathematica* d MERSENNE.

où cet auteur admettait, bien avant Newton, une gravitation universelle ; le 20 avril 1646, Descartes exprimait son avis en ces termes (1) :

« Rien n'est plus absurde que la supposition ajoutée à ce qui précède ; l'auteur suppose qu'une certaine propriété est inhérente à chacune des parties de la matière du monde et que, par la force de cette propriété, elles sont portées l'une vers l'autre et s'attirent mutuellement; il suppose aussi qu'une propriété semblable est inhérente à chacune des parties terrestres, considérée dans ses rapports avec les autres parties terrestres, et que cette propriété ne gène nullement la précédente. Pour comprendre cela, il faut non seulement supposer que chacune des particules matérielles est animée, et même qu'elle est animée d'un grand nombre d'âmes diverses qui ne se gênent pas l'une l'autre, mais encore que ces âmes des particules matérielles sont douées de connaissance, et qu'elles sont vraiment divines, afin qu'elles puissent connaître sans aucun intermédiaire ce qui se passe en des lieux fort éloignés d'elles et y exercer leurs actions. »

Les cartésiens s'accordent donc avec les atomistes lorsqu'il s'agit de condamner comme qualité occulte l'action à distance que les newtoniens invoquent dans leurs théories ; mais, se retournant ensuite contre les atomistes, les cartésiens traitent avec la même sévérité la dureté et l'indivisibilité que ceux-ci attribuent à leurs corpuscules. « Une autre chose qui me fait de la peine, écrit (2) à l'atomiste Huygens le cartésien

(1) DESCARTES : *Correspondance*, édition P. TANNERY et Ch. ADAM, n° CLXXX, t. IV, p. 396.

(2) Denis Papin à Christian Huygens, 18 juin 1690 (*Œuvres complètes* de HUYGENS, t. IX, p. 429.)

Denis Papin, c'est... que vous croyez que la dureté parfaite est de l'essence des corps ; il me semble que c'est là supposer une qualité inhérente qui nous éloigne des principes mathématiques ou méchaniques. » L'atomiste Huygens, il est vrai, ne traitait pas moins durement l'opinion cartésienne : « Vostre autre difficulté, répond-il à Papin (1), est que je suppose que la dureté est de l'essence des corps, au lieu qu'avec M. des Cartes, vous n'y admettez que leur étendue. Par où je vois que vous ne vous estes pas encore défait de cette opinion que, depuis longtemps, j'estime très absurde. »

Il est clair qu'en mettant la Physique théorique sous la dépendance de la Métaphysique, on ne contribue pas à lui assurer le bénéfice du consentement universel.

§ V. — *Aucun système métaphysique ne suffit à édifier une théorie physique.*

Chacune des Écoles métaphysiques reproche à ses rivales de faire appel, dans ses explications, à des notions qui sont elles-mêmes inexpliquées, qui sont de véritables qualités occultes. Ce reproche, ne pourrait-elle pas, presque toujours, se l'adresser à elle-même ?

Pour que les philosophes appartenant à une certaine École se déclarent pleinement satisfaits d'une théorie édifiée par les physiciens de la même École, il faudrait que tous les principes employés dans cette

(1) Christian Huygens à Denis Papin, 2 septembre 1690. (*Œuvres complètes* de Huygens, t. IX, p. 484.)

théorie fussent déduits de la Métaphysique que professe cette École ; s'il est fait appel, au cours de l'explication d'un phénomène physique, à quelque loi que cette Métaphysique est impuissante à justifier, l'explication sera non avenue, la théorie physique aura manqué son but.

Or, aucune Métaphysique ne donne d'enseignements assez précis, assez détaillés, pour que, de ces enseignements, il soit possible de tirer tous les éléments d'une théorie physique.

En effet, les enseignements qu'une doctrine métaphysique fournit touchant la véritable nature des corps consistent le plus souvent en négations. Les péripatéticiens, comme les cartésiens, nient la possibilité d'un espace vide ; les newtoniens rejettent toute qualité qui ne se réduit pas à une force exercée entre points matériels ; les atomistes et les cartésiens nient toute action à distance ; les cartésiens ne reconnaissent, entre les diverses parties de la matière, aucune autre distinction que la figure et le mouvement.

Toutes ces négations sont propres à argumenter lorsqu'il s'agit de condamner une théorie proposée par une École adverse ; mais elles paraissent singulièrement stériles lorsqu'on en veut tirer les principes d'une théorie physique.

Descartes, par exemple, nie qu'il y ait en la matière autre chose que l'étendue en longueur, largeur et profondeur et ses divers modes, c'est-à-dire des figures et des mouvements ; mais, avec ces seules données, il ne peut même ébaucher l'explication d'une loi physique.

A tout le moins lui faudrait-il, avant d'essayer la

construction d'aucune théorie, connaître les règles générales qui président aux divers mouvements. Donc, de ses principes métaphysiques, il va tenter, tout d'abord, de déduire une Dynamique.

La perfection de Dieu exige qu'il soit immuable dans ses desseins ; de cette immutabilité découle cette conséquence : Dieu maintient invariable dans le monde la quantité de mouvement qu'il lui a donnée au commencement.

Mais cette constance de la quantité de mouvement dans le monde n'est pas encore un principe assez précis, assez défini, pour qu'il nous soit possible d'écrire aucune équation de Dynamique ; il nous faut l'énoncer sous forme quantitative, et cela, en traduisant par une expression algébrique entièrement déterminée la notion, jusqu'ici trop vague, de *quantité de mouvement*.

Quel sera donc le sens mathématique attaché par le physicien aux mots *quantité de mouvement?*

Selon Descartes, la quantité de mouvement de chaque particule matérielle sera le produit de sa masse — ou de son volume qui, en Physique cartésienne, est identique à sa masse — par la vitesse dont elle est animée ; la quantité de mouvement de la matière tout entière sera la somme des quantités de mouvement de ses diverses parties. Cette somme devra, en tout changement physique, garder une valeur invariable.

Assurément, la combinaison de grandeurs algébriques par laquelle Descartes se propose de traduire la notion de *quantité de mouvement* satisfait aux exigences que nos connaissances instinctives imposaient d'avance à une telle traduction. Nulle pour un ensemble immobile, elle est toujours positive pour un groupe de corps qu'agite un certain mouvement; sa valeur croît lorsqu'une masse déterminée augmente la vitesse de sa marche; elle croît encore lorsqu'une vitesse donnée affecte une masse plus grande. Mais une infinité d'autres expressions eussent tout aussi bien satisfait à ces exigences; à la vitesse, on aurait pu, notamment, substituer le carré de la vitesse; l'expression algébrique obtenue eût alors coïncidé avec celle que Leibniz nommera *force vive ;* au lieu de tirer de l'immutabilité divine la constance, dans le monde, de la quantité cartésienne de mouvement, on en eût déduit la constance de la force vive leibnizienne.

Ainsi, la loi que Descartes a proposé de mettre à la base de la Dynamique s'accorde, sans doute, avec la Métaphysique cartésienne; mais elle n'en est pas une conséquence forcée; lorsque Descartes ramène certains effets physiques à n'être que des conséquences d'une telle loï, il prouve, il est vrai, que ces effets ne contredisent pas à ses principes de philosophie, mais il n'en donne pas l'explication par ces principes.

Ce que nous venons de dire du Cartésianisme, on peut le répéter de toute doctrine métaphysique qui prétend aboutir à une théorie physique; toujours, en cette théorie, certaines hypothèses sont posées qui n'ont point pour fondements les principes de la doctrine métaphysique. Ceux qui suivent le sentiment de Boscovich admettent que toutes les attractions ou répulsions qui se font sentir à distance sensible varient en raison inverse du carré de la distance; c'est cette hypothèse qui leur permet de construire une Mécanique céleste, une Mécanique électrique, une Mécanique magnétique; mais cette forme de loi leur est dictée par le désir d'accorder leurs explications avec les faits, non par les exigences de leur Philosophie. Les atomistes admettent qu'une certaine loi règle les chocs des corpuscules; mais cette loi est une extension, singulièrement audacieuse, au monde des atomes, d'une autre loi que permettent seules d'étudier les masses assez grandes pour tomber sous nos sens; on ne la déduit point de la Philosophie épicurienne.

On ne saurait donc, d'un système métaphysique, tirer tous les éléments nécessaires à la construction d'une théorie physique; toujours, celle-ci fait appel à des propositions que ce système n'a point fournies et qui, par conséquent, demeurent des mystères pour les partisans de ce système; toujours, au fond des explications qu'elle prétend donner, gît l'inexpliqué.

CHAPITRE II

THÉORIE PHYSIQUE ET CLASSIFICATION NATURELLE

§ I. — *Quelle est la véritable nature d'une théorie physique et quelles opérations la constituent.*

En regardant une théorie physique comme une explication hypothétique de la réalité matérielle, on la place sous la dépendance de la Métaphysique. Par là, bien loin de lui donner une forme à laquelle le plus grand nombre des esprits puissent consentir, on en limite l'acceptation à ceux qui reconnaissent la philosophie dont elle se réclame. Mais ceux-là mêmes ne sauraient être pleinement satisfaits de cette théorie, car elle ne tire pas tous ses principes de la doctrine métaphysique dont elle prétend dériver.

Ces pensées, objet du précédent Chapitre, nous amènent tout naturellement à nous poser les deux questions suivantes :

Ne pourrait-on assigner à la théorie physique un objet tel qu'elle devînt *autonome?* Fondée sur des principes qui ne relèveraient d'aucune doctrine métaphysique, elle pourrait être jugée en elle-même et sans que les opinions des divers physiciens à son endroit dépendissent en rien des Écoles philosophiques diverses auxquelles ils peuvent appartenir.

Ne pourrait-on, pour construire une théorie physique, concevoir une méthode qui fût *suffisante ?* Conséquente avec sa propre définition, la théorie n'emploierait aucun principe, ne recourrait à aucun procédé dont elle ne puisse légitimement faire usage.

Cet objet, cette méthode, nous nous proposons de les fixer et de les étudier :

Posons, dès maintenant, une définition de la théorie physique ; cette définition, la suite de cet écrit l'élucidera et en développera tout le contenu :

Une théorie physique n'est pas une explication. C'est un système de propositions mathématiques, déduites d'un petit nombre de principes, qui ont pour but de représenter aussi simplement, aussi complètement et aussi exactement que possible, un ensemble de lois expérimentales.

Pour préciser déjà quelque peu cette définition, caractérisons les quatre opérations successives par lesquelles se forme une théorie physique :

1° Parmi les propriétés physiques que nous nous proposons de représenter, nous choisissons celles que nous regarderons comme des propriétés *simples* et dont les autres seront censées des groupements ou des combinaisons. Nous leur faisons correspondre, par des méthodes de mesure appropriées, autant de symboles mathématiques, de nombres, de grandeurs ; ces symboles mathématiques n'ont, avec les propriétés qu'ils représentent, aucune relation de nature ; ils ont seulement avec elles une relation de signe à chose signifiée ; par les méthodes de mesure, on peut faire correspondre à chaque état d'une propriété physique une valeur du symbole représentatif, et inversement.

2° Nous relions entre elles les diverses sortes de grandeurs ainsi introduites par un petit nombre de propositions qui serviront de principes à nos déductions ; ces principes peuvent être nommés *hypothèses* au sens étymologique du mot, car ils sont vraiment les fondements sur lesquels s'édifiera la théorie ; mais ils ne prétendent en aucune façon énoncer des relations véritables entre les propriétés réelles des corps. Ces hypothèses peuvent donc être formulées d'une manière arbitraire. La contradiction logique, soit entre les termes d'une même hypothèse, soit entre diverses hypothèses d'une même théorie, est la seule barrière absolument infranchissable devant laquelle s'arrête cet arbitraire.

3° Les divers principes ou hypothèses d'une théorie sont combinés ensemble suivant les règles de l'analyse mathématique. Les exigences de la logique algébrique sont les seules auxquelles le théoricien soit tenu de satisfaire au cours de ce développement. Les grandeurs sur lesquelles portent ses calculs ne prétendent point être des réalités physiques, les principes qu'il invoque dans ses déductions ne se donnent point pour l'énoncé de relations véritables entre ces réalités; il importe donc peu que les opérations qu'il exécute correspondent ou non à des transformations physiques réelles ou même concevables. Que ses syllogismes soient concluants et ses calculs exacts, c'est tout ce qu'on est alors en droit de réclamer de lui.

4° Les diverses conséquences que l'on a ainsi tirées des hypothèses peuvent se traduire en autant de jugements portant sur les propriétés physiques des corps ; les méthodes propres à définir et à mesurer ces propriétés physiques sont comme le vocabulaire, comme la clé qui permet de faire cette traduction ; ces jugements, on les compare aux lois expérimentales que la théorie se propose de représenter ; s'ils concordent avec ces lois, au degré d'approximation que comportent les procédés de mesure employés, la théorie a atteint son but, elle est déclarée bonne ; sinon, elle est mauvaise, elle doit être modifiée ou rejetée.

Ainsi, une théorie *vraie,* ce n'est pas une théorie qui donne, des apparences physiques, une explication conforme à la réalité ; c'est une théorie qui représente d'une manière satisfaisante un ensemble de lois expérimentales ; une théorie *fausse,* ce n'est pas une tentative d'explication fondée sur des suppositions contraires à la réalité ; c'est un ensemble de propositions qui ne concordent pas avec les lois expérimentales. *L'accord avec l'expérience est, pour une théorie physique, l'unique critérium de vérité.*

La définition que nous venons d'esquisser distingue, en une théorie physique, quatre opérations fondamentales :

1° La définition et la mesure des grandeurs physiques ;

2° Le choix des hypothèses ;

3° Le développement mathématique de la théorie ;

4° La comparaison de la théorie avec l'expérience.

Chacune de ces opérations nous occupera longuement dans la suite de cet écrit, car chacune d'elles présente des difficultés qui réclament une minutieuse analyse ; mais, dès maintenant, il nous est possible de répondre à quelques questions, de réfuter quelques objections que soulève la présente définition de la théorie physique.

§ II. — *Quelle est l'utilité d'une théorie physique? — La théorie considérée comme une économie de la pensée.*

Et d'abord à quoi peut servir une telle théorie?

Touchant la nature même des choses, touchant les réalités qui se cachent sous les phénomènes dont nous faisons l'étude, une théorie conçue sur le plan qui vient d'être tracé ne nous apprend absolument rien et ne prétend rien nous apprendre. A quoi donc est-elle utile? Quel avantage les physiciens trouvent-ils à remplacer les lois que fournit directement la méthode expérimentale par un système de propositions mathématiques qui les représentent?

Tout d'abord, à un très grand nombre de lois qui s'offrent à nous comme indépendantes les unes des autres, dont chacune doit être apprise et retenue pour son propre compte, la théorie substitue un tout petit nombre de propositions, les hypothèses fondamentales. Les hypothèses une fois connues, une déduction mathématique de toute sûreté permet de retrouver, sans omission ni répétition, toutes les lois physiques. Une telle condensation d'une foule de lois en un petit nombre de principes est un immense soulagement pour la raison humaine qui ne pourrait, sans un pareil artifice, emmagasiner les richesses nouvelles qu'elle conquiert chaque jour.

La réduction des lois physiques en théories contribue ainsi à cette *économie intellectuelle* en laquelle M. E. Mach (1) voit le but, le principe directeur de la Science.

(1) E. MACH : *Die ökonomische Natur der physikalischen Forschung (Populärwissenschaftliche Vorlesungen*, 3te Auflage, Leipzig, 1903,

La loi expérimentale représentait déjà une première économie intellectuelle. L'esprit humain avait devant lui un nombre immense de faits concrets, dont chacun se compliquait d'une foule de détails, dissemblables de l'un à l'autre ; aucun homme n'aurait pu embrasser et retenir la connaissance de tous ces faits ; aucun n'aurait pu communiquer cette connaissance à son semblable. L'abstraction est entrée en jeu ; elle a fait tomber tout ce qu'il y avait de particulier, d'individuel dans chacun de ces faits ; de leur ensemble, elle a extrait seulement ce qu'il y avait en eux de général, ce qui leur était commun, et à cet encombrant amas de faits, elle a substitué une proposition unique, tenant peu de place dans la mémoire, aisée à transmettre par l'enseignement ; elle a formulé une loi physique.

« Au lieu, par exemple (1), de noter un à un les divers cas de réfraction de la lumière, nous pouvons les reproduire et les prévoir tous lorsque nous savons que le rayon incident, le rayon réfracté et la normale sont dans un même plan et que sin. $i = n$ sin. r. Au lieu de tenir compte des innombrables phénomènes de réfraction dans des milieux et sous des angles différents, nous n'avons alors qu'à observer la valeur de n en tenant compte des relations ci-dessus, ce qui est infiniment plus facile. La tendance à l'économie est ici évidente. »

L'économie que réalise la substitution de la loi aux

XIII, p. 215). — *La Mécanique ; exposé historique et critique de son développement*, Paris, 1904, c. IV, art. 4 : *La Science comme économie de la pensée*, p. 449.

(1) E. MACH : *La Mécanique : exposé historique et critique de son développement*, Paris, 1904, p. 453.

faits concrets, l'esprit humain la redouble lorsqu'il condense les lois expérimentales en théories. Ce que la loi de la réfraction est aux innombrables faits de réfraction, la théorie optique l'est aux lois infiniment variées des phénomènes lumineux.

Parmi les effets de la lumière, il n'en est qu'un fort petit nombre que les anciens eussent réduits en lois ; les seules lois optiques qu'ils connussent étaient la loi de la propagation rectiligne de la lumière et les lois de la réflexion ; ce maigre contingent s'accrut, à l'époque de Descartes, de la loi de la réfraction. Une Optique aussi réduite pouvait se passer de théorie ; il était aisé d'étudier et d'enseigner chaque loi en elle-même.

Comment, au contraire, le physicien qui veut étudier l'Optique actuelle pourrait-il, sans l'aide d'une théorie, acquérir une connaissance, même superficielle, de ce domaine immense? Effets de réfraction simple, de réfraction double par des cristaux uniaxes ou biaxes, de réflexion sur des milieux isotropes ou cristallisés, d'interférences, de diffraction, de polarisation par réflexion, par réfraction simple ou double, de polarisation chromatique, de polarisation rotatoire, etc., chacune de ces grandes catégories de phénomènes donne lieu à l'énoncé d'une foule de lois expérimentales dont le nombre, dont la complication, effrayeraient la mémoire la plus capable et la plus fidèle.

La théorie optique survient ; elle s'empare de toutes ces lois et les condense en un petit nombre de principes ; de ces principes on peut toujours, par un calcul régulier et sûr, tirer la loi dont on veut faire usage ; il n'est donc plus nécessaire de garder la connaissance de toutes ces lois ; la connaissance des principes sur lesquels repose la théorie suffit.

Cet exemple nous fait saisir sur le vif la marche suivant laquelle progressent les sciences physiques ; sans cesse, l'expérimentateur met à jour des faits jusque-là insoupçonnés et formule des lois nouvelles ; et, sans cesse, afin que l'esprit humain puisse emmagasiner ces richesses, le théoricien imagine des représentations plus condensées, des systèmes plus économiques ; le développement de la Physique provoque une lutte continuelle entre « la nature qui ne se lasse pas de fournir » et la raison qui ne veut pas « se lasser de concevoir ».

§ III. — *La théorie considérée comme classification.*

La théorie n'est pas seulement une représentation économique des lois expérimentales ; elle est encore une *classification* de ces lois.

La Physique expérimentale nous fournit les lois toutes ensemble et, pour ainsi dire, sur un même plan, sans les répartir en groupes de lois qu'unisse entre elles une sorte de parenté. Bien souvent, ce sont des causes tout accidentelles, des analogies toutes superficielles qui ont conduit les observateurs à rapprocher, dans leurs recherches, une loi d'une autre loi. Newton a fixé dans un même ouvrage les lois de la dispersion de la lumière qui traverse un prisme et les lois des teintes dont se pare une bulle de savon, simplement parce que des couleurs éclatantes signalent aux yeux ces deux sortes de phénomènes.

La théorie, au contraire, en développant les ramifications nombreuses du raisonnement déductif qui relie les principes aux lois expérimentales, établit parmi celles-ci un ordre et une classification ; il en est qu'elle réunit, étroitement serrées, dans un même groupe ; il en est qu'elle sépare les unes des autres et qu'elle place en deux groupes extrêmement éloignés ; elle donne, pour ainsi parler, la table et les titres des chapitres entre lesquels se partagera méthodiquement la science à étudier ; elle marque les lois qui doivent se ranger en chacun de ces chapitres.

Ainsi, près des lois qui régissent le spectre fourni par un prisme, elle range les lois auxquelles obéissent les couleurs de l'arc-en-ciel ; mais les lois selon lesquelles se succèdent les teintes des anneaux de Newton vont, en une autre région, rejoindre les lois des franges découvertes par Young et par Fresnel ; en une autre catégorie, les élégantes colorations analysées par Grimaldi sont considérées comme parentes des spectres de diffraction produits par Fraunhöfer. Les lois de tous ces phénomènes que leurs éclatantes couleurs confondaient les uns avec les autres aux yeux du simple observateur sont, par les soins du théoricien, classées et ordonnées.

Des connaissances classées sont des connaissances d'un emploi commode et d'un usage sûr. Dans ces cases méthodiques où gisent côte à côte les outils qui ont un même but, dont les cloisons séparent rigoureusement les instruments qui ne s'accommodent pas à la même besogne, la main de l'ouvrier saisit rapidement, sans tâtonnement, sans méprise, l'outil qu'il faut. Grâce à la théorie, le physicien trouve avec certitude, sans rien omettre d'utile, sans rien employer de superflu, les lois qui lui peuvent servir à résoudre un problème donné.

Partout où l'ordre règne, il amène avec lui la beauté ; la théorie ne rend donc pas seulement l'ensemble des lois physiques qu'elle représente plus aisé à manier, plus commode, plus utile ; elle le rend aussi plus beau.

Il est impossible de suivre la marche d'une des grandes théories de la Physique, de la voir dérouler majestueusement, à partir des premières hypothèses, ses déductions régulières ; de voir ses conséquences représenter, jusque dans le moindre détail, une foule de lois expérimentales, sans être séduit par la beauté d'une semblable construction, sans éprouver vivement qu'une telle création de l'esprit humain est vraiment une œuvre d'art.

§ IV. — *La théorie tend à se transformer en une classification naturelle* (1).

Cette émotion esthétique n'est pas le seul sentiment que provoque une théorie parvenue à un haut degré de perfection. Elle nous persuade encore de voir en elle une *classification naturelle*.

Et d'abord, qu'est-ce qu'une classification naturelle ? Qu'est-ce, par exemple, qu'un naturaliste entend dire en proposant une classification naturelle des vertébrés ?

(1) Nous avons déjà marqué la *classification naturelle* comme la forme idéale vers laquelle doit tendre la théorie physique dans *L'École anglaise et les théories physiques*, art. 6 (*Revue des questions scientifiques*, octobre 1893).

La classification qu'il a imaginée est un ensemble d'opérations intellectuelles ; elle porte non sur des individus concrets, mais sur des abstractions, les espèces ; ces espèces, elle les range en groupes dont les plus particuliers se subordonnent aux plus généraux ; pour former ces groupes, le naturaliste considère les divers organes, colonne vertébrale, crâne, cœur, tube digestif, poumon, vessie natatoire, non sous la forme particulière et concrète qu'ils prennent chez chaque individu, mais sous la forme abstraite, générale, schématique, qui convient à toutes les espèces d'un même groupe ; entre ces organes ainsi transfigurés par l'abstraction, il établit des comparaisons, il note des analogies et des différences ; par exemple, il déclare la vessie natatoire des poissons homologue du poumon des vertébrés ; ces homologies sont des rapprochements purement idéaux, portant non sur les organes réels, mais sur les conceptions généralisées et simplifiées qui se sont formées dans l'esprit du naturaliste ; la classification n'est qu'un tableau synoptique qui résume tous ces rapprochements.

Lorsque le zoologiste affirme qu'une telle classification est naturelle, il entend que ces liens idéaux, établis par sa raison entre des conceptions abstraites, correspondent à des rapports réels entre les êtres concrets où ces abstractions prennent corps ; il entend, par exemple, que les ressemblances plus ou moins frappantes qu'il a notées entre diverses espèces sont l'indice d'une parenté proprement dite, plus ou moins étroite, entre les individus qui composent ces espèces ; que les accolades par lesquelles il traduit aux yeux la subordination des classes, des ordres, des familles, des genres, reproduisent les ramifications de l'arbre généalogique par lequel les vertébrés divers sont issus d'une même souche. Ces rapports de parenté réelle, de filiation, la seule Anatomie comparée ne saurait les atteindre; les saisir en eux-mêmes, les mettre en évidence est affaire de Physiologie et de Paléontologie. Cependant, lorsqu'il contemple l'ordre que ses procédés de comparaison introduisent en la foule confuse des animaux, l'anatomiste ne peut pas ne pas affirmer ces rapports, dont la preuve est transcendante à ses méthodes. Et si la Physiologie et la Paléontologie lui démontraient un jour que la parenté imaginée par lui ne peut être, que l'hypothèse transformiste est controuvée, il continuerait à croire que le plan tracé par sa classification figure entre les animaux des rapports réels; il avouerait s'être trompé sur la nature de ces rapports, mais non sur leur existence.

L'aisance avec laquelle chaque loi expérimentale trouve sa place dans la classification créée par le physicien, la clarté éblouissante qui se répand sur cet ensemble si parfaitement ordonné, nous persuadent d'une manière invincible qu'une telle classification n'est pas purement artificielle, qu'un tel ordre ne résulte pas d'un groupement purement arbitraire imposé aux lois par un organisateur ingénieux. Sans pouvoir rendre compte de notre conviction, mais aussi sans pouvoir nous en dégager, nous voyons dans l'exacte ordonnance de ce système la marque à laquelle se reconnaît une *classification naturelle;* sans prétendre expliquer la réalité qui se cache sous les phénomènes dont nous groupons les lois, nous sentons que les groupements établis par notre théorie correspondent à des affinités réelles entre les choses mêmes.

Le physicien, qui voit en toute théorie une explication, est convaincu qu'il a saisi dans la *vibration lumineuse* le fond propre et intime de la qualité que nos sens nous manifestent sous forme de lumière et de couleur ; il croit à un corps, l'*éther,* dont les diverses parties sont animées, par cette vibration, d'un rapide mouvement de va-et-vient.

Certes, nous ne partageons pas ces illusions. Lorsqu'au cours d'une théorie optique, nous parlons encore de vibration lumineuse, nous ne songeons plus à un véritable mouvement de va-et-vient d'un corps réel ; nous imaginons seulement une grandeur abstraite, une pure expression géométrique dont la longueur, périodiquement variable, nous sert à énoncer les hypothèses de l'Optique, à retrouver, par des calculs réguliers, les lois expérimentales qui régissent la lumière. Cette vibration est pour nous une *représentation* et non pas une *explication.*

Mais lorsqu'après de longs tâtonnements, nous sommes parvenus à formuler, à l'aide de cette vibration, un corps d'hypothèses fondamentales; lorsque nous voyons, sur le plan tracé par ces hypothèses, l'immense domaine de l'Optique, jusque-là si touffu et si confus, s'ordonner et s'organiser, il nous est impossible de croire que cet ordre et que cette organisation ne soient pas l'image d'un ordre et d'une organisation réels ; que les phénomènes qui se trouvent, par la théorie, rapprochés les uns des autres, comme les franges d'interférence et les colorations des lames minces, ne soient pas en vérité des manifestations peu différentes d'un même attribut de la lumière ; que les phénomènes séparés par la théorie, comme les spectres de diffraction et les spectres de dispersion, n'aient pas des raisons d'être essentiellement différentes.

Ainsi, la théorie physique ne nous donne jamais l'explication des lois expérimentales; jamais elle ne nous découvre les réalités qui se cachent derrière les apparences sensibles ; mais plus elle se perfectionne, plus nous pressentons que l'ordre logique dans lequel elle range les lois expérimentales est le reflet d'un ordre ontologique; plus nous soupçonnons que les rapports qu'elle établit entre les données de l'observation correspondent à des rapports entre les choses (1) ; plus nous devinons qu'elle tend à être une classification naturelle.

De cette conviction, le physicien ne saurait rendre compte ; la méthode dont il dispose est bornée aux données de l'observation ; elle ne saurait donc prouver que l'ordre établi entre les lois expérimentales reflète un ordre transcendant à l'expérience ; à plus forte raison ne saurait-elle soupçonner la nature des rapports réels auxquels correspondent les relations établies par la théorie.

Mais cette conviction que le physicien est impuissant à justifier, il est non moins impuissant à y soustraire sa raison. Il a beau se pénétrer de cette idée que ses théories n'ont aucun pouvoir pour saisir la réalité, qu'elles servent uniquement à donner des lois expérimentales une représentation résumée et classée; il ne peut se forcer à croire qu'un système capable d'ordonner si simplement et si aisément un nombre immense de lois, de prime abord si disparates, soit un système purement artificiel; par une intuition où Pascal eût reconnu une de ces raisons du cœur « que la

(1) Cf. Poincaré : *La Science et l'Hypothèse*, p. 190, Paris, 1903.

raison ne connaît pas », il affirme sa foi en un ordre réel dont ses théories sont une image, de jour en jour plus claire et plus fidèle.

Ainsi l'analyse des méthodes par lesquelles s'édifient les théories physiques nous prouve avec une entière évidence que ces théories ne sauraient se poser en explications des lois expérimentales ; et, d'autre part, un acte de foi que cette analyse est incapable de justifier, comme elle est impuissante à le refréner, nous assure que ces théories ne sont pas un système purement artificiel, mais une classification naturelle. Et l'on peut, ici, appliquer cette profonde pensée de Pascal : « Nous avons une impuissance de prouver invincible à tout le dogmatisme ; nous avons une idée de la vérité invincible à tout le pyrrhonisme. »

§ V. — *La théorie devançant l'expérience.*

Il est une circonstance où se marque, avec une netteté particulière, notre croyance au caractère naturel d'une classification théorique ; cette circonstance se présente lorsque nous demandons à la théorie de nous annoncer les résultats d'une expérience avant que cette expérience n'ait été réalisée, lorsque nous lui enjoignons cet ordre audacieux : « Prophétise-nous. »

Un ensemble considérable de lois expérimentales avait été établi par les observateurs ; le théoricien s'est proposé de les condenser en un tout petit nombre d'hypothèses, et il y est parvenu ; chacune des lois expérimentales est correctement représentée par une conséquence de ces hypothèses.

Mais les conséquences que l'on peut tirer de ces

hypothèses sont en nombre illimité; on en peut donc déduire qui ne correspondent à aucune des lois expérimentales précédemment connues, qui représentent simplement des lois expérimentales possibles.

Parmi ces conséquences, il en est qui ont trait à des circonstances pratiquement réalisables ; elles sont particulièrement intéressantes, car elles pourront être soumises au contrôle des faits. Si elles représentent exactement les lois expérimentales qui régissent ces faits, la valeur de la théorie s'en trouvera accrue ; le domaine sur lequel elle règne sera enrichi de lois nouvelles. Si, au contraire, parmi ces conséquences, il en est une qui soit nettement en désaccord avec les faits dont elle devait représenter la loi, la théorie proposée devra être plus ou moins modifiée, peut-être entièrement rejetée.

Or, au moment de confronter les prévisions de la théorie avec la réalité, supposons qu'il faille parier pour ou contre la théorie ; de quel côté mettrons-nous notre gage ?

Si la théorie est un système purement artificiel, si nous voyons dans les hypothèses sur lesquelles elle repose des énoncés qui ont été habilement agencés de telle sorte qu'ils représentent les lois expérimentales déjà connues, mais si nous n'y soupçonnons aucun reflet de rapports véritables entre les réalités qui se cachent à nos yeux, nous penserons qu'une telle théorie doit attendre d'une loi nouvelle plutôt un démenti qu'une confirmation ; que, dans l'espace laissé libre entre les cases ajustées pour d'autres lois, la loi, jusque-là inconnue, trouve une case toute prête, où elle se puisse loger exactement, ce sera merveilleux hasard, en l'espoir duquel nous serions bien fous de risquer notre enjeu.

Si, au contraire, nous reconnaissons en la théorie une classification naturelle, si nous sentons que ses principes expriment entre les choses des rapports profonds et véritables, nous ne nous étonnerons pas de voir ses conséquences devancer l'expérience et provoquer la découverte de lois nouvelles ; hardiment, nous parierons en sa faveur.

Demander à une classification de marquer par avance leur place à des êtres que l'avenir seul découvrira, c'est donc, au plus haut degré, déclarer que nous tenons cette classification pour naturelle ; et lorsque l'expérience vient confirmer les prévisions de notre théorie, nous sentons se fortifier en nous cette conviction que les relations établies par notre raison entre des notions abstraites correspondent vraiment à des rapports entre les choses.

Ainsi la moderne notation chimique, en s'aidant des formules développées, établit une classification où se rangent les divers composés. L'ordre merveilleux que cette classification met dans le formidable arsenal de la Chimie nous assure déjà qu'elle n'est pas un système purement artificiel ; les liens d'analogie et de dérivation par substitution qu'elle établit entre les divers composés n'ont de sens que dans notre esprit ; et, cependant, nous sommes persuadés qu'ils correspondent, entre les substances mêmes, à des relations de parenté dont la nature nous demeure profondément cachée, mais dont la réalité ne nous semble pas douteuse. Néanmoins, pour que cette persuasion se change en une invincible certitude, il faut que nous voyions la théorie chimique écrire d'avance les formules d'une multitude de corps et, docile à ces indications, la synthèse réaliser une foule de substances dont, avant même qu'elles ne fussent, nous connaissions la composition et mainte propriété.

De même que les synthèses annoncées d'avance consacrent la notation chimique comme classification naturelle, de même, la théorie physique prouvera qu'elle est le reflet d'un ordre réel en devançant l'observation.

Or, l'histoire de la Physique nous fournit une foule d'exemples de cette clairvoyante divination ; maintes fois, une théorie a prévu des lois non encore observées, voire des lois qui paraissaient invraisemblables, provoquant l'expérimentateur à les découvrir et le guidant vers cette découverte.

L'Académie des Sciences avait proposé au concours, pour le prix de Physique qu'elle devait décerner dans la séance publique du mois de mars 1819, l'examen général des phénomènes de la diffraction de la lumière ; des deux mémoires présentés, l'un, celui qui fut couronné, avait Fresnel pour auteur ; Biot, Arago, Laplace, Gay-Lussac et Poisson composaient la commission.

Des principes posés par Fresnel, Poisson, par une élégante analyse, déduisit cette conséquence étrange : Si un petit écran opaque et circulaire intercepte les rayons émis par un point lumineux, il existe derrière l'écran, sur l'axe même de cet écran, des points qui non seulement sont éclairés, mais qui brillent exactement comme si l'écran n'était pas interposé entre eux et la source de lumière.

Un tel corollaire, si contraire, semble-t-il, aux certitudes expérimentales les plus obvies, paraissait bien propre à faire rejeter la théorie de la diffraction proposée par Fresnel. Arago eut confiance dans le caractère naturel, partant dans la clairvoyance de cette théorie ; il tenta l'épreuve ; l'observation donna des résultats qui concordaient absolument avec les prédictions, si peu vraisemblables, du calcul (1).

Ainsi la théorie physique, telle que nous l'avons définie, donne d'un vaste ensemble de lois expérimentales une représentation condensée, favorable à l'économie intellectuelle.

Elle classe ces lois ; en les classant, elle les rend plus aisément et plus sûrement utilisables ; en même temps, en mettant de l'ordre dans leur ensemble, elle y met de la beauté.

Elle prend, en se perfectionnant, les caractères d'une classification naturelle ; les groupements qu'elle établit laissent alors soupçonner les affinités réelles des choses.

Ce caractère de classification naturelle se marque surtout par la fécondité de la théorie, qui devine des lois expérimentales non encore observées et en provoque la découverte.

C'en est assez pour que la recherche des théories physiques ne puisse être réputée besogne vaine et oiseuse, bien qu'elle ne poursuive pas l'explication des phénomènes.

(1) *Œuvres complètes* d'Augustin Fresnel, t. I, pp. 236, 365, 368.

CHAPITRE III

LES THÉORIES REPRÉSENTATIVES ET L'HISTOIRE DE LA PHYSIQUE

§ I. — *Rôle des classifications naturelles et des explications dans l'évolution des théories physiques.*

Ce que nous proposons comme but à la théorie physique, c'est de devenir une *classification naturelle,* c'est d'établir entre les diverses lois expérimentales une coordination logique qui soit comme l'image et le reflet de l'ordre vrai selon lequel sont organisées les réalités qui nous échappent ; c'est à cette condition que la théorie sera féconde, qu'elle suggérera des découvertes.

Mais une objection se dresse aussitôt contre la doctrine que nous exposons ici.

Si la théorie doit être une classification naturelle, si elle doit chercher à grouper les apparences comme sont groupées les réalités, la méthode la plus sûre pour arriver à ce but n'est-elle pas de chercher d'abord quelles sont ces réalités? Au lieu de construire un système logique qui représente sous une forme aussi condensée et aussi exacte que possible les lois expérimentales, dans l'espoir que ce système logique finira par être comme une image de l'ordre ontologique des choses, ne serait-il pas plus sensé de tenter d'expliquer ces lois, de dévoiler ces choses cachées? N'est-ce pas ainsi, d'ailleurs, qu'ont procédé les maîtres de la science? N'est-ce pas en s'efforçant vers l'explication des phénomènes physiques qu'ils ont créé ces théories fécondes dont les saisissantes divinations provoquent notre étonnement? Qu'avons-nous de mieux à faire que d'imiter leur exemple et que de revenir aux méthodes condamnées en notre premier Chapitre?

Que plusieurs des génies auxquels nous devons la Physique moderne aient construit leurs théories dans l'espoir de donner une explication des phénomènes naturels, que quelques-uns même aient cru avoir saisi cette explication, cela n'est pas douteux; mais cela non plus n'a rien de concluant contre l'opinion que nous avons exposée au sujet des théories physiques. Des espoirs chimériques ont pu provoquer d'admirables inventions sans que ces inventions donnent corps aux chimères qui les ont fait naître. D'audacieuses explorations, qui ont grandement contribué au progrès de la géographie, sont dues à des aventuriers qui cherchaient le pays doré; ce n'est pas une raison suffisante pour faire figurer l'Eldorado sur nos planisphères.

Si donc on veut prouver que la recherche des explications est une méthode vraiment féconde en Physique, il ne suffit pas de prouver que bon nombre de théories ont été créées par des penseurs qui s'efforçaient vers de telles explications; il faut prouver que la recherche de l'explication est bien le fil d'Ariane qui les a conduits au milieu de la confusion des lois physiques et qui leur a permis de tracer le plan de ce labyrinthe.

Or, cette preuve, non seulement il n'est pas possible de la donner, mais encore une étude, même superficielle, de l'histoire de la Physique fournit, en abondance, des arguments qui concluent en sens contraire.

Lorsqu'on analyse une théorie créée par un physicien qui se propose d'expliquer les apparences sensibles, on ne tarde pas, en général, à reconnaître que cette théorie est formée de deux parties bien distinctes : l'une est la partie simplement représentative qui se propose de classer les lois ; l'autre est la partie explicative qui se propose, au-dessous des phénomènes, de saisir la réalité.

Or, bien loin que la partie explicative soit la raison d'être de la partie représentative, la graine d'où elle est issue ou la racine qui alimente son développement, le lien entre les deux parties est presque toujours des plus frêles et des plus artificiels. La partie descriptive s'est développée, pour son compte, par les méthodes propres et autonomes de la Physique théorique ; à cet organisme pleinement formé, la partie explicative est venue s'accoler comme un parasite.

Ce n'est pas à cette partie explicative parasite que la théorie doit sa puissance et sa fécondité ; loin de là. Tout ce que la théorie contient de bon, ce par quoi elle apparaît comme classification naturelle, ce qui lui confère le pouvoir de devancer l'expérience se trouve dans la partie représentative ; tout cela a été découvert par le physicien lorsqu'il oubliait la recherche de l'explication. Au contraire, ce que la théorie contient de faux, ce qui sera contredit par les faits, se trouve surtout dans la partie explicative ; le physicien l'y a introduit, guidé par son désir de saisir les réalités.

Et de là cette conséquence : Lorsque les progrès de la Physique expérimentale mettent la théorie en défaut, lorsqu'ils obligent à la modifier, à la transformer, la partie purement représentative entre presque entière dans la théorie nouvelle, lui apportant l'héritage de tout ce que l'ancienne théorie possédait de plus précieux, tandis que la partie explicative tombe pour faire place à une autre explication.

Ainsi, par une tradition continue, chaque théorie physique passe à celle qui la suit la part de classification naturelle qu'elle a pu construire, comme, en certains jeux antiques, chaque coureur tendait le flambeau allumé au coureur qui venait après lui ; et cette tradition continue assure à la science une perpétuité de vie et de progrès.

Cette continuité de la tradition est masquée aux yeux de l'observateur superficiel par le fracas incessant des explications qui ne surgissent que pour s'écrouler.

Tout ce que nous venons de dire, appuyons-le de quelques exemples. Ils nous seront fournis par les théories auxquelles a donné lieu la réfraction de la lumière. Nous les emprunterons à ces théories non point parce qu'elles sont exceptionnellement favorables à notre thèse, mais au contraire parce que les personnes qui étudient superficiellement l'histoire de la Physique pourraient penser que ces théories doivent leurs principaux progrès à la recherche des explications.

Descartes a donné une théorie qui *représente* les phénomènes de la réfraction simple ; elle fait le principal objet des deux admirables traités de la *Dioptrique* et des *Météores,* auxquels le *Discours de la méthode* servait de préface ; fondée sur la constance du rapport entre le sinus de l'angle d'incidence et le sinus de l'angle de réfraction, elle range dans un ordre très clair les propriétés que présentent les verres diversement taillés, les instruments d'optique composés avec ces verres ; elle rend compte des phénomènes qui accompagnent la vision ; elle analyse les lois de l'arc-en-ciel.

Descartes a donné aussi une *explication* des effets lumineux. La lumière n'est qu'une apparence ; la réalité est une pression engendrée par les mouvements rapides des corps incandescents au sein d'une *matière subtile* qui pénètre tous les corps ; la matière subtile est incompressible, en sorte que la pression qui constitue la lumière s'y transmet instantanément à toute distance ; si loin qu'un point se trouve d'une source de lumière, au moment même où celle-ci s'allume, le point est éclairé. Cette transmission instantanée de la lumière est une conséquence absolument nécessaire du système d'explications physiques créé par Descartes ; à Beeckman qui ne voulait point admettre cette proposition et qui, à l'imitation de Galilée, cherchait à la contredire au moyen d'expériences, d'ailleurs enfantines, Descartes écrivait (1) : « Pour moi elle est tellement certaine que si, par impossible, elle était convaincue d'erreur, je serais prêt à vous avouer sur le champ que je ne sais rien en philosophie. Vous avez si grande confiance en votre expérience que vous vous

(1) *Correspondance* de DESCARTES, édition Paul TANNERY et Ch. ADAM, n° LVII, 22 août 1634, t. I, p. 307.

déclarez prêt à tenir fausse toute votre philosophie si aucun laps de temps ne sépare le moment où l'on voit dans le miroir le mouvement de la lanterne du moment où on le perçoit à la main ; moi, au contraire, je vous déclare que si ce laps de temps pouvait être observé, ma philosophie tout entière serait renversée de fond en comble. »

Que Descartes ait créé lui-même la loi fondamentale de la réfraction ou qu'il l'ait, selon l'insinuation de Huygens, empruntée à Snell, la question a été débattue avec passion ; la solution est douteuse, mais elle nous importe peu ; ce qui est certain, c'est que cette loi, c'est que la théorie représentative à laquelle elle sert de base, ne sont point issues de l'explication des phénomènes lumineux proposée par Descartes ; à leur génération, la Cosmologie cartésienne n'a eu aucune part ; l'expérience, l'induction, la généralisation, les ont seules produites.

Il y a plus ; jamais Descartes n'a tenté un effort pour relier la loi de la réfraction à sa théorie explicative de la lumière.

Il est bien vrai qu'au commencement de la *Dioptrique,* il développe, au sujet de cette loi, des analogies mécaniques ; qu'il compare le changement de direction du rayon qui passe de l'air dans l'eau au changement de marche d'une balle, vigoureusement lancée, qui passerait d'un certain milieu dans un autre milieu plus résistant ; mais ces comparaisons mécaniques, dont la rigueur donnerait prise à bien des critiques, rattacheraient plutôt la théorie de la réfraction à la doctrine de l'*émission,* doctrine où un rayon de lumière est comparé à une rafale de petits projectiles violemment lancés par le corps lumineux; cette explication, soutenue au temps de Descartes par Gassendi et reprise plus tard par Newton, n'a aucune analogie avec la théorie cartésienne de la lumière ; elle est inconciliable avec elle.

Ainsi, entre l'explication cartésienne des phénomènes lumineux et la représentation cartésienne des diverses lois de la réfraction, il y a simple juxtaposition ; il n'y a aucun lien, aucune pénétration. Aussi, le jour où l'astronome danois Römer, en étudiant les éclipses des satellites de Jupiter, démontre que la lumière se propage dans l'espace avec une vitesse finie et mesurable, l'explication cartésienne des phénomènes lumineux tombe tout d'un bloc ; mais elle n'entraîne même pas une parcelle de la doctrine qui représente et classe les lois de la réfraction ; celle-ci continue, aujourd'hui encore, à former la majeure partie de notre Optique élémentaire.

Un rayon lumineux unique, passant de l'air au sein de certains milieux cristallins tels que le spath d'Islande, fournit deux rayons réfractés distincts, dont l'un, le *rayon ordinaire*, suit la loi de Descartes, tandis que l'autre, le *rayon extraordinaire*, échappe aux prises de cette loi. Cette « admirable et insolite réfraction du cristal clivable d'Islande » avait été découverte et étudiée (1), en 1657, par le Danois Erasme Berthelsen ou Bartholinus. Huygens se propose de formuler une théorie qui représente à la fois les lois de la réfraction simple, objet des travaux de Descartes, et les lois de la double

(1) Erasmus BARTHOLINUS : *Experimenta crystalli Islandici disdiaclastici, quibus mira et insolita refractio detegitur*. Havniæ, 1657.

réfraction. Il y réussit de la manière la plus heureuse. Non seulement ses constructions géométriques, après avoir fourni, dans les milieux amorphes ou dans les cristaux cubiques, le rayon réfracté unique qui suit la loi de Descartes, tracent, dans les cristaux non cubiques, deux rayons réfractés, mais encore elles déterminent entièrement les lois qui régissent ces deux rayons; ces lois sont si compliquées que l'expérience, réduite à ses seules ressources, ne les eût peut-être pas démêlées ; mais après que la théorie en a donné la formule, elle les vérifie minutieusement.

Cette belle et féconde théorie, Huygens l'a-t-il tirée des principes de la Cosmologie atomistique, de ces « raisons de méchanique » par lesquelles, selon lui, « la vraye Philosophie conçoit la cause de tous les effets naturels » ? Nullement; la considération du vide, des atomes, de leur dureté, de leurs mouvements, n'a joué aucun rôle dans la construction de cette représentation. Une comparaison entre la propagation du son et la propagation de la lumière, la constatation expérimentale que l'un des deux rayons réfractés suivait la loi de Descartes, tandis que l'autre ne lui obéissait point, une heureuse et audacieuse hypothèse sur la forme de la surface d'onde optique au sein des cristaux, tels sont les procédés par lesquels le grand physicien hollandais a deviné les principes de sa classification.

Non seulement Huygens n'a point tiré des principes de la Physique atomistique la théorie de la double réfraction ; mais une fois cette théorie découverte, il n'essaye pas de la rattacher à ces principes ; il imagine bien, pour rendre compte des formes cristallines, que le spath ou le cristal de roche sont formés par des empilements réguliers de molécules sphéroïdales, préparant ainsi la voie à Haüy et à Bravais ; mais, après avoir développé cette supposition, il se contente d'écrire (1) : « J'ajouteray seulement que ces petits sphéroïdes pourraient bien contribuer à former les sphéroïdes des ondes de lumière, cy-dessus supposez, les uns et les autres estant situez de mesme, et avec leurs axes parallèles. » A cette courte phrase se réduit tout ce qu'il a tenté pour expliquer la forme de la surface d'onde lumineuse, en attribuant aux cristaux une structure appropriée.

Aussi sa théorie demeurera-t-elle intacte, tandis que les diverses explications des phénomènes lumineux se succéderont les unes aux autres, fragiles et caduques, malgré la confiance en leur durée que témoigneront ceux qu'elles ont pour auteurs.

Sous l'influence de Newton, l'explication émissionniste triomphe ; cette explication est absolument contraire à celle que Huygens, créateur de la théorie ondulatoire, donnait des phénomènes lumineux ; de cette explication, jointe à une Cosmologie attractioniste, conforme aux principes de Boscovich, et que le grand atomiste hollandais eût réputée absurde, Laplace tire une justification des constructions d'Huygens.

Non seulement Laplace explique par la Physique attractioniste la théorie de la réfraction, simple ou double, découverte par un physicien qui prônait des idées tout opposées ; non seulement il la déduit « de

(1) HUYGENS : *Traité de la lumière, où sont expliquées les causes de ce qui luy arrive dans la réflexion et dans la réfraction, et particulièrement dans l'étrange réfraction du cristal d'Islande.* Édition W. BURCKHARDT, p. 71.

ces principes (1) dont on est redevable à Newton, au moyen desquels tous les phénomènes du mouvement de la lumière, à travers un nombre quelconque de milieux transparents et dans l'atmosphère, ont été soumis à des calculs rigoureux » ; mais encore il pense que cette déduction en accroît la certitude et la précision. Sans doute, la solution des problèmes de double réfraction que donne la construction d'Huygens, « considérée comme un résultat de l'expérience, peut être mise au rang des plus belles découvertes de ce rare génie... On ne doit pas balancer à la mettre au nombre des plus certains comme des plus beaux résultats de la Physique. » Mais « jusqu'ici cette loi n'était qu'un résultat de l'observation, approchant de la vérité, dans les limites des erreurs auxquelles les expériences les plus précises sont encore assujetties. Maintenant, la simplicité de la loi d'action dont elle dépend doit la faire considérer comme une loi rigoureuse. » Laplace va même, dans sa confiance en la valeur de l'explication qu'il propose, jusqu'à affirmer que cette explication seule pouvait dissiper les invraisemblances de la théorie d'Huygens et la rendre acceptable aux bons esprits, car « cette loi a éprouvé le même sort que les belles lois de Képler qui furent longtemps méconnues, pour avoir été associées à des idées systématiques dont, malheureusement, ce grand homme a rempli tous ses ouvrages ».

Au moment même où Laplace traite avec ce dédain l'Optique des ondulations, celle-ci, promue par Young

(1) LAPLACE : *Exposition du système du monde,* l. IV, c. XVIII : *De l'attraction moléculaire.*

et par Fresnel, reprend le pas sur l'Optique de l'émission; mais, grâce à Fresnel, l'Optique ondulatoire a subi une modification profonde; la vibration lumineuse n'est plus dirigée suivant le rayon ; elle lui est perpendiculaire ; l'analogie entre le son et la lumière, qui avait guidé Huygens, a disparu ; néanmoins l'explication nouvelle conduit encore les physiciens à adopter la construction des rayons réfractés par un cristal, telle que l'a imaginée Huygens.

Il y a plus : en changeant sa partie explicative, la doctrine d'Huygens a enrichi sa partie représentative ; elle ne figure plus seulement les lois qui régissent la marche des rayons, mais aussi les lois dont dépend leur état de polarisation.

Les tenants de cette théorie seraient maintenant en bonne posture pour retourner à Laplace la pitié méprisante qu'il témoignait à leur endroit ; il devient malaisé de relire sans sourire ces phrases que le grand mathématicien écrivait (1) au moment même où l'Optique de Fresnel triomphait : « Les phénomènes de la double réfraction et de l'aberration des étoiles me paraissent donner au système de l'émission de la lumière, sinon une certitude entière, au moins une extrême probabilité. Ces phénomènes sont inexplicables dans l'hypothèse des ondulations d'un fluide éthéré. La propriété singulière d'un rayon polarisé par un cristal de ne plus se partager en passant dans un second cristal parallèle au premier indique évidemment des actions différentes d'un même cristal sur les diverses faces d'une molécule de lumière. »

(1) Laplace : *Exposition du système du monde, loc. cit.*

La théorie de la réfraction donnée par Huygens n'embrassait pas tous les cas possibles ; une immense catégorie de corps cristallisés, les *cristaux biaxes,* offraient des phénomènes qui ne pouvaient rentrer dans ses cadres. Ces cadres, Fresnel se proposa de les élargir, de telle sorte que l'on y pût classer non seulement les lois de la réfraction simple, non seulement les lois de la double réfraction uniaxiale, mais encore les lois de la double réfraction biaxale. Comment y parvint-il ? En cherchant une explication du mode de propagation de la lumière dans les cristaux? Nullement, mais par une intuition de géomètre où aucune hypothèse sur la nature de la lumière ou sur la constitution des corps transparents n'avait de place. Il remarqua que toutes les surfaces d'onde que Huygens avait eu à considérer pouvaient se tirer, par une construction géométrique simple, d'une certaine surface du second degré ; cette surface était une sphère pour les milieux uniréfringents, un ellipsoïde de révolution pour les milieux biréfringents uniaxes ; il imagina qu'en appliquant la même construction à un ellipsoïde à trois axes inégaux, on obtiendrait la surface d'onde qui convient aux cristaux biaxes.

Cette audacieuse intuition a été couronnée du plus éclatant succès ; non seulement la théorie proposée par Fresnel s'est accordée minutieusement avec toutes les déterminations expérimentales ; mais encore elle a fait deviner et découvrir des faits imprévus et paradoxaux que l'expérimentateur, livré à lui-même, n'aurait jamais eu l'idée de rechercher ; telles sont les deux espèces de réfraction conique ; le grand mathématicien Hamilton a déduit de la forme de la surface d'onde des cristaux biaxes les lois de ces étranges phénomènes, que le physicien Lloyd a ensuite recherchés et découverts.

La théorie de la double réfraction biaxiale possède donc cette fécondité et ce pouvoir de divination où nous reconnaissons les marques d'une classification naturelle ; et cependant, elle n'est pas née d'un essai d'explication.

Non pas que Fresnel n'ait tenté d'expliquer la forme de surface d'onde qu'il avait obtenue ; cette tentative le passionna même à tel point, qu'il ne publia pas la méthode qui l'avait conduit à l'invention ; cette méthode fut connue seulement après sa mort, lorsqu'on livra enfin à l'impression son premier mémoire sur la double réfraction (1). Dans les écrits qu'il publia, de son vivant, sur la double réfraction, Fresnel s'efforça sans cesse de retrouver, au moyen d'hypothèses sur les propriétés de l'éther, les lois qu'il avait découvertes ; « mais ces hypothèses (2), dont il avait fait ses principes, ne résistent pas à un examen approfondi ». Admirable lorsqu'elle se borne à jouer le rôle de classification naturelle, la théorie de Fresnel devient insoutenable dès là qu'elle se donne pour une explication.

Il en est de même de la plupart des doctrines physiques ; ce qui, en elles, est durable et fécond, c'est l'œuvre logique par laquelle elles sont parvenues à classer naturellement un grand nombre de lois en les

(1) Voir l'*Introduction aux œuvres d'Augustin Fresnel*, par E. Verdet, art. 11 et 12. (*Œuvres complètes d'Augustin Fresnel*, t. I, p. LXX et p. LXXVI.)

(2) E. Verdet : *loc. cit.*, p. 84.

déduisant toutes de quelques principes ; ce qui est stérile et périssable, c'est le labeur entrepris pour expliquer ces principes, pour les rattacher à des suppositions touchant les réalités qui se cachent sous les apparences sensibles.

On a souvent comparé le progrès scientifique à une marée montante ; appliquée à l'évolution des théories physiques, cette comparaison nous semble fort juste et peut être suivie jusque dans ses détails.

Celui qui jette un regard de courte durée sur les flots qui assaillent une grève ne voit pas la marée monter ; il voit une lame se dresser, courir, déferler, couvrir une étroite bande de sable, puis se retirer en laissant à sec le terrain qui avait paru conquis ; une nouvelle lame la suit, qui parfois va un peu plus loin que la précédente, parfois aussi n'atteint même pas le caillou que celle-ci avait mouillé. Mais sous ce mouvement superficiel de va-et-vient, un autre mouvement se produit, plus profond, plus lent, imperceptible à l'observateur d'un instant, mouvement progressif qui se poursuit toujours dans le même sens, et par lequel la mer monte sans cesse. Le va-et-vient des lames est l'image fidèle de ces tentatives d'explication qui ne s'élèvent que pour s'écrouler, qui ne s'avancent que pour reculer ; au dessous se poursuit le progrès lent et constant de la classification naturelle dont le flux conquiert sans cesse de nouveaux territoires, et qui assure aux doctrines physiques la continuité d'une tradition.

§ II. — *Les opinions des physiciens sur la nature des théories physiques.*

Un des penseurs qui ont le plus vivement insisté pour que les théories physiques fussent regardées comme des représentations condensées et non comme des explications, M. Ernst Mach, a écrit (1) ce qui suit :

« L'idée d'une économie de la pensée se développa en moi par mes expériences professorales dans la pratique de l'enseignement. Je la possédais déjà lorsqu'en 1861 je commençai mes leçons comme *privat-docent,* et je croyais alors être seul à l'avoir, ce que l'on voudra bien trouver pardonnable. Mais aujourd'hui, je suis, au contraire, convaincu qu'au moins un pressentiment de cette idée doit toujours avoir été un bien commun à *tous* les investigateurs qui ont réfléchi sur la recherche en général. »

En effet, dès l'antiquité, certains philosophes ont fort exactement reconnu que les théories physiques n'étaient nullement des explications ; que leurs hypothèses n'étaient point des jugements sur la nature des choses ; que c'étaient seulement des prémisses destinées à fournir des conséquences conformes aux lois expérimentales.

Les Grecs connaissaient à proprement parler une seule théorie physique, la théorie des mouvements célestes; c'est donc au sujet des systèmes cosmographiques qu'ils ont émis et développé leur conception de

(1) E. Mach : *La Mécanique; exposé historique et critique de son développement.* Paris, 1904, p. 360.

la théorie physique. D'ailleurs, les autres théories, ressortissant aujourd'hui à la Physique, qu'ils avaient portées à un certain degré de perfection, savoir la théorie de l'équilibre du levier et l'Hydrostatique, reposaient sur des principes dont la nature ne pouvait être l'objet d'aucun doute ; les *demandes* d'Archimède étaient visiblement des propositions d'origine expérimentale, que la généralisation avait transformées ; l'accord de leurs conséquences avec les faits résumait et ordonnait ceux-ci sans les expliquer.

Les Grecs distinguent nettement, dans la discussion d'une théorie sur le mouvement des astres, ce qui est du physicien — nous dirions aujourd'hui du métaphysicien — et ce qui est de l'astronome. Au physicien il appartient de décider, par des raisons tirées de la Cosmologie, quels sont les mouvements réels des astres. L'astronome, au contraire, ne doit point s'inquiéter si les mouvements qu'il imagine sont réels ou fictifs ; leur seul objet est de représenter exactement les déplacements *relatifs* des astres (1).

Dans ses belles recherches sur les systèmes cosmographiques des Grecs, Schiaparelli a mis en lumière un passage bien remarquable touchant cette distinction entre l'Astronomie et la Physique ; ce passage de Posidonius, résumé ou cité par Geminus, nous a été conservé par Simplicius. Le voici : « D'une manière absolue, il n'appartient pas à l'astronome de savoir ce

(1) Nous empruntons plusieurs des renseignements qui suivent à un très important article de M. P. Mansion : *Note sur le caractère géométrique de l'ancienne astronomie* (*Abhandlungen zur Geschichte der Mathematik*, IX, Leipzig, B. G. Teubner). Voir aussi P. Mansion : *Sur les principes fondamentaux de la géométrie, de la mécanique et de l'astronomie.* Paris, Gauthier-Villars, 1903.

qui est fixe par nature et ce qui se meut ; mais parmi les hypothèses relatives à ce qui est immobile et à ce qui se meut, il examine quelles sont celles qui correspondent aux phénomènes célestes. Il doit recourir au physicien pour les principes. »

Ces idées, qui expriment la pure doctrine péripatéticienne, ont inspiré maint passage des astronomes de l'antiquité ; la Scolastique les a formellement adoptées. A la Physique, c'est-à-dire à la Cosmologie, de rendre raison des apparences astronomiques en recourant aux causes mêmes ; l'Astronomie ne traite que de l'observation des phénomènes et des conclusions que la géométrie en peut déduire : « L'astronomie, dit saint Thomas, commentant les *Physiques* d'Aristote, a des conclusions en commun avec la Physique. Mais comme elle n'est pas purement physique, elle les démontre par d'autres moyens. Ainsi le physicien démontre que la terre est sphérique par un procédé de physicien, par exemple parce que ses parties tendent de tout côté et également vers un centre ; l'astronome, au contraire, par la figure de la lune dans les éclipses, ou bien par ce fait que les étoiles ne se voient pas de même des diverses parties de la terre. »

C'est par suite de cette conception du rôle de l'astronomie que saint Thomas, dans son commentaire au *De cœlo* d'Aristote, s'exprime de la manière suivante au sujet du mouvement des planètes : « Les astronomes se sont efforcés de diverses manières d'expliquer ce mouvement. Mais il n'est pas nécessaire que les suppositions qu'ils ont imaginées soient vraies, car peut-être les apparences que les étoiles présentent pourraient être sauvées par quelque autre mode de mouvement encore inconnu des hommes. Aristote cependant use de telles suppositions relatives à la nature du mouvement comme si elles étaient vraies. »

En un passage de la *Somme théologique* (I, 32), saint Thomas marque encore plus nettement l'incapacité de la méthode physique à saisir une explication certaine : « On peut, dit-il, de deux manières différentes rendre raison d'une chose. La première consiste à prouver d'une manière suffisante un certain principe. C'est ainsi qu'en Cosmologie (*Scientia naturalis*) on donne une raison suffisante pour prouver que le mouvement du ciel est uniforme. En la seconde manière, on n'apporte pas une raison qui prouve d'une manière suffisante le principe; mais, le principe étant posé d'avance, on montre que ses conséquences s'accordent avec les faits ; ainsi, en Astronomie, on pose l'hypothèse des épicycles et des excentriques, parce que, cette hypothèse faite, les apparences sensibles des mouvements célestes peuvent être sauvegardées ; mais ce n'est pas une raison suffisamment probante, car elles pourraient peut-être être sauvegardées par une autre hypothèse. »

Cette opinion touchant le rôle et la nature des hypothèses astronomiques s'accorde fort aisément avec bon nombre de passages de Copernic et de son commentateur Rheticus. Copernic, notamment, dans son *Commentariolus de hypothesibus motuum cœlestium a se constitutis,* présente simplement l'immobilité du soleil et la mobilité de la terre comme des *postulats* qu'il demande qu'on lui concède : *Si nobis aliquæ petitiones... concedentur.* Il est juste d'ajouter qu'en certains passages de ses *De revolutionibus cœlestibus libri sex,* il professe, au sujet de la réalité de ses hypothèses, une opinion moins réservée que la doctrine héritée de la Scolastique et exposée dans le *Commentariolus.*

Cette dernière doctrine est formellement énoncée dans la célèbre préface qu'Osiander écrivit pour le livre : *De revolutionibus cœlestibus libri sex;* ainsi s'exprime Osiander : *Neque enim necesse est eas hypotheses esse veras, imo, ne verisimiles quidem; sed sufficit hoc unum, si calculum observationibus congruentem exhibeant.* Et il termine sa préface par ces mots : *Neque quisquam, quod ad hypotheses attinet, quicquam certi ab astronomia expectet, cum nihil tale præstare queat.*

Une telle doctrine au sujet des hypothèses astronomiques indignait Képler (1) : « Jamais, dit-il dans son plus ancien écrit (2), je n'ai pu donner mon assentiment à l'avis de ces gens qui vous citent l'exemple de quelque démonstration accidentelle où, de prémisses fausses, un syllogisme rigoureux tire quelque conclusion vraie, et qui, forts de cet exemple, s'efforcent de prouver que les hypothèses admises par Coper-

(1) En 1597, Nicolas Raimarus Ursus publia à Prague un écrit intitulé : *De hypothesibus astronomicis,* où il soutenait, en les exagérant, les opinions d'Osiander ; trois ans plus tard, donc en 1600 ou 1601, Képler répond par l'écrit suivant : JOANNIS KEPLERI *apologia Tychonis contra Nicolaum Raymarum Ursum ;* cet écrit, demeuré en manuscrit et fort incomplet, fut publié seulement en 1858 par Frisch. (JOANNIS KEPLERI *astronomi Opera omnia,* t. I, p. 215, Francfort-sur-le-Mein et Erlangen.) Cet ouvrage contient de vives réfutations des idées d'Osiander.

(2) *Prodromus dissertationum cosmographicarum, continens mysterium cosmographicum... a* M. JOANNE KEPLERO WIRTEMBERGIO, Tubingæ, Georgius GRUPPENBACHIUS, MDXCVI ; — JOANNIS KEPLERI *astronomi Opera omnia,* t. I, p. 112-153.

nic peuvent être fausses et que, cependant, des φαινόμενα véritables peuvent en découler comme de leurs principes propres... Je n'hésite pas à déclarer que tout ce que Copernic a amassé *a posteriori,* et prouvé par l'observation, tout cela pourrait, sans nulle entrave, être démontré *a priori,* au moyen d'axiomes géométriques, au point de ravir le témoignage d'Aristote, s'il vivait. »

Cette confiance enthousiaste, et quelque peu naïve, dans la puissance sans limite de la méthode physique déborde chez les grands inventeurs qui inaugurent le XVIIe siècle. Galilée distingue bien entre le point de vue de l'Astronomie, dont les hypothèses n'ont d'autre sanction que l'accord avec l'expérience, et le point de vue de la Philosophie naturelle, qui saisit les réalités ; il prétend, lorsqu'il soutient le mouvement de la terre, discourir seulement en astronome et ne point donner ses suppositions pour vérités ; mais ces distinctions ne sont chez lui que faux-fuyants pour éviter les censures de l'Église ; ses juges ne les ont pas considérées comme opinions sincères ; pour les regarder comme telles, il leur eût fallu bien peu de clairvoyance. S'ils eussent pensé que Galilée parlait sincèrement en astronome, et non en philosophe de la nature, en *physicien,* selon leur langage ; s'ils eussent regardé ses théories comme un système propre à *représenter* les mouvements célestes et non comme une doctrine affirmative sur la *nature réelle* des phénomènes astronomiques, ils n'eussent point censuré ses idées. Nous en avons l'assurance par une lettre (1) que, dès le 12 avril 1615, le principal adversaire de Galilée, le cardinal

(1) GRISAR : *Galilei-Studien,* Beilage IX, Ratisbonne, 1882.

Bellarmin, écrivait à Foscarini : « Votre Paternité et le seigneur Galilée agiront prudemment en se contentant de parler *ex suppositione,* et non pas absolument, comme l'a toujours fait, je crois, Copernic ; en effet, dire qu'en supposant la terre mobile et le soleil immobile, on rend compte de toutes les apparences beaucoup mieux qu'on ne pourrait le faire avec les excentriques et les épicycles, c'est très bien dire ; cela ne présente aucun danger et cela suffit au mathématicien. » Dans ce passage, Bellarmin maintenait la distinction, familière aux scolastiques, entre la méthode physique et la méthode métaphysique, distinction qui, pour Galilée, n'était plus qu'un subterfuge.

Celui qui a le plus contribué à rompre la barrière entre la méthode physique et la méthode métaphysique, à confondre leurs domaines que la Philosophie péripatéticienne avait nettement distingués, c'est assurément Descartes.

La méthode de Descartes révoque en doute les principes de toutes nos connaissances et les laisse suspendus à ce doute méthodique, jusqu'au moment où elle parvient à en démontrer la légitimité par une longue chaîne de déductions issues du célèbre : *Cogito, ergo sum.* Rien de plus contraire qu'une semblable méthode à la conception péripatéticienne selon laquelle une science, telle que la Physique, repose sur des principes évidents par eux-mêmes, dont la Métaphysique peut creuser la nature, mais dont elle ne peut accroître la certitude.

La première proposition de Physique que Descartes établit (1), en suivant sa méthode, saisit et exprime

(1) DESCARTES : *Principia Philosophiæ*, pars III*, 4.

l'essence même de la matière : « La nature du corps consiste en cela seul qu'il est une substance qui a de l'extension en longueur, largeur et profondeur. » L'essence de la matière étant ainsi connue, on pourra, par les procédés de la Géométrie, en déduire l'explication de tous les phénomènes naturels. « Je ne reçois point de principes en Physique », dit Descartes, résumant la méthode par laquelle il prétend traiter cette science, « qui ne soient aussi reçus en Mathématiques, afin de pouvoir prouver par démonstration tout ce que j'en déduirai, et ces principes suffisent, d'autant que tous les phénomènes de la nature peuvent être expliqués par leur moyen ».

Telle est l'audacieuse formule de la Cosmologie cartésienne; l'homme connaît l'essence même de la matière, qui est l'étendue ; il peut donc, logiquement, en déduire toutes les propriétés de la matière ; la distinction entre la Physique, qui étudie les phénomènes et leurs lois, et la Métaphysique, qui cherche à connaître l'essence de la matière en tant que cause des phénomènes et raison d'être des lois, est dénuée de fondement ; l'esprit ne part pas de la connaissance du phénomène pour s'élever ensuite à la connaissance de la matière ; ce qu'il connaît d'abord, c'est la nature même de la matière, et l'explication des phénomènes en découle.

Cet orgueilleux principe, Descartes en pousse les conséquences jusqu'au bout ; il ne se contente pas d'affirmer que l'explication de tous les phénomènes naturels peut être tirée tout entière de cette seule proposition : « L'essence de la matière est l'étendue » ; cette explication, il tente de la donner en détail ; il cherche à construire le monde, en partant de cette définition, avec de la figure et du mouvement ; et lorsque son œuvre est terminée, il s'arrête pour la contempler et il déclare que rien n'y manque : « Qu'il n'y a aucun phénomène en la nature qui ne soit compris dans ce qui a été expliqué en ce traité », tel est le titre d'un des derniers paragraphes (1) des *Principes de la Philosophie*.

Descartes, toutefois, semble avoir été un instant effrayé par la hardiesse de sa doctrine cosmologique et avoir cherché à la rapprocher de la doctrine péripatéticienne ; c'est ce qui résulte de l'un des articles (2) du livre des *Principes ;* citons en entier cet article, qui touche de près à l'objet qui nous occupe :

« On répliquera peut-être encore à ceci que, bien que j'aie imaginé des causes qui pourraient produire des effets semblables à ceux que nous voyons, nous ne devons pas pour cela conclure que ceux que nous voyons soient produits par elles ; parce que, comme un horloger industrieux peut faire deux montres qui marquent les heures en même façon, et entre lesquelles il n'y ait aucune différence en ce qui paraît à l'extérieur, qui n'aient toutefois rien de semblable en la composition de leurs roues, ainsi il est certain que Dieu a une infinité de divers moyens par chacun desquels il peut avoir fait que toutes les choses de ce monde paraissent telles que maintenant elles paraissent, sans qu'il soit possible à l'esprit humain de connaître lequel de tous ces moyens il a voulu employer à les

(1) DESCARTES : *Principia Philosophiæ*, pars IV^{a}, 199.
(2) DESCARTES : *Ibid.*, pars IV^{a}, 204.

faire ; ce que je ne fais aucune difficulté d'accorder. Et je croirai avoir assez fait si les causes que j'ai expliquées sont telles que tous les effets qu'elles peuvent produire se trouvent semblables à ceux que nous voyons dans le monde, sans m'informer si c'est par elles ou par d'autres qu'ils sont produits. Même je crois qu'il est aussi utile pour la vie de connaître les causes ainsi imaginées que si on avait la connaissance des vraies ; car la médecine, les mécaniques, et généralement tous les arts à quoi la connaissance de la Physique peut servir, n'ont pour fin que d'appliquer tellement quelques corps sensibles les uns aux autres que, par la suite des causes naturelles, quelques effets sensibles soient produits ; ce que l'on pourrait faire tout aussi bien en considérant la suite de quelques causes ainsi imaginées, quoique fausses, que si elles étaient les vraies, puisque cette suite est supposée semblable en ce qui regarde les effets sensibles. Et afin qu'on ne puisse pas s'imaginer qu'Aristote ait jamais prétendu rien faire de plus que cela, il dit lui-même, au commencement du septième chapitre du premier livre de ses *Météores,* que « pour ce qui est « des choses qui ne sont pas manifestes aux sens, il « pense les démontrer suffisamment et autant qu'on « peut désirer avec raison, s'il fait seulement voir « qu'elles peuvent être telles qu'il les explique ».

Mais cette sorte de concession aux idées de l'École est manifestement en désaccord avec la méthode même de Descartes ; elle est seulement une de ces précautions contre la censure du Saint-Office que prenait le grand philosophe, fort ému, comme l'on sait, par la condamnation de Galilée ; du reste, il semble que Descartes lui-même ait craint que l'on prît trop au sérieux sa prudente circonspection, car il fait suivre l'article que nous venons de citer de deux autres, ainsi intitulés : « Que néanmoins on a une certitude morale que toutes les choses de ce monde sont telles qu'il a été ici démontré qu'elles peuvent être. » — « Et même qu'on en a une certitude plus que morale. »

Les mots : *certitude morale* ne suffisaient pas, en effet, à exprimer la foi sans limite que Descartes professait en sa méthode ; non seulement il croyait avoir donné une explication satisfaisante de tous les phénomènes naturels, mais il pensait en avoir fourni la seule explication possible et pouvoir le démontrer mathématiquement : « Pour la Physique, écrivait-il (1) à Mersenne, le 11 mars 1640, je croirais n'y rien savoir, si je ne sçavais que dire comment les choses peuvent estre, sans démonstrer qu'elles ne peuvent estre autrement ; car l'ayant réduite aux lois des Mathématiques, c'est chose possible, et je croy le pouvoir en tout ce peu que je croy sçavoir, bien que je ne l'aye pas fait en mes *Essais,* à cause que je n'ai pas voulu y donner mes principes, et je ne voy encore rien qui me convie à les donner à l'avenir. »

Cette superbe confiance dans la puissance illimitée de la méthode métaphysique était bien propre à faire naître un dédaigneux sourire aux lèvres de Pascal ; lors même qu'on admettrait que la matière n'est que l'étendue en longueur, largeur et profondeur, quelle folie d'en vouloir tirer l'explication détaillée du monde !

(1) DESCARTES : *Œuvres,* édition P. TANNERY et Ch. ADAM, *Correspondance,* t. III, p. 39.

« Il faut dire en gros (1) : cela se fait par figure et mouvement, car cela est vrai. Mais de dire quels, et composer la machine cela est ridicule ; car cela est inutile, et incertain, et pénible. »

L'illustre émule de Pascal, Christian Huygens, n'a pas la même sévérité pour la méthode qui prétend de principes cosmologiques tirer l'explication des phénomènes naturels. Assurément, les explications de Descartes sont insoutenables en plus d'un point; mais c'est que sa Cosmologie, qui réduit la matière à l'étendue, n'est pas la saine Philosophie de la nature ; celle-ci est la Physique des atomistes ; on peut espérer en déduire, bien qu'avec de grandes difficultés, l'explication des phénomènes naturels.

« M. Des Cartes (2) a mieux reconnu que ceux qui l'ont précédé, qu'on ne comprendrait jamais rien d'avantage dans la Physique, que ce qu'on pourrait rapporter à des principes qui n'excèdent pas la portée de notre esprit, tels que sont ceux qui dépendent des corps, considérez sans qualitez, et de leurs mouvements. Mais comme la plus grande difficulté consiste à faire voir comment tant de choses diverses sont effectuées par ces seuls principes, c'est à cela qu'il n'a pas réüssi dans plusieurs sujets particuliers qu'il s'est proposé à examiner, desquels est entre autres, à mon avis, celui de la Pesanteur. On en jugera par les remarques que je fais en quelques endroits sur ce qu'il en a escrit ; auxquelles j'en aurais pu joindre d'autres. Et cepen-

(1) Pascal : *Pensées*, édition Havet, art. 24. Cette pensée est précédée de ces mots : « Écrire contre ceux qui approfondissent trop les sciences : Descartes. »

(2) Christian Huygens : *Discours de la cause de la Pesanteur*. Leyde, 1690.

dant j'avoue que ses essais, et ses vuës, quoyque fausses, ont servi à m'ouvrir le chemin à ce que j'ay trouvé sur le mesme sujet. »

« Je ne le donne pas comme estant exempt de tout doute, ni à quoy on ne puisse faire des objections. Il est trop difficile d'aller jusque-là dans des recherches de cette nature. Je crois pourtant que si l'hypothèse principale, sur laquelle je me fonde, n'est pas la véritable, il y a peu d'espérance qu'on la puisse rencontrer, en demeurant dans les limites de la vraye et saine Philosophie. »

Entre le moment où Huygens communiquait à l'Académie des Sciences de Paris son *Discours de la Cause de la Pesanteur,* et le moment où il le fit imprimer, parut l'immortel ouvrage de Newton : *Philosophiæ naturalis principia mathematica;* cet ouvrage, qui transformait la Mécanique céleste, inaugurait, au sujet de la nature des théories physiques, des opinions tout opposées à celles de Descartes et de Huygens.

Ce que pense Newton de la construction des théories physiques, il l'exprime avec netteté en plusieurs passages de ses œuvres.

L'étude attentive des phénomènes et de leurs lois permet au physicien de découvrir, par la méthode inductive qui lui est propre, quelques principes très généraux d'où toutes les lois expérimentales se puissent déduire ; ainsi les lois de tous les phénomènes célestes se trouvent condensées dans le principe de la gravité universelle.

Une telle représentation condensée n'est pas une explication; l'attraction mutuelle que la Mécanique céleste imagine entre deux parties quelconques de la matière permet de soumettre au calcul tous les mouvements célestes, mais la cause même de cette attraction n'est pas pour cela mise à nu. Faut-il y voir une qualité première et irréductible de la matière ? Faut-il, ce que Newton jugea probable à certaines époques de sa vie, la regarder comme le résultat d'impulsions produites par un certain éther ? Questions difficiles, dont la solution ne pourra être obtenue que plus tard. Cette recherche, en tous cas, est œuvre de philosophe et non de physicien ; quel qu'en soit le résultat, la théorie représentative construite par le physicien gardera sa pleine valeur.

Telle est la doctrine que formule en peu de mots le *Scholium generale* par lequel se termine le livre des *Principes de Philosophie naturelle :*

« Jusqu'ici, j'ai exposé les phénomènes que présentent les cieux et nos mers à l'aide de la force de gravité, mais à cette gravité, je n'ai pas encore assigné de cause. Assurément, cette force naît de quelque cause qui pénètre jusqu'au centre du Soleil ou des planètes sans que sa vertu en soit diminuée ; qui agit non pas en raison de la *superficie* des particules solides sur lesquelles elle exerce son action, comme le font habituellement les causes mécaniques, mais en raison de leur *volume ;* dont l'action s'étend de toute part à des distances immenses, en décroissant toujours en raison inverse du carré de la distance. La gravité vers le Soleil est composée des gravités qui pèsent vers chacune des petites parties du Soleil, et en s'éloignant du Soleil, elle décroît exactement en raison doublée des distances jusqu'à l'orbite de Saturne, comme le montre la fixité des aphélies des planètes, et jusqu'aux aphélies extrêmes des comètes, si toutefois ces aphélies sont fixes. Mais jusqu'ici, je n'ai pu tirer des phénomènes la raison de ces propriétés de la gravité, et je ne feins point d'hypothèses. Car tout ce qui ne se tire point des phénomènes doit être nommé *hypothèse* ; et les hypothèses, qu'elles soient métaphysiques ou physiques, qu'elles invoquent des causes occultes ou qu'elles soient mécaniques, n'ont pas place en *Philosophie expérimentale*. Dans cette Philosophie, les propositions sont tirées des phénomènes et généralisées par induction. C'est ainsi qu'on a connu l'impénétrabilité, la mobilité, la force vive des corps et les lois des mouvements et de la gravité. Et c'est assez que cette gravité existe réellement et agisse selon les lois que nous avons exposées, et qu'elle suffise à tous les mouvements des corps célestes et de notre mer. »

Plus tard, en la célèbre XXXIe question qui termine la seconde édition de son *Optique,* Newton énonce, avec une grande précision, son opinion au sujet des théories physiques ; il leur assigne pour objet la condensation économique des lois expérimentales : « Expliquer chaque propriété des choses en les douant d'une qualité spécifique occulte par laquelle seraient engendrés et produits les effets qui se manifestent à nous, c'est ne rien expliquer du tout. Mais tirer des phénomènes deux ou trois principes généraux de mouvement, expliquer ensuite toutes les propriétés et les actions des corps au moyen de ces principes clairs, c'est vraiment, en Philosophie, un grand progrès, lors même que les causes de ces principes ne seraient pas découvertes ; c'est pourquoi je n'hésite pas à proposer les principes du mouvement, tout en laissant de côté la recherche des causes. »

Ceux qui partageaient la superbe confiance des cartésiens ou des atomistes ne pouvaient souffrir que l'on imposât des limites aussi humbles aux prétentions de la Physique théorique ; se borner à donner des phénomènes une représentation géométrique c'était, à leur avis, ne point avancer dans la connaissance de la nature ; ceux qui se contentaient d'un progrès aussi vain ne méritaient guère que des sarcasmes :

« Avant que de faire usage des principes qu'on vient d'établir, dit un cartésien (1), je crois qu'il ne sera pas hors de propos d'entrer dans l'examen de ceux que M. Newton fait servir de fondement à son système. Ce nouveau philosophe, déjà illustré par les rares connaissances qu'il avait puisées dans la Géométrie, souffrait impatiemment qu'une nation étrangère à la sienne pût se prévaloir de la possession où elle était d'enseigner les autres et de leur servir de modèle ; excité par une noble émulation et guidé par la supériorité de son génie, il ne songea plus qu'à affranchir sa patrie de la nécessité où elle croyait être d'emprunter de nous l'art d'éclairer les démarches de la nature, et de la suivre dans ses opérations. Ce ne fut point encore assez pour lui. Ennemi de toute contrainte, et sentant que la Physique le gênerait sans cesse, il la bannit de sa Philosophie ; et de peur d'être forcé de réclamer quelquefois son secours, il eut soin d'ériger en lois primordiales les causes intimes de chaque phénomène particulier ; par là, toute difficulté fut aplanie ; son travail ne roula plus que sur des sujets traitables qu'il sût assujettir à ses calculs ; un phénomène analysé

(1) De Gamaches : *Principes généraux de la Nature appliqués au mécanisme astronomique et comparés aux principes de la Philosophie de M. Newton.* Paris, 1740, p. 67.

géométriquement devint pour lui un phénomène expliqué ; ainsi cet illustre rival de M. Descartes eut bientôt la satisfaction singulière de se trouver grand philosophe par cela seul qu'il était grand géomètre. »

« ...Je reviens donc (1) à ce que j'ai d'abord avancé, et je conclus qu'en suivant la méthode de ce grand géomètre, rien n'est plus facile que de développer le mécanisme de la nature. Voulez-vous rendre raison d'un phénomène compliqué ? Exposez-le géométriquement, vous aurez tout fait ; ce qui pourra rester d'embarrassant pour le physicien dépendra, à coup sûr, ou d'une loi primordiale, ou de quelque détermination particulière. »

Les disciples de Newton ne s'en tinrent d'ailleurs pas tous à la prudente réserve de leur maître ; plusieurs ne purent demeurer dans les étroites frontières que leur assignait sa méthode de Physique ; franchissant ces limites, ils affirmèrent, en métaphysiciens, que les attractions mutuelles étaient des qualités réelles et premières de la matière et qu'un phénomène réduit à ces attractions était vraiment un phénomène expliqué. Tel fut l'avis émis par Roger Cotes dans la préface célèbre qu'il écrivit en tête de la seconde édition des *Principia* de Newton ; telle fut aussi la doctrine développée par Boscovich, qu'inspirait souvent la métaphysique leibnitzienne.

Toutefois, plusieurs des continuateurs de Newton, et non des moins illustres, s'en tinrent à la méthode qu'avait si bien définie leur illustre devancier.

Laplace professe la plus entière confiance en la puis-

(1) De Gamaches : *Loc. cit.*, p. 81.

sance du principe de l'attraction; cette confiance, cependant, n'est pas aveugle; en quelques endroits de l'*Exposition du système du monde,* Laplace indique que cette attraction universelle qui, sous forme de gravité ou d'attraction moléculaire, coordonne tous les phénomènes naturels, n'en est peut-être pas l'ultime explication ; qu'elle-même peut dépendre d'une cause plus élevée ; cette cause, il est vrai, Laplace semble la rejeter dans un domaine inconnaissable ; en tous cas, il reconnaît, avec Newton, que la recherche de cette cause, si elle est possible, constitue un problème distinct de celui que résolvent les théories astronomiques et physiques. « Ce principe, dit-il (1), est-il une loi primordiale de la nature? N'est-il qu'un effet général d'une cause inconnue? Ici, l'ignorance où nous sommes des propriétés intimes de la matière nous arrête, et nous ôte tout espoir de répondre d'une manière satisfaisante à ces questions. » — « Le principe de la pesanteur universelle, dit-il encore (2), est-il une loi primordiale de la nature, ou n'est-il qu'un effet général d'une cause inconnue? Ne peut-on pas ramener à ce principe les affinités? Newton, plus circonspect que plusieurs de ses disciples, ne s'est point prononcé sur ces questions auxquelles l'ignorance où nous sommes des propriétés de la matière ne permet pas de répondre d'une manière satisfaisante. »

Philosophe plus profond que Laplace, Ampère voit avec une parfaite clarté l'avantage qu'il y a à rendre une théorie physique indépendante de toute explica-

(1) LAPLACE : *Exposition du système du monde*, l. IV, c. XVII.
(2) IDEM : *Ibid.*, l. V, c. V.

tion métaphysique; par là, en effet, on la soustrait aux querelles qui divisent les diverses écoles cosmologiques; on la rend acceptable en même temps à des esprits qui professent des opinions philosophiques incompatibles; et cependant, bien loin d'entraver les recherches de ceux qui prétendraient donner une explication des phénomènes, on facilite leur tâche; on condense en un petit nombre de propositions très générales les lois innombrables dont ils doivent rendre compte, en sorte qu'il leur suffise d'expliquer ces quelques propositions pour que cet immense ensemble de lois ne renferme plus rien de mystérieux.

« Le principal avantage (1) des formules qui sont ainsi conclues immédiatement de quelques faits généraux donnés par un nombre suffisant d'observations pour que la certitude n'en puisse être contestée, est de rester indépendantes, tant des hypothèses dont leurs auteurs ont pu s'aider dans la recherche de ces formules, que de celles qui peuvent leur être substituées dans la suite. L'expression de l'attraction universelle, déduite des lois de Képler, ne dépend point des hypothèses que quelques auteurs ont essayé de faire sur une cause mécanique qu'ils voulaient lui assigner. La théorie de la chaleur repose réellement sur des faits généraux donnés immédiatement par l'observation; et l'équation déduite de ces faits, se trouvant confirmée par l'accord des résultats qu'on en tire et de ceux que donne l'expérience, doit être également reçue comme exprimant les vraies lois de la propagation de

(1) André-Marie AMPÈRE : *Théorie mathématique des phénomènes electrodynamiques, uniquement déduite de l'expérience.* Édition HERMANN, p. 3.

la chaleur, et par ceux qui l'attribuent à un rayonnement de molécules calorifiques, et par ceux qui recourent, pour expliquer le même phénomène, aux vibrations d'un fluide répandu dans l'espace ; seulement il faut que les premiers montrent comment l'équation dont il s'agit résulte de leur manière de voir et que les seconds la déduisent des formules générales des mouvements vibratoires ; non pour rien ajouter à la certitude de cette équation, mais pour que leurs hypothèses respectives puissent subsister. Le physicien qui n'a point pris de parti à cet égard admet cette équation comme la représentation exacte des faits, sans s'inquiéter de la manière dont elle peut résulter de l'une ou de l'autre des explications dont nous parlons. »

Fourier, d'ailleurs, partage au sujet de la théorie de la chaleur le sentiment d'Ampère ; voici, en effet, comment il s'exprime dans le *Discours préliminaire* qui inaugure son immortel ouvrage (1) :

« Les causes primordiales ne nous sont point connues, mais elles sont assujetties à des lois simples et constantes que l'on peut découvrir par l'observation, et dont l'étude est l'objet de la Philosophie naturelle. »

« La chaleur pénètre, comme la gravité, toutes les substances de l'univers ; ses rayons occupent toutes les parties de l'espace. Le but de notre ouvrage est d'exposer les lois mathématiques que suit cet élément. Cette théorie formera désormais une des branches les plus importantes de la Physique générale. »

« ...Les principes de cette théorie sont déduits, comme ceux de la Mécanique, d'un très petit nombre

(1) Fourier : *Théorie analytique de la chaleur*. Édition Darboux, p. xv et p. xxi.

de faits primordiaux, dont les géomètres ne considèrent point la cause, mais qu'ils admettent comme résultant des observations communes et confirmées par toutes les expériences. »

Pas plus qu'Ampère ni que Fourier, Fresnel n'assigne comme but à la théorie l'explication métaphysique des apparences sensibles ; il voit en elle un puissant moyen d'invention, parce qu'elle est une représentation résumée et classée des connaissances expérimentales : « Il n'est pas inutile (1) de réunir les faits sous un même point de vue, en les rattachant à un petit nombre de principes généraux. C'est le moyen de saisir plus aisément les lois, et je pense que les efforts de ce genre peuvent contribuer, autant que les observations mêmes, à l'avancement de la science. »

Le rapide développement de la Thermodynamique, au milieu du XIXe siècle, remit en faveur les suppositions que Descartes avait formulées le premier touchant la nature de la chaleur ; les opinions cartésiennes et atomistiques reçurent un regain de vitalité, et l'espoir de construire des théories physiques explicatives se ranima dans la pensée de plus d'un physicien.

Quelques-uns, cependant, des créateurs de la nouvelle doctrine, et non des moindres, ne se laissèrent point griser par cet espoir ; parmi eux, et au premier rang, il convient de citer Robert Mayer. « Quelle est la nature intime de la chaleur, écrivait Robert Mayer à Griesinger (2), quelle de l'électricité, etc., je n'en sais rien, pas plus que je connais la *nature intime* d'une

(1) A. FRESNEL : *Œuvres complètes*, t. I, p. 480.

(2) Robert MAYER : *Kleinere Schriften und Briefe*, p. 181, Stuttgart, 1893.

matière quelconque, ni de quelque chose que ce soit. »

Les premières contributions de Macquorn Rankine aux progrès de la théorie mécanique de la chaleur avaient été des essais d'explication ; mais bientôt ses idées évoluèrent et, dans un petit écrit (1) trop peu connu, il traça avec une admirable netteté les caractères qui distinguent la théorie représentative — nommée par lui *théorie abstraite* — de la théorie explicative — désignée sous le nom de *théorie hypothétique*.

Citons quelques passages de cet ouvrage :

« Il faut faire une distinction essentielle entre les deux périodes dont se compose la méthode par laquelle avance notre connaissance des lois physiques. La première consiste à observer les relations qui existent entre les phénomènes tels qu'ils se présentent au cours ordinaire de la nature, ou bien tels qu'ils se produisent artificiellement dans nos expériences, et à exprimer les relations ainsi observées en propositions que l'on nomme lois formelles. La seconde période consiste à réduire sous forme de science les lois formelles d'une classe entière de phénomènes ; c'est-à-dire à découvrir le système de principes le plus simple d'où toutes les lois formelles de cette classe de phénomènes puissent se déduire à titre de conséquences. »

« Un tel système de principes, accompagnés des conséquences qui s'en déduisent méthodiquement, constitue la *théorie physique* d'une classe de phénomènes. »

(1) J. MACQUORN RANKINE : *Outlines of the Science of Energetics*, lu à la Philosophical Society de Glasgow le 2 mai 1855 et publié dans les *Proceedings* de cette Société, vol. III, n° 4. — Cf. : RANKINE, *Miscellaneous scientific Papers*, p. 209.

« Deux méthodes propres à construire une théorie physique peuvent être distinguées ; elles sont caractérisées essentiellement par le procédé qui sert à définir les classes de phénomènes. On peut les nommer respectivement méthode *abstraite* et méthode *hypothétique.* »

« Selon la méthode *abstraite,* une classe d'objets ou de phénomènes est définie par description ; en d'autres termes, on fait concevoir qu'un certain assemblage de propriétés est commun à tous les objets ou à tous les phénomènes qui composent cette classe, en les considérant tels que les sens nous les font percevoir et sans rien introduire d'hypothétique ; on leur assigne alors un nom ou un symbole. »

« Selon la méthode *hypothétique,* la définition d'une classe d'objets ou de phénomènes se tire d'une conception conjecturale touchant leur nature ; on imagine qu'ils sont constitués, d'une manière qui ne tombe pas sous les sens, par une modification d'une certaine autre classe d'objets ou de phénomènes dont les lois soient déjà connues. Si les conséquences d'une telle définition hypothétique se trouvent d'accord avec les résultats de l'observation et de l'expérience, cette définition peut servir à tirer les lois d'une classe d'objets ou de phénomènes des lois relatives à une autre classe. » C'est ainsi qu'on tirera, par exemple, les lois de la lumière ou de la chaleur des lois de la Mécanique.

Rankine pense que les théories hypothétiques seront graduellement remplacées par les théories abstraites ; il croit cependant « qu'une théorie hypothétique est nécessaire, comme première étape, pour mettre de la simplicité et de l'ordre dans l'expression des phénomènes, avant qu'il soit possible de faire aucun progrès dans la construction d'une théorie abstraite ». Nous avons vu, au paragraphe précédent, que cette affirmation n'était guère confirmée par l'histoire des théories physiques; nous aurons occasion de la discuter à nouveau au Chapitre IV, § 9.

Vers le milieu du XIXe siècle, les théories hypothétiques, celles qui se donnaient pour des explications plus ou moins probables des phénomènes, se sont extraordinairement multipliées; le bruit de leurs luttes et le fracas de leurs chutes ont lassé les physiciens et les ont peu à peu ramenés aux saines doctrines que Newton avait exprimées avec tant de force ; renouant la tradition interrompue, M. Ernst Mach (1) a défini la physique théorique comme une représentation abstraite et condensée des phénomènes naturels ; G. Kirchhoff (2) a donné comme objet à la Mécanique « de décrire le plus complètement et le plus simplement possible les mouvements qui se produisent dans la nature ».

Si donc quelques très grands physiciens ont pu s'enorgueillir de la puissante méthode qu'ils employaient, au point d'en exagérer la portée, s'ils ont pu croire que leurs théories découvriraient la nature métaphysique des choses, beaucoup des inventeurs qui ravissent notre admiration ont été plus modestes et

(1) E. MACH : *Die Gestalten der Flüssigkeit.* Prag, 1872; — *Die ökonomische Natur der physikalischen Forschung.* Vienne, 1882 ; — *Die Mechanik in ihrer Entwickelung, historisch-kritisch dargestellt.* Leipzig, 1883. Ce dernier ouvrage a été traduit en français par M. Bertrand sous le titre : *La Mécanique ; exposé historique et critique de son développement.* Paris, 1904.

(2) G. KIRCHHOFF : *Vorlesungen über mathematische Physik ; Mechanik.* Leipzig, 1874, p. 1.

plus clairvoyants ; ils ont reconnu que la théorie physique n'était pas une explication ; ils ont vu en elle une représentation simplifiée et ordonnée qui groupait les lois suivant une classification de plus en plus parfaite, de plus en plus naturelle.

CHAPITRE IV

LES THÉORIES ABSTRAITES ET LES MODÈLES MÉCANIQUES (1)

§ I. — *Deux sortes d'esprits : Les esprits amples et les esprits profonds.*

La constitution de toute théorie physique résulte d'un double travail d'abstraction et de généralisation.

En premier lieu, l'esprit analyse un nombre immense de faits particuliers, concrets, divers, compliqués, et ce qu'il voit en eux de commun et d'essentiel, il le résume en une *loi,* c'est-à-dire en une proposition générale reliant des notions abstraites.

En second lieu, il contemple tout un ensemble de lois ; à cet ensemble, il substitue un tout petit nombre de jugements extrêmement généraux, portant sur quelques idées très abstraites ; il choisit ces *propriétés premières,* il formule ces *hypothèses fondamentales,* de telle sorte qu'une déduction fort longue peut-être, mais très sûre, en puisse tirer toutes les lois appartenant à l'ensemble qu'il étudie. Ce système des hypothèses et des conséquences qui en découlent, œuvre d'abstraction, de généralisation et de déduction, con-

(1) Les idées exposées dans ce chapitre sont le développement d'un article intitulé : *L'École anglaise et les Théories physiques,* publié, en octobre 1893, par la *Revue des Questions scientifiques.*

stitue la théorie physique telle que nous l'avons définie ; elle mérite assurément l'épithète de *théorie abstraite* par laquelle Rankine la désigne.

Le double travail d'abstraction et de généralisation par lequel une théorie se constitue réalise, avons-nous dit (1), une double économie intellectuelle ; il est économique lorsqu'il substitue une loi unique à une multitude de faits ; il est encore économique lorsqu'il substitue un petit groupe d'hypothèses à un vaste ensemble de lois.

Ce caractère doublement économique que nous avons attribué à la théorie abstraite, tous ceux qui réfléchissent aux méthodes de la Physique le lui attribueront-ils avec nous?

Rendre présents aux yeux de l'imagination un très grand nombre d'objets, de telle façon qu'ils soient saisis tous à la fois, dans leur agencement complexe, et non point pris un à un, arbitrairement séparés de l'ensemble auquel la réalité les attache, c'est, pour beaucoup d'hommes, une opération impossible ou, du moins, très pénible. Une foule de lois, toutes mises sur le même plan, sans qu'aucune classification les groupe, sans qu'aucun système les coordonne ou les subordonne les unes aux autres, leur apparaît comme un chaos où leur imagination s'épouvante, comme un labyrinthe où leur intelligence se perd. Par contre, ils conçoivent sans effort une idée que l'abstraction a dépouillée de tout ce qui exciterait la mémoire sensible ; ils saisissent clairement et complètement le sens d'un jugement reliant de telles idées ; ils sont habiles

(1) Ch. II, § 2.

à suivre sans lassitude ni défaillance, jusqu'à ses dernières conséquences, un raisonnement qui prend pour principes de tels jugements. Chez ces hommes, la faculté de concevoir des idées abstraites et d'en raisonner est plus développée que la faculté d'imaginer des objets concrets.

Pour ces *esprits abstraits,* la réduction des faits en lois, la réduction des lois en théories, constitueront véritablement des économies intellectuelles ; chacune de ces deux opérations diminuera à un très haut degré la peine que leur raison doit prendre pour acquérir la connaissance de la Physique.

Mais tous les esprits vigoureusement développés ne sont pas des esprits abstraits.

Il en est qui ont une merveilleuse aptitude pour rendre présent à leur imagination un ensemble compliqué d'objets disparates ; ils le saisissent d'une seule vue, sans avoir besoin que leur attention myope se porte d'abord sur cet objet, puis sur cet autre ; et cette vue, cependant, n'est pas vague et confuse ; elle est précise et minutieuse ; chaque détail est clairement aperçu à sa place et avec son importance relative.

Mais cette puissance intellectuelle est soumise à une condition : il faut que les objets sur lesquels elle s'exerce soient de ceux qui tombent sous les sens, qui se touchent ou qui se voient. Les esprits qui la possèdent ont besoin, pour concevoir, du secours de la mémoire sensible ; l'idée abstraite, dépouillée de tout ce que cette mémoire peut figurer, leur semble s'évanouir comme un impalpable brouillard ; le jugement général résonne pour eux comme une formule creuse et vide de sens ; la longue et rigoureuse déduction leur semble le ronflement monotone d'un moulin dont les meules tourneraient sans cesse et ne broieraient que du vent. Doués d'une puissante faculté imaginative, ces esprits sont mal préparés à abstraire et à déduire.

A de tels *esprits imaginatifs,* la constitution d'une théorie physique abstraite semblera-t-elle une économie intellectuelle? Assurément non. Ils y verront bien plutôt un labeur dont le caractère pénible leur paraîtra beaucoup moins contestable que l'utilité, et, sans doute, ils composeront sur un tout autre type leurs théories physiques.

La théorie physique, telle que nous l'avons conçue, ne sera donc pas acceptée d'emblée comme la forme véritable sous laquelle la nature doit être représentée, sinon par les esprits abstraits. Pascal n'en omet pas la remarque en ce fragment (1) où il caractérise si fortement les deux sortes d'esprits que nous venons de distinguer :

« Diverses sortes de sens droit; les uns dans un certain ordre de choses, et non dans les autres ordres, où ils extravaguent. Les uns tirent bien les conséquences de peu de principes, et c'est une droiture de sens. Les autres tirent bien les conséquences des choses où il y a beaucoup de principes. Par exemple, les uns comprennent bien les effets de l'eau, en quoi il y a peu de principes; mais les conséquences en sont si fines, qu'il n'y a qu'une extrême droiture d'esprit qui y puisse aller; et ceux-là ne seraient peut-être pas pour cela grands géomètres, parce que la géométrie com-

(1) PASCAL : *Pensées,* édition HAYET, art. VII; 2.

prend un grand nombre de principes, et qu'une nature d'esprit peut être telle qu'elle puisse bien pénétrer peu de principes jusqu'au fond, et qu'elle ne puisse pénétrer le moins du monde les choses où il y a beaucoup de principes. »

« Il y a donc deux sortes d'esprits : l'une, de pénétrer vivement et profondément les conséquences des principes, et c'est là l'esprit de justesse ; l'autre, de comprendre un grand nombre de principes sans les confondre, et c'est là l'esprit de géométrie. L'un est force et droiture d'esprit, l'autre est amplitude d'esprit. Or, l'un peut être sans l'autre, l'esprit pouvant être fort et étroit, et pouvant être aussi ample et faible. »

La théorie physique abstraite, telle que nous l'avons définie, aura sûrement pour elle les esprits forts, mais étroits ; elle doit s'attendre, au contraire, à être repoussée par les esprits amples, mais faibles. Puis donc que nous aurons à combattre l'amplitude d'esprit, apprenons d'abord à la bien connaître.

§ II. — *Un exemple d'amplitude d'esprit : L'esprit de Napoléon.*

Lorsqu'un zoologiste se propose d'étudier un certain organe, il découvre avec bonheur un animal où cet organe a pris un développement exceptionnel, car il en dissèque plus aisément les diverses parties, il en voit plus clairement la structure, il en saisit mieux le fonctionnement; de même, le psychologue qui désire analyser une faculté est servi à souhait s'il rencontre un être qui possède cette faculté à un degré éminent.

Or, l'histoire nous présente un homme en qui cette forme intellectuelle, que Pascal nomme amplitude et faiblesse d'esprit, est développée à un degré presque monstrueux ; cet homme est Napoléon.

Que l'on relise le portrait si profondément fouillé, si curieusement documenté, que Taine nous trace (1) de l'esprit de Napoléon ; on y reconnaîtra de suite, saillants au point qu'ils ne sauraient échapper au regard le moins clairvoyant, ces deux caractères essentiels : puissance extraordinaire à rendre présent à l'intelligence un ensemble extrêmement complexe d'objets, pourvu que ces objets tombent sous les sens, qu'ils aient figure et couleur aux yeux de l'imagination ; incapacité à l'abstraction et à la généralisation poussée jusqu'à l'aversion profonde pour ces opérations intellectuelles.

Les idées pures, dépouillées du revêtement des détails particuliers et concrets qui les eussent rendues visibles et tangibles, n'ont point accès dans l'esprit de Napoléon : « Dès Brienne (2), on constatait que pour les langues et les belles-lettres il n'avait aucune disposition. » Non seulement il ne conçoit pas aisément les notions abstraites et générales, mais il les repousse avec horreur : « Il n'examinait les choses que sous le rapport de leur utilité immédiate, dit Mme de Staël ; un principe général lui déplaisait comme une niaiserie ou comme un ennemi. » Ceux qui font de l'abstraction, de

(1) H. Taine : *Les Origines de la France contemporaine. Le Régime moderne*, t. 1, l. I, c. I, art. 2, 3, 4. Paris, 1891.

(2) Les citations sont toutes extraites de l'ouvrage de Taine.

la généralisation, de la déduction, leurs moyens habituels de pensée lui apparaissent comme des êtres incompréhensibles, manqués, incomplets ; il traite avec un profond mépris ces « idéologues » : « Ils sont là douze ou quinze métaphysiciens bons à jeter à l'eau, dit-il ; c'est une vermine que j'ai sur mes habits. »

En revanche, si sa raison se refuse à saisir les principes généraux ; si, au témoignage de Stendhal, « il ignore la plupart des grandes vérités découvertes depuis cent ans », avec quelle puissance il peut voir d'un seul coup, d'une vue qui comprend clairement tout l'ensemble et qui, cependant, ne laisse échapper aucun détail, l'amas le plus complexe de faits, d'objets concrets ! « Il avait, dit Bourrienne, peu de mémoire pour les noms propres, les mots et les dates ; mais il en avait une prodigieuse pour les *faits* et les *localités*. Je me rappelle qu'en allant de Paris à Toulon, il me fit remarquer dix endroits propres à livrer de grandes batailles... C'était alors un souvenir des premiers voyages de sa jeunesse, et il me décrivait l'assiette du terrain, me désignait les positions qu'il aurait occupées, avant même que nous fussions sur les lieux. » D'ailleurs, Napoléon lui-même a pris soin de marquer cette particularité de sa mémoire si puissante pour les faits, si faible pour tout ce qui n'est point concret : « J'ai toujours présents mes états de situation. Je n'ai pas de mémoire assez pour retenir un vers alexandrin, mais je n'oublie pas une syllabe de mes états de situation. Ce soir, je vais les trouver dans ma chambre, je ne me coucherai pas sans les avoir lus. »

De même qu'il a horreur de l'abstraction et de la

généralisation, parce que ces opérations s'accomplissent en lui à grand'peine et labeur, de même, c'est avec bonheur qu'il fait fonctionner sa prodigieuse faculté imaginative, en athlète qui prend plaisir à éprouver la puissance de ses muscles. Sa curiosité des faits précis et concrets est « insaturable », selon le mot de Mollien. « La bonne situation de mes armées, nous dit-il lui-même, vient de ce que je m'en occupe tous les jours une heure ou deux, et, lorsqu'on m'envoie chaque mois les états de mes troupes et de mes flottes, ce qui forme une vingtaine de gros livrets, je quitte toute autre occupation pour les lire en détail, pour voir la différence qu'il y a entre un mois et l'autre. Je prends plus de plaisir à cette lecture qu'une jeune fille n'en prend à lire un roman. »

Cette faculté imaginative, que Napoléon exerce si aisément et si volontiers, est prodigieuse de souplesse, d'amplitude et de précision ; les exemples abondent, qui permettent d'en apprécier les merveilleuses qualités ; en voici deux qui sont assez caractéristiques pour nous dispenser d'une longue énumération :

« M. de Ségur, chargé de visiter toutes les places du littoral du Nord, avait remis son rapport. « J'ai vu « tous vos états de situation, me dit le Premier Con- « sul, ils sont exacts. Cependant, vous avez oublié à « Ostende deux canons de quatre. » — Et il lui désigne l'endroit, « une chaussée en travers de la ville ». — C'était vrai. — « Je sortis confondu d'étonnement « de ce que, parmi des milliers de pièces de canon « répandues par batteries fixes ou mobiles derrière le « littoral, deux pièces de quatre n'eussent point « échappé à sa mémoire. »

« Revenant du camp de Boulogne, Napoléon rencontre un peloton de soldats égarés, leur demande le numéro de leur régiment, calcule le jour de leur départ, la route qu'ils ont prise, le chemin qu'ils ont dû faire, et leur dit : « Vous trouverez votre bataillon « à telle étape. » — Or, l'armée était alors de 200.000 hommes. »

C'est par des faits, par des attitudes et par des gestes visibles que l'homme se fait connaître de son semblable, qu'il lui révèle ses sentiments, ses instincts, ses passions ; en une semblable révélation, le détail le plus infime et le plus fugace, une imperceptible rougeur, un plissement de lèvres à peine esquissé, sont souvent le signe essentiel, celui qui projette une lueur vive et soudaine sur une joie ou sur une déception cachée au fond même de l'âme. Ce minuscule détail n'échappe pas au regard scrutateur de Napoléon et sa mémoire imaginative le fixe à jamais comme ferait une photographie instantanée. De là, sa connaissance profonde des hommes auxquels il a affaire : « Telle force morale invisible (1) peut être constatée et approximativement mesurée par sa manifestation sensible, par une épreuve décisive, qui est tel mot, tel accent, tel geste. Ce sont ces mots, gestes et accents qu'il recueille ; il aperçoit les sentiments intimes dans leur expression extérieure, il se peint le dedans par le dehors, par telle physionomie caractéristique, par telle attitude parlante, par telle petite scène abréviative et topique, par des spécimens et raccourcis si bien choisis et tellement circonstanciés qu'ils résument toute la

(1) TAINE : *Loc. cit.*, p. 35.

file indéfinie des cas analogues. De cette façon, l'objet vague et fuyant se trouve soudainement saisi, rassemblé, puis jaugé et pesé. » La surprenante psychologie de Napoléon est faite tout entière de sa puissance à se figurer avec précision, dans l'ensemble et dans le détail, des objets visibles et palpables, des hommes de chair et d'os.

Et cette faculté est aussi ce qui rend son langage familier si vif et si coloré ; point de termes abstraits ni de jugements généraux ; des images que saisit aussitôt l'œil ou l'oreille. « Je ne suis pas content de la régie des douanes sur les Alpes ; elle ne donne pas signe de vie ; on n'entend pas le versement de ses écus dans le trésor public. »

Tout, dans l'intelligence de Napoléon, horreur de l'idéologie, coup d'œil de l'administrateur et du tacticien, profonde connaissance des milieux sociaux et des hommes, vigueur parfois triviale du langage, tout découle de ce même caractère essentiel : amplitude et faiblesse d'esprit.

§ III. — *L'amplitude d'esprit, l'esprit de finesse et l'esprit géométrique.*

En étudiant l'intelligence de Napoléon, nous avons pu observer tous les caractères de l'esprit ample et nous les avons vus prodigieusement grossis, comme en un microscope. Il nous sera désormais facile de les reconnaître partout où nous les rencontrerons, divers par les objets variés auxquels s'applique l'esprit qu'ils marquent.

Nous les reconnaîtrons, tout d'abord, partout où nous trouverons l'*esprit de finesse ;* car l'esprit de finesse, que nous décrit Pascal, consiste essentiellement en l'aptitude à voir clairement un très grand nombre de notions concrètes, à en saisir à la fois l'ensemble et les détails. « Dans l'esprit de finesse (1), les principes sont dans l'usage commun et devant les yeux de tout le monde. On n'a que faire de tourner la tête ni de se faire violence. Il n'est question que d'avoir bonne vue, mais il faut l'avoir bonne ; car les principes sont si déliés et en si grand nombre, qu'il est presque impossible qu'il n'en échappe. Or, l'omission d'un principe mène à l'erreur ; ainsi, il faut avoir la vue bien nette pour voir tous les principes... On les voit à peine, on les sent plutôt qu'on ne les voit ; on a des peines infinies à les faire sentir à ceux qui ne les sentent pas d'eux-mêmes ; ce sont choses tellement délicates et si nombreuses, qu'il faut un sens bien délicat et bien net pour les sentir, et juger droit et juste selon ce sentiment, sans pouvoir le plus souvent les démontrer par ordre comme en géométrie, parce qu'on n'en possède pas ainsi les principes et que ce serait une chose infinie que de l'entreprendre. Il faut tout d'un coup voir la chose d'un seul regard, et non par progrès de raisonnement, au moins jusqu'à un certain degré. »

« ... Les esprits fins, ayant ainsi accoutumé à juger d'une seule vue, sont si étonnés quand on leur présente des propositions où ils ne comprennent rien, et où pour entrer il faut passer par des définitions et des

(1) PASCAL : *Pensées,* édition HAYET, art. 7.

principes si stériles, qu'ils n'ont point accoutumé de voir ainsi en détail, qu'ils s'en rebutent et s'en dégoûtent... Les fins qui ne sont que fins ne peuvent avoir la patience de descendre jusque dans les premiers principes des choses spéculatives et d'imagination, qu'ils n'ont jamais vues dans le monde, et tout à fait hors d'usage. »

C'est donc l'amplitude d'esprit qui engendre la finesse du diplomate, habile à noter les moindres faits, les moindres gestes, les moindres attitudes de l'homme avec lequel il négocie et dont il veut percer à jour la dissimulation ; la finesse d'un Talleyrand groupant des milliers d'imperceptibles renseignements qui lui feront deviner les ambitions, les vanités, les rancunes, les jalousies, les haines, de tous les plénipotentiaires du Congrès de Vienne, et lui permettront de jouer de ces hommes comme de marionnettes dont il tiendrait les ficelles.

Cette amplitude d'esprit, nous la retrouvons chez le chroniqueur fixant, en ses écrits, le détail des faits et les attitudes des hommes ; chez un Saint-Simon, nous laissant, dans ses *Mémoires,* « les portraits de quatre cents coquins dont pas deux ne se ressemblent ». Elle est l'organe essentiel du grand romancier ; c'est par elle qu'un Balzac peut créer la foule des personnages qui peuplent la *Comédie humaine ;* planter chacun d'eux, devant nous, en chair et en os ; sculpter en cette chair les rides, les verrues, les grimaces qui seront la saillie que fait au dehors chacune des passions, chacun des vices, chacun des ridicules de l'âme ; habiller ces corps, leur donner des attitudes et des gestes, les entourer des choses qui seront leur milieu ; en faire, en un mot, des hommes qui vivent dans un monde qui remue.

C'est l'amplitude d'esprit qui colore et échauffe le style d'un Rabelais, qui le charge d'images visibles, palpables, saisissables, concrètes jusqu'à la caricature, vivantes jusqu'au grouillement. Aussi l'esprit ample est-il l'opposé de cet *esprit classique* que Taine a dépeint, de cet esprit amoureux des notions abstraites, de l'ordre et de la simplicité, qui parle tout naturellement dans le style de Buffon, choisissant toujours, pour exprimer une idée, le terme le plus général.

Ce sont des esprits amples, tous ceux qui peuvent dérouler aux yeux de leur imagination un tableau clair, précis, détaillé, où s'agencent une multitude d'objets. Esprit ample, l'agioteur qui, d'un amas de télégrammes, évoque l'état du marché des grains ou des laines sur toutes les places du monde et, d'un coup d'œil, a jugé s'il doit jouer à la hausse ou à la baisse. Esprit ample, le chef d'état-major (1) capable de penser le plan de mobilisation par lequel des millions d'hommes viendront sans heurt, sans confusion, occuper au jour qu'il faut la place de combat qu'il faut. Esprit ample aussi, le joueur d'échecs qui, sans même regarder les échiquiers, tient un match contre cinq adversaires à la fois.

C'est encore l'amplitude d'esprit qui constitue le génie propre de maint géomètre et de maint algébriste. Plus d'un lecteur de Pascal, peut-être, ne l'aura point vu sans étonnement placer les géomètres

(1) L'amplitude d'esprit, en César, était presque aussi caractérisée qu'en Napoléon. On se souvient qu'il dictait en même temps, à quatre secrétaires, des lettres composées en quatre langues différentes.

au nombre des esprits amples, mais faibles ; ce rapprochement n'est pas une des moindres preuves de sa pénétration.

Sans doute, toute branche des mathématiques traite de concepts qui sont des concepts abstraits au plus haut point ; c'est l'abstraction qui fournit les notions de nombre, de ligne, de surface, d'angle, de masse, de force, de pression ; c'est l'abstraction, c'est l'analyse philosophique, qui démêlent et précisent les propriétés fondamentales de ces diverses notions, qui énoncent les axiomes et les postulats ; c'est la déduction la plus rigoureuse qui s'assure que ces postulats sont compatibles et indépendants, qui patiemment, dans un ordre impeccable, déroule la longue chaîne de théorèmes dont ils sont gros. A cette méthode mathématique nous devons les chefs-d'œuvre les plus parfaits dont la justesse et la profondeur d'esprit aient doté l'humanité, depuis les *Éléments* d'Euclide et les traités d'Archimède sur le levier ou sur les corps flottants.

Mais précisément parce que cette méthode fait intervenir presque exclusivement les facultés logiques de l'intelligence, parce qu'elle exige au plus haut degré que l'esprit soit fort et juste, elle paraît extrêmement laborieuse et pénible à ceux qui l'ont ample mais faible. Aussi les mathématiciens ont-ils imaginé des procédés qui substituent à cette méthode purement abstraite et déductive une autre méthode où la faculté d'imaginer ait plus de part que le pouvoir de raisonner. Au lieu de traiter directement des notions abstraites qui les occupent, de les considérer en elles-mêmes, ils profitent de leurs propriétés les plus simples pour les représenter par des nombres, pour les *mesurer;* alors, au lieu d'enchaîner dans une suite de syllogismes les propriétés de ces notions elles-mêmes, ils soumettent les nombres fournis par les mesures à des manipulations opérées suivant des règles fixes, les règles de l'algèbre; au lieu de déduire, ils *calculent.* Or, cette manœuvre des symboles algébriques que l'on peut, dans la plus large acception du mot, nommer le *calcul,* suppose, chez celui qui la crée comme chez celui qui l'emploie, bien moins la puissance d'abstraire et l'habileté à conduire par ordre ses pensées, que l'aptitude à se représenter les combinaisons diverses et compliquées que l'on peut former avec certains signes visibles et dessinables, à voir d'emblée les transformations qui permettent de passer d'une combinaison à l'autre; l'auteur de certaines découvertes algébriques, un Jacobi par exemple, n'a rien d'un métaphysicien; il ressemble bien plutôt au joueur qui conduit à une victoire assurée la tour ou le cavalier. En maintes circonstances, l'esprit géométrique vient se ranger, auprès de l'esprit de finesse, parmi les esprits amples, mais faibles.

§ IV. — *L'amplitude d'esprit et l'esprit anglais.*

Chez toutes les nations, on trouve des hommes qui ont l'esprit ample; mais il est un peuple où l'amplitude d'esprit est à l'état endémique : c'est le peuple anglais.

Cherchons en premier lieu, parmi les œuvres écrites qu'a produites le génie anglais, les deux marques de l'esprit ample et faible : une extraordinaire facilité à imaginer des ensembles très compliqués de faits concrets, une extrême difficulté à concevoir des notions abstraites et à formuler des principes généraux.

Qu'est-ce qui frappe le lecteur français, lorsqu'il ouvre un roman anglais, chef-d'œuvre d'un maître du genre, comme Dickens ou George Elliot, ou premier essai d'une jeune *authoress* qui aspire à la renommée littéraire? Ce qui le frappe, c'est la longueur et la minutie des descriptions. Il sent, tout d'abord, sa curiosité piquée par le pittoresque de chaque objet; mais, bientôt, il perd la vue de l'ensemble; les nombreuses images que l'auteur a évoquées devant lui se brouillent et se confondent les unes avec les autres, tandis que, sans cesse, de nouvelles images accourent pour augmenter ce désordre; il n'est pas au quart de la description qu'il en a oublié le commencement; alors, il tourne les pages sans les lire, fuyant cette énumération de choses concrètes qui lui paraissent défiler comme en un cauchemar. Ce qu'il faut à cet esprit profond, mais étroit, ce sont les descriptions d'un Loti, abstrayant et condensant en trois lignes l'idée essentielle, l'âme de tout un paysage. L'Anglais n'a point de semblables exigences; toutes ces choses visibles, palpables, tangibles, que lui énumère, que lui décrit minutieusement le romancier, son compatriote, il les voit sans peine toutes ensemble, chacune à sa place, avec tous les détails qui la caractérisent; il voit un tableau qui le charme là où nous n'apercevions plus qu'un chaos qui nous obsédait.

Cette opposition entre l'esprit français, assez fort pour ne point redouter l'abstraction et la généralisation, mais trop étroit pour imaginer quoi que ce soit de complexe avant de l'avoir classé en un ordre parfait — et l'esprit ample, mais faible, de l'Anglais, nous la retrouvons sans cesse en comparant les monuments écrits qu'ont élevés ces deux peuples.

La voulons-nous constater entre les œuvres des dramaturges? Prenons un héros de Corneille, Auguste hésitant entre la vengeance et la clémence ou Rodrigue délibérant entre sa piété filiale et son amour. Deux sentiments se disputent son cœur; mais quel ordre parfait dans leur discussion! Ils prennent la parole, chacun à son tour, comme feraient deux avocats au prétoire, exposant en des plaidoiries parfaitement composées leurs motifs de vaincre; et lorsque, de part et d'autre, les raisons ont été clairement exposées, la volonté met fin au débat par une décision précise comme un arrêt de justice ou comme une conclusion de géométrie.

Et maintenant, en face de l'Auguste ou du Rodrigue de Corneille, plaçons la lady Macbeth ou le Hamlet de Shakespeare; quel bouillonnement de sentiments confus, inachevés, aux contours vagues, incohérents, tour à tour dominants et dominés! Le spectateur français, formé par notre théâtre classique, s'épuise en vains efforts pour *comprendre* de tels personnages, c'est-à-dire pour déduire d'un état d'âme défini avec netteté cette foule d'attitudes et de paroles imprécises et contradictoires. Le spectateur anglais ignore ce labeur; il ne cherche pas à comprendre ces personnages, à en classer et à en ordonner les gestes; il se contente de les *voir* dans leur vivante complexité.

Cette opposition entre l'esprit français et l'esprit

anglais, la voulons-nous reconnaître en étudiant les écrits philosophiques? A Corneille et à Shakespeare substituons Descartes et Bacon.

Quelle est la préface par laquelle Descartes ouvre son œuvre? Un *Discours de la Méthode*. Quelle est la méthode de cet esprit fort, mais étroit? Elle consiste à « conduire par ordre ses pensées, en commençant par les objets les plus simples et les plus aisés à connaître, pour monter peu à peu, comme par degrés, jusqu'à la connaissance des plus composés; et supposant même de l'ordre entre ceux qui ne se précèdent point naturellement les uns les autres ».

Et quels sont ces objets « les plus aisés à connaître » par lesquels « il est besoin de commencer »? Descartes le répète à plusieurs reprises : Ce sont les objets les plus *simples* et, par ces mots, il entend les notions les plus abstraites, les plus dépouillées d'accidents sensibles, les principes les plus universels, les jugements les plus généraux concernant l'existence et la pensée, les vérités premières de la géométrie.

A partir de ces idées, de ces principes, la méthode déductive déroulera ses syllogismes dont la longue chaîne, aux maillons tous éprouvés, reliera fermement aux fondements du système les conséquences les plus particulières : « Ces longues chaînes de raisons, toutes simples et faciles, dont les géomètres ont coutume de se servir, pour parvenir à leurs plus difficiles démonstrations, m'avaient donné occasion de m'imaginer que les choses qui peuvent tomber sous la connaissance des hommes s'entre-suivent de même façon, et que pourvu seulement qu'on s'abstienne d'en recevoir aucune pour vraie qui ne le soit, et qu'on garde toujours l'ordre qu'il faut pour les déduire les unes des autres, il n'y en peut avoir de si éloignées auxquelles enfin on ne parvienne, ni de si cachées qu'on ne découvre. »

Dans l'emploi de cette méthode si précise, si rigoureuse, quelle est la seule cause d'erreur que redoute Descartes? L'*omission*, car il sent qu'il a l'esprit étroit, qu'il a peine à se figurer un ensemble complexe ; à l'égard de celle-là seule il se met en garde, il prépare une contre-épreuve, se proposant « de faire de temps en temps des dénombrements si entiers et des revues si générales qu'il soit assuré de ne rien omettre ».

Telle est cette méthode cartésienne, dont les *Principes de Philosophie* sont l'exacte application ; en elle, l'esprit fort et étroit a clairement exposé le mécanisme selon lequel il fonctionne.

Ouvrons maintenant le *Novum Organum*. N'y cherchons pas la méthode de Bacon ; il n'en a pas. L'ordonnance de son livre se réduit à une division d'une simplicité enfantine. En la *Pars destruens*, il invective Aristote, qui « a corrompu la philosophie naturelle avec sa dialectique et construit le monde avec ses catégories ». En la *Pars ædificans*, il prône la véritable philosophie ; celle-ci n'a point pour objet de construire un système clair et bien ordonné de vérités, logiquement déduites de principes assurés ; son objet est tout pratique, j'oserais dire tout industriel : « Il faut voir quel précepte, quelle direction on peut surtout désirer pour produire et faire naître sur un corps donné quelque propriété nouvelle, et l'expliquer en termes simples et le plus clairement possible. »

« Par exemple, si l'on veut donner à l'argent la couleur de l'or ou un poids plus considérable (en se conformant aux lois de la matière) ou la transparence à quelque pierre non diaphane, ou la ténacité au verre, ou la végétation à quelque corps non végétant, il faut voir, disons-nous, quel précepte et quelle direction on désirerait surtout recevoir. »

Ces préceptes vont-ils nous apprendre à conduire et à ordonner nos expériences selon des règles fixes ? Cette direction nous enseignera-t-elle le moyen de classer nos observations ? Point. L'expérience se fera sans idée préconçue, l'observation sera recueillie au hasard ; les résultats en seront enregistrés tout bruts, au fur et à mesure qu'ils se présenteront, en des tables de *faits positifs*, de *faits négatifs*, de *degrés* ou de *comparaisons*, d'*exclusions* ou de *rejets*, où un esprit français ne verrait que des amas désordonnés de documents inutilisables. Il est vrai, Bacon consent à établir certaines catégories de faits privilégiés ; mais ces catégories, il ne les classe pas, il les énumère ; il ne les analyse pas afin de fondre en une même espèce celles qui ne seraient point irréductibles les unes aux autres, il en compte vingt-sept genres et nous laisse ignorer pourquoi il clôt la liste après le vingt-septième genre ; il ne cherche point une formule précise qui caractérise et définisse chacune des catégories de faits privilégiés, il se contente de l'affubler d'un nom qui évoque une image sensible : faits isolés, de migration, indicatifs, clandestins, en faisceau, limitrophes, hostiles, d'alliance, de la croix, du divorce, de la lampe, de la porte, du cours d'eau. Tel est le chaos que certains — qui n'ont jamais lu Bacon — opposent à la méthode cartésienne et appellent méthode baconienne.

En aucune œuvre, l'amplitude de l'esprit anglais n'a mieux laissé transparaître la faiblesse qu'elle recouvre.

Si l'esprit de Descartes semble hanter toute la philosophie française, la faculté imaginative de Bacon, son goût du concret et du pratique, son ignorance et son mépris de l'abstraction et de la déduction, semblent avoir passé dans le sang qui fait vivre la philosophie anglaise. « Tour à tour (1) Locke, Hume, Bentham et les deux Mill ont exposé la philosophie de l'expérience et de l'observation. La morale utilitaire, la logique de l'induction, la psychologie de l'association, tels sont les grands apports de la philosophie anglaise » à la pensée universelle. Tous ces penseurs procèdent moins par suite de raisonnements que par entassements d'exemples ; au lieu d'enchaîner des syllogismes, ils accumulent des faits ; Darwin ou Spencer n'entament pas avec leurs adversaires la savante escrime de la discussion ; ils les écrasent en les lapidant.

L'opposition entre le génie français et le génie anglais se marque dans toutes les œuvres de l'esprit ; elle se marque également dans toutes les manifestations de la vie sociale.

Quoi de plus différent, par exemple, que notre droit français, groupé en codes, où les articles de lois se rangent méthodiquement sous des titres énonçant des notions abstraites clairement définies, et la législation anglaise, prodigieux amas de lois et de coutumes, disparates et souvent contradictoires, qui, depuis la Grande-Charte, se juxtaposent les unes aux autres

(1) A. Chevrillon : *Sydney Smith et la renaissance des idées libérales en Angleterre au XIXe siècle*, p. 90 ; Paris, 1894.

sans qu'aucune des nouvelles venues abroge celles qui l'ont précédée? Les juges anglais ne se sentent point gênés par cet état chaotique de la législation ; ils ne réclament ni un Pothier, ni un Portalis ; ils ne souffrent point du désordre des textes qu'ils ont à appliquer ; le besoin d'ordre manifeste l'étroitesse d'esprit qui, ne pouvant embrasser un ensemble tout d'une vue, a besoin d'un guide capable de lui présenter, l'un après l'autre, sans omission ni répétition, chacun des éléments de cet ensemble.

L'Anglais est essentiellement conservateur ; il garde toutes les traditions, d'où qu'elles viennent ; il n'est point choqué de voir un souvenir de Cromwell accolé à un souvenir de Charles Ier ; l'histoire de son pays lui apparaît telle qu'elle a été : une suite de faits divers et contrastants, où chaque parti politique a connu successivement la bonne et la mauvaise fortune, a commis tour à tour des crimes et des actes glorieux. Un tel traditionalisme, respectueux du passé tout entier, est incompatible avec l'étroitesse de l'esprit français ; le Français veut une histoire claire et simple, qui se soit déroulée avec ordre et méthode, où tous les événements aient découlé rigoureusement des principes politiques dont il se réclame, comme des corollaires se déduisent d'un théorème ; et si la réalité ne lui fournit pas cette histoire-là, ce sera tant pis pour la réalité ; il altérera des faits, il en supprimera, il en inventera, aimant mieux avoir affaire à un roman, mais clair et méthodique, qu'à une histoire vraie, mais confuse et complexe.

C'est l'étroitesse d'esprit qui rend le Français avide de clarté, d'ordre et de méthode ; et c'est cet amour de la clarté, de l'ordre, de la méthode, qui, en tout domaine, le porte à jeter bas et raser tout ce que lui lègue le passé, pour construire le présent sur un plan parfaitement coordonné. Descartes, qui fut peut-être le représentant le mieux caractérisé de l'esprit français, s'est chargé de formuler (1) les principes dont se sont réclamés tous ceux qui ont si souvent brisé la chaîne de nos traditions : « Ainsi voit-on que les bâtiments qu'un seul architecte a entrepris et achevés ont coutume d'être plus beaux et mieux ordonnés que ceux que plusieurs ont tâché de raccommoder, en faisant servir de vieilles murailles qui avaient été bâties à d'autres fins. Ainsi ces anciennes cités, qui, n'ayant été au commencement que des bourgades, sont devenues, par succession de temps, de grandes villes, sont ordinairement si mal compassées, au prix de ces places régulières qu'un ingénieur trace à sa fantaisie dans une plaine, qu'encore que, considérant leurs édifices chacun à part, on y trouve souvent autant ou plus d'art qu'en ceux des autres ; toutefois, à voir comment ils sont arrangés, ici un grand, là un petit, et comme ils rendent les rues courbées et inégales, on dirait que c'est plutôt la fortune, que la volonté de quelques hommes usant de raison, qui les a ainsi disposés. » En ce passage, le grand philosophe loue, par avance, le vandalisme qui, au siècle de Louis XIV, jettera bas tant de monuments des siècles passés ; il prophétise Versailles.

Le Français ne conçoit le développement de la vie sociale et politique que comme un perpétuel recom-

(1) DESCARTES : *Discours de la Méthode.*

mencement, une série indéfinie de révolutions ; l'Anglais y voit une évolution continue ; Taine a montré quelle influence dominante l'*esprit classique,* c'est-à-dire l'esprit fort, mais étroit, dont la plupart des Français sont pourvus, a eue sur l'histoire de la France ; on pourrait tout aussi justement suivre, au cours de l'histoire de l'Angleterre, la trace de l'esprit ample, mais faible, du peuple anglais (1).

Maintenant que nous avons appris à connaître, en ses diverses manifestations, la puissance à imaginer une multitude de faits concrets, jointe à l'inaptitude aux idées abstraites et générales, nous ne nous étonnerons pas que cette amplitude et cette faiblesse d'esprit aient opposé un type nouveau de théories physiques au type qu'avait conçu l'esprit fort, mais étroit; et nous ne nous étonnerons pas non plus de voir ce type nouveau atteindre sa plénitude dans les œuvres de « cette grande École anglaise (2) de physique mathématique dont les travaux sont une des gloires du XIXe siècle ».

§ V. — *La Physique anglaise et le modèle mécanique.*

On trouve à chaque instant, dans les traités de Physique publiés en Angleterre, un élément qui étonne à un haut degré l'étudiant français ; cet élément, qui

(1) Le lecteur trouvera une analyse très profonde, très fine et très documentée d'un esprit anglais à la fois ample et faible dans l'ouvrage d'André CHEVRILLON : *Sydney Smith et la renaissance des idées libérales en Angleterre au XIXe siècle,* Paris, 1894.

(2) O. LODGE : *Les Théories modernes de l'Électricité.* Essai *d'une théorie nouvelle.* Traduit de l'anglais et annoté par E. MEYLAN, p. 3, Paris, 1891.

accompagne presque invariablement l'exposé d'une théorie, c'est le *modèle*. Rien ne fait mieux saisir la façon, bien différente de la nôtre, dont procède l'esprit anglais dans la constitution de la science, que cet usage du modèle.

Deux corps électrisés sont en présence; il s'agit de donner une théorie de leurs attractions ou de leurs répulsions mutuelles. Le physicien français ou allemand, qu'il se nomme Poisson ou Gauss, place par la pensée, dans l'espace extérieur à ces corps, cette abstraction qu'on nomme un point matériel, accompagnée de cette autre abstraction qu'on nomme une charge électrique ; il cherche alors à calculer une troisième abstraction, la force à laquelle le point matériel est soumis ; il donne des formules qui, pour chaque position possible de ce point matériel, permettent de déterminer la grandeur et la direction de cette force ; de ces formules, il déduit une série de conséquences ; il montre notamment qu'en chaque point de l'espace la force est dirigée suivant la tangente à une certaine ligne, la *ligne de force ;* que toutes les lignes de force traversent normalement certaines surfaces dont il donne l'équation, les *surfaces d'égal niveau potentiel ;* qu'elles sont, en particulier, normales aux surfaces des deux conducteurs électrisés, qui figurent au nombre des surfaces d'égal niveau potentiel ; il calcule la force à laquelle est soumis chaque élément de ces deux surfaces ; enfin il compose toutes ces forces élémentaires selon les règles de la Statique ; il connaît alors les lois des actions mutuelles des deux corps électrisés.

Toute cette théorie de l'Électrostatique constitue un ensemble de notions abstraites et de propositions générales, formulées dans le langage clair et précis de la géométrie et de l'algèbre, reliées entre elles par les règles d'une sévère logique ; cet ensemble satisfait pleinement la raison d'un physicien français, son goût de la clarté, de la simplicité et de l'ordre.

Il n'en va pas de même pour un Anglais ; ces notions abstraites de point matériel, de force, de ligne de force, de surface d'égal niveau potentiel, ne satisfont pas son besoin d'imaginer des choses concrètes, matérielles, visibles et tangibles. « Tant que nous nous en tenons à ce mode de représentation, dit un physicien anglais (1), nous ne pouvons nous former une représentation mentale des phénomènes qui se passent réellement. » C'est pour satisfaire à ce besoin qu'il va créer un modèle.

Le physicien français ou allemand concevait, dans l'espace qui sépare les deux conducteurs, des lignes de force abstraites, sans épaisseur, sans existence réelle ; le physicien anglais va matérialiser ces lignes, les épaissir jusqu'aux dimensions d'un tube qu'il remplira de caoutchouc vulcanisé ; à la place d'une famille de lignes de force idéales, concevables seulement par la raison, il aura un paquet de cordes élastiques, visibles et tangibles, solidement collées par leurs deux extrémités aux surfaces des deux conducteurs, distendues, cherchant à la fois à se raccourcir et à grossir ; lorsque les deux conducteurs se rapprochent l'un de l'autre, il voit ces cordes élastiques les tirer, il voit chacune d'elles se ramasser et s'enfler ; tel est le célèbre modèle des actions électrostatiques imaginé par Faraday,

(1) O. Lodge : *Op. cit.*, p. 16.

admiré, comme une œuvre de génie, par Maxwell et par l'École anglaise tout entière.

L'emploi de semblables modèles mécaniques, rappelant, par certaines analogies plus ou moins grossières, les particularités de la théorie qu'il s'agit d'exposer, est constant dans les traités de Physique anglais; les uns en font seulement un usage modéré ; d'autres, au contraire, font appel à chaque instant à ces représentations mécaniques. Voici un livre (1) destiné à exposer les théories modernes de l'électricité, à exposer une théorie nouvelle ; il n'y est question que de cordes qui se meuvent sur des poulies, qui s'enroulent autour de tambours, qui traversent des perles, qui portent des poids ; de tubes qui pompent de l'eau, d'autres qui s'enflent et se contractent ; de roues dentées qui engrènent les unes les autres, qui entraînent des crémaillères ; nous pensions entrer dans la demeure paisible et soigneusement ordonnée de la raison déductive ; nous nous trouvons dans une usine.

Bien loin que l'usage de semblables modèles mécaniques facilite l'intelligence d'une théorie à un lecteur français, il faut au contraire à celui-ci, dans bien des cas, un effort sérieux pour saisir le fonctionnement de l'appareil, parfois très compliqué, que l'auteur anglais lui décrit, pour reconnaître des analogies entre les propriétés de cet appareil et les propositions de la théorie qu'il s'agit d'*illustrer ;* cet effort est souvent beaucoup plus grand que celui dont le Français a besoin pour comprendre dans sa pureté la théorie abstraite que le modèle prétend incarner.

(1) O. Lodge : *Op. cit.*, passim.

L'Anglais, au contraire, trouve l'usage du modèle tellement nécessaire à l'étude de la Physique que, pour lui, la vue du modèle finit par se confondre avec l'intelligence même de la théorie. Il est curieux de voir cette confusion formellement acceptée et proclamée par celui-là même qui est, aujourd'hui, la plus haute expression du génie scientifique anglais, par celui qui, longtemps illustre sous le nom de William Thomson, a été élevé à la pairie avec le titre de lord Kelvin.

« Mon objet, dit W. Thomson en ses *Leçons de Dynamique moléculaire* (1), est de montrer comment on peut, en chacune des catégories de phénomènes physiques que nous avons à considérer, et quels que soient ces phénomènes, construire un modèle mécanique qui remplisse les conditions requises. Lorsque nous considérons les phénomènes d'élasticité des solides, nous éprouvons le besoin de présenter un modèle de ces phénomènes. Si, à un autre moment, nous avons à considérer les vibrations de la lumière, il nous faut un modèle de l'action qui se manifeste en ces effets. Nous éprouvons le besoin de rattacher à ce modèle notre compréhension de l'ensemble. Il me semble que le vrai sens de cette question : Comprenons-nous ou ne comprenons-nous pas tel sujet de Physique ? est celui-ci : Pouvons-nous construire un modèle mécanique correspondant ? J'ai une extrême admiration pour le modèle mécanique de l'induction électromagnétique qui est

(1) W. THOMSON : *Lectures on molecular Dynamics, and the Wawe-Theory of Light.* John Hopkins University, Baltimore, 1884, p. 131. Voir aussi : Sir W. THOMSON (lord KELVIN) : *Conférences scientifiques et allocutions,* trad. par P. LUGOL et annotées par M. BRILLOUIN : *Constitution de la matière,* Paris, 1893.

dû à Maxwell ; il a créé un modèle capable d'exécuter toutes les opérations merveilleuses que l'électricité effectue par les courants induits, etc. ; on ne saurait douter qu'un modèle mécanique de ce genre ne soit extrêmement instructif et ne marque un pas vers une théorie mécanique nettement définie de l'Électromagnétisme. »

« Je ne suis jamais satisfait, dit encore W. Thomson en un autre passage (1), tant que je n'ai pu construire un modèle mécanique de l'objet que j'étudie ; si je puis faire un modèle mécanique, je comprends ; tant que je ne puis pas faire un modèle mécanique, je ne comprends pas ; et c'est pourquoi je ne comprends pas *la* théorie électromagnétique de la lumière. Je crois fermement en *une* théorie électromagnétique de la lumière ; quand nous comprendrons l'électricité, le magnétisme et la lumière, nous les verrons comme les parties d'un tout ; mais je demande à comprendre la lumière le mieux possible sans introduire des choses que je comprends encore moins. Voilà pourquoi je m'adresse à la Dynamique pure. Je puis trouver un modèle en Dynamique pure ; je ne le puis en Électromagnétisme. »

Comprendre un phénomène physique, c'est donc, pour les physiciens de l'École anglaise, composer un modèle qui imite ce phénomène ; dès lors, comprendre la nature des choses matérielles, ce sera imaginer un mécanisme dont le jeu représentera, simulera, les propriétés des corps ; l'École anglaise est acquise entièrement aux explications purement mécaniques des phénomènes physiques.

(1) W. Thomson : *Lectures on molecular Dynamics*, p. 270.

La théorie purement abstraite que Newton a prônée, que nous avons longuement étudiée, paraîtra bien peu intelligible aux adeptes de cette École.

« Il est, écrit W. Thomson (1), une classe de théories qui ont pour fondements un petit nombre de généralisations de l'expérience ; ces théories sont, aujourd'hui, très usitées ; dans certains cas, elles ont donné des résultats nouveaux et importants, que l'expérience a vérifiés ultérieurement. Telles sont la théorie dynamique de la chaleur, la théorie ondulatoire de la lumière, etc. La première repose sur cette conclusion de l'expérience que *la chaleur est une forme de l'énergie ;* elle renferme beaucoup de formules qui sont, pour le moment, obscures et sans interprétation possible, parce que nous ne connaissons pas les mouvements et les déformations des molécules des corps... La même difficulté se rencontre dans la théorie de la lumière. Avant que nous puissions dissiper l'obscurité de cette théorie, il nous faudrait connaître quelque chose de la constitution ultime ou *moléculaire* des corps ou groupes de molécules ; jusqu'à présent, les molécules ne nous sont connues que sous forme d'agrégats. »

Cette prédilection pour les théories explicatives et mécaniques n'est pas, assurément, un caractère qui suffise à distinguer les doctrines anglaises des traditions scientifiques qui fleurissent en d'autres pays ; les théories mécaniques ont revêtu leur forme la plus absolue en un génie français, le génie de Descartes ; le Hollandais Huygens et l'École suisse des Bernoulli

(1) W. THOMSON and P.-G. TAIT : *Treatise on natural Philosophy*, vol. I, Ire part., art. 385.

ont lutté pour garder aux principes de l'atomisme toute leur rigidité. Ce qui distingue l'École anglaise, ce n'est point d'avoir tenté la réduction de la matière à un mécanisme, c'est la forme particulière de ses tentatives pour obtenir cette réduction.

Sans doute, partout où les théories mécaniques ont germé, partout où elles se sont développées, elles ont dû leur naissance et leur progrès à une défaillance de la faculté d'abstraire, à une victoire de l'imagination sur la raison. Si Descartes et les philosophes qui l'ont suivi ont refusé d'attribuer à la matière toute qualité qui n'était pas purement géométrique ou cinématique, c'est parce qu'une telle qualité était *occulte ;* parce que, concevable seulement à la raison, elle demeurait inaccessible à l'imagination ; la réduction de la matière à la géométrie par les grands penseurs du XVIIe siècle marque clairement qu'à cette époque le sens des profondes abstractions métaphysiques, épuisé par les excès de la Scolastique en décadence, s'était assoupi.

Mais chez les grands physiciens de France, de Hollande, de Suisse, d'Allemagne, le sens de l'abstraction peut avoir des défaillances ; il ne sommeille jamais complètement. Il est vrai, l'hypothèse que tout, dans la nature matérielle, se ramène à la géométrie et à la cinématique, est un triomphe de l'imagination sur la raison. Mais, après avoir cédé sur ce point essentiel, la raison, du moins, reprend ses droits lorsqu'il s'agit de déduire les conséquences, de construire le mécanisme qui doit représenter la matière ; les propriétés de ce mécanisme doivent résulter logiquement des hypothèses qui ont été prises comme fondements du système cosmologique. Descartes, par exemple, et Malebranche après lui, une fois admis le principe que l'étendue est l'essence de la matière, ont bien soin d'en déduire que la matière a partout la même nature; qu'il ne peut y avoir plusieurs substances matérielles différentes; que, seules, les formes et les mouvements peuvent distinguer l'une de l'autre les différentes parties de la matière; qu'une même quantité de matière occupe toujours un même volume, en sorte que la matière est incompressible; et ils cherchent à construire logiquement un système qui explique les phénomènes naturels en ne faisant intervenir que ces deux éléments : la figure des parties mues et le mouvement dont elles sont animées.

Non seulement la construction du mécanisme qui servira à expliquer les lois de la Physique est soumise à certaines exigences logiques et tenue de respecter certains principes, mais encore les corps qui servent à composer ces mécanismes ne sont nullement semblables aux corps visibles et concrets que nous observons et que nous manions chaque jour; ils sont formés d'une matière abstraite, idéale, définie par les principes de la Cosmologie dont se réclame le physicien; matière qui ne tombe point sous les sens, qui est visible et saisissable à la seule raison; matière cartésienne, qui n'est qu'étendue et mouvement, ou matière atomistique, qui ne possède aucune propriété, si ce n'est la figure et la dureté.

Lorsqu'un physicien anglais cherche à construire un modèle propre à représenter un ensemble de lois physiques, il ne s'embarrasse d'aucun principe cosmologique, il ne s'astreint à aucune exigence logique. Il ne cherche pas à déduire son modèle d'un système philosophique ni même à le mettre d'accord avec un tel système. Il n'a qu'un objet : créer une image visible et palpable des lois abstraites que son esprit ne pourrait saisir sans le secours de ce modèle. Pourvu que le mécanisme soit bien concret, bien clair aux yeux de l'imagination, il lui importe peu que la cosmologie atomiste s'en déclare satisfaite ou que les principes du Cartésianisme le condamnent.

Le physicien anglais ne demande donc à aucune métaphysique de lui fournir les éléments avec lesquels il composera ses mécanismes ; il ne cherche pas à savoir quelles sont les propriétés irréductibles des éléments ultimes de la matière. W. Thomson, par exemple, ne se pose jamais des questions philosophiques telles que celles-ci : La matière est-elle continue ou formée d'éléments individuels ? Le volume d'un des éléments ultimes de la matière est-il variable ou invariable ? De quelle nature sont les actions qu'exerce un atome, sont-elles efficaces à distance ou seulement au contact ? Ces questions ne se présentent même pas à son esprit ; ou plutôt, lorsqu'elles se présentent à lui, il les repousse comme oiseuses et nuisibles au progrès de la science :

« L'idée de l'atome, dit-il (1), s'est trouvée constamment associée à des suppositions inadmissibles comme la dureté infinie, la rigidité absolue, les mystiques actions à distance, l'indivisibilité ; aussi, à notre époque, les chimistes et bon nombre d'autres hommes raisonnables et curieux de la nature, perdant patience avec cet atome, l'ont relégué dans le royaume de la

(1) W. THOMSON : *The Size of Atoms*, *Nature*, mars 1870. — Réimprimé dans THOMSON and TAIT : *Treatise on Natural Philosophy*, IIe part., app. F.

métaphysique ; ils en font un objet *plus petit que tout ce qu'on peut concevoir*. Mais, si l'atome est d'une inconcevable petitesse, pourquoi l'action chimique n'est-elle pas infiniment rapide ? La chimie est impuissante à traiter cette question et beaucoup d'autres problèmes d'une plus haute importance ; elle est arrêtée par la rigidité de ses suppositions premières, qui l'empêchent de regarder un atome comme une portion réelle de matière, occupant un espace fini, d'une petitesse qui n'échappe pas à toute mesure, et servant à constituer tout corps palpable. »

Les corps avec lesquels le physicien anglais construit ses modèles ne sont pas des conceptions abstraites élaborées par la métaphysique ; ce sont des corps concrets, semblables à ceux qui nous entourent, solides ou liquides, rigides ou flexibles, fluides ou visqueux ; et par solidité, fluidité, rigidité, flexibilité, viscosité, il ne faut pas entendre des propriétés abstraites, dont la définition se tirerait d'une certaine cosmologie ; ces propriétés ne sont nullement définies, mais imaginées au moyen d'exemples sensibles : la rigidité évoque l'image d'un bloc d'acier ; la flexibilité, celle d'un fil de cocon ; la viscosité, celle de la glycérine. Pour exprimer d'une manière plus saisissante ce caractère concret des corps avec lesquels il fabrique ses mécanismes, W. Thomson ne craint pas de les désigner par les termes les plus vulgaires ; il les appelle des renvois de sonnette, des ficelles, de la gelée. Il ne saurait marquer d'une manière plus nette qu'il ne s'agit pas de combinaisons destinées à être conçues par la raison, mais de mécaniques destinées à être vues par l'imagination.

Il ne saurait, non plus, nous avertir plus clairement que les modèles qu'il nous propose ne doivent pas être pris pour des *explications* des lois naturelles ; celui qui leur attribuerait une telle signification s'exposerait à d'étranges surprises.

Navier et Poisson ont formulé une théorie de l'élasticité des corps cristallisés ; 18 coefficients, en général distincts les uns des autres, caractérisent chacun de ces corps (1). W. Thomson a cherché à illustrer cette théorie au moyen d'un modèle mécanique. « Nous n'avons pu, dit-il (2), nous déclarer satisfaits que nous ne soyons parvenus à créer un modèle avec 18 modules indépendants. » Huit boules rigides, placées aux huit sommets d'un parallélipipède, et reliées les unes aux autres par un nombre suffisant de ressorts à boudin, composent le modèle proposé. A son aspect, grand serait le désappointement de celui qui aurait attendu une *explication* des lois de l'élasticité ; comment, en effet, s'expliquerait l'élasticité des ressorts à boudin ? Aussi, le grand physicien anglais n'a-t-il point donné ce modèle pour une explication. « Bien que la constitution moléculaire des solides qui a été supposée dans ces remarques, et qui a été illustrée mécaniquement dans notre modèle, *ne doive pas être regardée comme vraie en nature,* néanmoins la construction d'un modèle mécanique de ce genre est certainement très instructive. »

(1) Du moins selon W. Thomson. En réalité, Navier n'a jamais traité que des corps isotropes. Selon la théorie de Poisson, l'élasticité d'un corps cristallisé dépend seulement de 15 coefficients ; les principes de la théorie de Navier, appliqués aux corps cristallisés, conduisent à un résultat semblable.

(2) W. THOMSON : *Lectures on molecular Dynamics,* p. 131.

§ VI. — *L'École anglaise et la Physique mathématique.*

Pascal a fort justement regardé l'amplitude d'esprit comme la faculté mise en jeu en une foule de recherches géométriques ; plus nettement encore, elle est la qualité qui caractérise le génie du pur algébriste. Il ne s'agit pas, pour l'algébriste, d'analyser des notions abstraites, de discuter l'exacte portée de principes généraux, mais de combiner habilement, selon des règles fixes, des signes susceptibles d'être tracés avec la plume ; pour être grand algébriste, point n'est besoin de force d'esprit ; une grande amplitude suffit ; l'habileté au calcul algébrique n'est pas un don de la raison, mais un apanage de la faculté imaginative.

Il n'est donc pas étonnant que l'habileté algébrique soit fort répandue parmi les mathématiciens anglais ; elle se manifeste non seulement par le nombre de très grands algébristes que compte la science anglaise, mais encore par la prédilection des Anglais pour les diverses formes du calcul symbolique.

Un mot d'explication à ce sujet.

Un homme dont l'esprit n'est point ample jouera plus aisément aux dames qu'aux échecs. Lorsqu'en effet il voudra combiner un coup au jeu de dames, les éléments dont il aura à former sa combinaison seront de deux espèces seulement, la marche du pion et la marche de la dame qui, toutes deux, suivent des règles très simples. Au contraire, la tactique des échecs combine autant d'opérations élémentaires distinctes qu'il y a de sortes de pièces, et certaines de ces opérations, le saut du cavalier par exemple, sont assez complexes pour déconcerter une faible faculté imaginative.

La différence qui sépare le jeu de dames du jeu d'échecs se retrouve entre la classique algèbre que nous employons tous et les diverses algèbres symboliques qui ont été créées au XIXe siècle. L'algèbre classique ne comprend que quelques opérations élémentaires, représentées par un symbole spécial, et chacune de ces opérations est assez simple ; un calcul algébrique compliqué n'est qu'une longue suite de ces opérations élémentaires peu nombreuses, une longue manipulation de ces quelques signes. L'objet d'une algèbre symbolique est d'abréger la longueur de ces calculs ; dans ce but, elle adjoint aux opérations élémentaires de l'algèbre classique d'autres opérations qu'elle traite comme élémentaires, qu'elle figure par un symbole spécial, et dont chacune est une combinaison, une condensation, effectuée suivant une règle fixe, d'opérations empruntées à l'ancienne algèbre. En une algèbre symbolique, on pourra effectuer presque tout d'un coup un calcul qui, dans l'ancienne algèbre, se décompose en une longue suite de calculs intermédiaires ; mais on aura à se servir d'un très grand nombre de signes différents les uns des autres, dont chacun obéit à une règle très complexe. Au lieu de jouer aux dames, on jouera à une sorte de jeu d'échecs où une foule de pièces distinctes doivent marcher chacune à sa manière.

Il est clair que le goût des algèbres symboliques est un indice d'amplitude d'esprit et qu'il sera particulièrement répandu chez les Anglais.

Cette prédisposition du génie anglais aux calculs

algébriques condensés ne se reconnaîtrait peut-être pas d'une manière nette si nous nous bornions à passer en revue les mathématiciens qui ont créé de tels systèmes de calcul. L'École anglaise citerait avec orgueil le *calcul des quaternions,* imaginé par Hamilton ; mais les Français pourraient lui opposer la *théorie des clefs* de Cauchy et les Allemands l'*Ausdehnungslehre* de Grassmann. De cela, il n'y a point à s'étonner ; en toute nation se rencontrent des esprits amples.

Mais chez les Anglais seuls l'amplitude d'esprit se trouve d'une manière fréquente, habituelle, endémique ; aussi est-ce seulement parmi les hommes de science anglais que les algèbres symboliques, le calcul des quaternions, la *vector-analysis,* sont usuels ; la plupart des traités anglais se servent de ces langages complexes et abrégés. Ces langages, les mathématiciens français ou allemands ne les apprennent pas volontiers ; ils n'arrivent jamais à les parler couramment ni surtout à penser directement sous les formes qui les composent ; pour suivre un calcul mené selon la méthode des quaternions ou de la *vector-analysis,* il leur en faut faire la version en algèbre classique. Un des mathématiciens français qui avaient le plus profondément étudié les diverses espèces de calculs symboliques, Paul Morin, me disait un jour : « Je ne suis jamais sûr d'un résultat obtenu par la méthode des quaternions avant de l'avoir retrouvé par notre vieille algèbre cartésienne. »

Le fréquent usage que les physiciens anglais font des diverses sortes d'algèbres symboliques est donc une manifestation de leur amplitude d'esprit ; mais si cet usage impose à leur théorie mathématique un vêtement particulier, il n'impose pas au corps même de la théorie une physionomie spéciale ; dépouillant ce vêtement, on pourrait aisément habiller cette théorie à la mode de l'algèbre classique.

Or, dans bien des cas, ce changement d'habit ne suffirait nullement à déguiser l'origine anglaise d'une théorie de physique mathématique, à la faire prendre pour une théorie française ou allemande ; il permettrait, au contraire, de reconnaître que, dans la construction d'une théorie physique, les Anglais n'attribuent pas toujours aux mathématiques le même rôle que les savants continentaux.

Pour un Français ou pour un Allemand, une théorie physique est essentiellement un système logique ; des déductions parfaitement rigoureuses unissent les hypothèses sur lesquelles repose la théorie aux conséquences que l'on en peut tirer et que l'on se propose de comparer aux lois expérimentales ; si le calcul algébrique intervient, c'est seulement pour rendre moins lourde et plus maniable la chaîne de syllogismes qui doit relier les conséquences aux hypothèses ; mais en une théorie sainement constituée, ce rôle purement auxiliaire de l'algèbre ne doit jamais se laisser oublier ; il faut que l'on sente à chaque instant la possibilité de remplacer le calcul par le raisonnement purement logique dont il est l'expression abrégée ; et, pour que cette substitution puisse se faire d'une manière précise et sûre, il faut qu'une correspondance très exacte et très rigoureuse ait été établie entre les symboles, les lettres que combine le calcul algébrique et les propriétés que mesure le physicien, entre les équations fondamentales qui servent de point de départ à l'analyste et les hypothèses sur lesquelles repose la théorie.

Aussi ceux qui, en France ou en Allemagne, ont fondé la Physique mathématique, les Laplace, les Fourier, les Cauchy, les Ampère, les Gauss, les Franz Neumann, construisaient-ils avec un soin extrême le pont destiné à relier le point de départ de la théorie, la définition des grandeurs dont elle doit traiter, la justification des hypothèses qui porteront ses déductions, à la voie selon laquelle se déroulera son développement algébrique. De là ces préambules, modèles de clarté et de méthode, par lesquels s'ouvrent la plupart de leurs mémoires.

Ces préambules, consacrés à la *mise en équations* d'une théorie physique, on les chercherait presque toujours en vain dans les écrits des auteurs anglais.

En veut-on un exemple frappant?

A l'Électrodynamique des corps conducteurs, créée par Ampère, Maxwell a adjoint une Électrodynamique nouvelle, l'Électrodynamique des corps diélectriques; cette branche de la Physique est issue de la considération d'un élément, essentiellement nouveau, que l'on a nommé, bien improprement d'ailleurs, le *courant de déplacement;* introduit pour compléter la définition des propriétés d'un diélectrique à un instant donné, que la connaissance de la polarisation à cet instant ne détermine pas complètement, — de même que le *courant de conduction* a été adjoint à la charge électrique pour compléter la définition de l'état variable d'un conducteur, — le courant de déplacement présente, avec le courant de conduction, d'étroites analogies en même temps que des différences profondes; grâce à l'intervention de ce nouvel élément, l'électrodynamique est bouleversée ; des phénomènes, que l'expérience n'avait même pas entrevus, que Hertz découvrira seulement vingt ans plus tard, sont annoncés ; on voit germer une théorie nouvelle de la propagation des actions électriques dans les milieux non conducteurs, et cette théorie conduit à une interprétation imprévue des phénomènes optiques, à la *théorie électromagnétique de la lumière*.

Sans doute, cet élément si nouveau, si imprévu, dont l'étude se montre si féconde en conséquences surprenantes et importantes, Maxwell ne le fera entrer dans ses équations qu'après l'avoir défini et analysé avec les plus minutieuses précautions. — Ouvrez le mémoire où Maxwell a exposé sa théorie nouvelle du champ électromagnétique, et vous n'y trouverez, pour justifier l'introduction des flux de déplacement dans les équations de l'Électrodynamique, que ces deux lignes :

« Les variations du déplacement électrique doivent être ajoutées aux courants pour obtenir le mouvement total de l'électricité. »

Comment expliquer cette absence presque complète de définition, même lorsqu'il s'agit des éléments les plus nouveaux et les plus importants, cette indifférence à la mise en équations d'une théorie physique? La réponse ne nous semble pas douteuse : Tandis que, pour le physicien français ou allemand, la partie algébrique d'une théorie est destinée à remplacer exactement la suite de syllogismes par laquelle cette théorie se développerait, pour le physicien anglais, elle tient lieu de *modèle ;* elle est un agencement de signes, saisissables à l'imagination, dont le jeu, conduit selon les règles de l'algèbre, imite plus ou moins fidèlement les lois des phénomènes que l'on veut étudier, comme les imiterait un agencement de corps divers se mouvant selon les lois de la Mécanique.

Lors donc qu'un physicien français ou allemand introduit les définitions qui lui permettront de substituer un calcul algébrique à une déduction logique, il le doit faire avec un soin extrême, sous peine de perdre la rigueur et l'exactitude qu'il eût exigées de ses syllogismes. Lorsqu'au contraire W. Thomson propose un modèle mécanique d'un ensemble de phénomènes, il ne s'impose pas des raisonnements bien minutieux pour établir un rapprochement entre cet agencement de corps concrets et les lois physiques qu'il est appelé à représenter ; l'imagination, que seule le modèle intéresse, sera seule juge de la ressemblance entre la figure et l'objet figuré. Ainsi fait Maxwell ; aux intuitions de la faculté imaginative il laisse le soin de comparer les lois physiques et le modèle algébrique qui les doit imiter ; sans s'attarder à cette comparaison, il suit le jeu de ce modèle ; il combine les équations de l'Électrodynamique sans chercher le plus souvent, sous chacune de ces combinaisons, une coordination de lois physiques.

Le physicien français ou allemand est, le plus souvent, déconcerté par une telle conception de la Physique mathématique ; il ne songe pas qu'il a simplement devant lui un modèle monté pour saisir son imagination, et non pour satisfaire sa raison ; il persiste à chercher sous les transformations algébriques une suite de déductions qui conduisent d'hypothèses nettement formulées à des conséquences vérifiables par l'expérience ; et ne les trouvant point, il se demande, anxieux, ce que peut bien être la théorie de Maxwell ; à quoi celui qui a pénétré l'esprit de la Physique mathématique anglaise lui répond qu'il n'y a rien là d'analogue à la théorie qu'il cherche, mais seulement des formules algébriques qui se combinent et se transforment : « A cette question : Qu'est-ce que la théorie de Maxwell ? dit H. Hertz (1), je ne saurais donner de réponse à la fois plus nette et plus courte que celle-ci : La théorie de Maxwell, c'est le système des équations de Maxwell. »

§ VII. — *L'École anglaise et la coordination logique d'une théorie.*

Les théories créées par les grands géomètres du continent, qu'ils soient Français ou Allemands, Hollandais ou Suisses, se peuvent classer en deux grandes catégories : les théories explicatives, les théories purement représentatives. Mais ces deux sortes de théories présentent un caractère commun ; elles entendent être des systèmes construits selon les règles d'une sévère logique. Œuvres d'une raison qui ne craint ni les profondes abstractions, ni les longues déductions, mais qui est avide avant tout d'ordre et de clarté, elles veulent qu'une impeccable méthode marque la suite de leurs propositions, de la première à la dernière, des hypothèses fondamentales aux conséquences comparables avec les faits.

(1) H. Hertz : *Untersuchungen über die Ausbreitung der elektrischen Kraft, Einleitende Uebersicht,* p. 23. Leipzig, 1892.

De cette méthode sont issus ces majestueux systèmes de la Nature qui prétendent imposer à la Physique la forme parfaite de la géométrie d'Euclide ; qui, prenant pour fondements un certain nombre de postulats très clairs, s'efforcent d'élever une construction parfaitement rigide et régulière où chaque loi expérimentale se trouve exactement logée ; depuis l'époque où Descartes bâtissait ses *Principes de Philosophie* jusqu'au jour où Laplace et Poisson édifiaient sur l'hypothèse de l'attraction l'ample édifice de leur *Mécanique physique,* tel a été le perpétuel idéal des esprits abstraits et, particulièrement, du génie français ; en poursuivant cet idéal, il a élevé des monuments dont les lignes simples et les proportions grandioses ravissent encore l'admiration, aujourd'hui que ces édifices branlent sur leurs fondements sapés de toutes parts.

Cette unité de la théorie, cet enchaînement logique entre toutes les parties qui la constituent, sont des conséquences tellement naturelles, tellement forcées de l'idée que la force d'esprit conçoit d'une théorie physique que, pour elle, troubler cette unité ou rompre cet enchaînement, c'est violer les principes de la logique, c'est commettre une *absurdité.*

Il n'en est nullement ainsi pour l'esprit ample, mais faible, du physicien anglais.

La théorie n'est pour lui ni une explication, ni une classification rationnelle des lois physiques, mais un modèle de ces lois ; elle est construite non pour la satisfaction de la raison, mais pour le plaisir de l'imagination ; dès lors, elle échappe à la domination de la logique ; il est loisible au physicien anglais de construire un modèle pour représenter un groupe de lois, et un autre modèle, tout différent du précédent, pour représenter un autre groupe de lois, et cela lors même que certaines lois seraient communes aux deux groupes. Pour un géomètre de l'École de Laplace ou d'Ampère, il serait absurde de donner d'une même loi deux explications théoriques distinctes et de soutenir que ces deux explications sont valables simultanément ; pour un physicien de l'École de Thomson ou de Maxwell, il n'y a aucune contradiction à ce qu'une même loi se laisse figurer par deux modèles différents. Il y a plus ; la complication ainsi introduite dans la science ne choque nullement l'Anglais ; elle a bien plutôt pour lui le charme de la variété ; car son imagination, bien plus puissante que la nôtre, ignore notre besoin d'ordre et de simplicité ; elle se retrouve aisément là où la nôtre se perdrait.

De là, dans les théories anglaises, ces disparates, ces incohérences, ces contradictions que nous sommes portés à juger sévèrement parce que nous cherchons un système rationnel là où l'auteur n'a voulu nous donner qu'une œuvre d'imagination.

Voici, par exemple, une suite de leçons (1) consacrées par W. Thomson à exposer la Dynamique moléculaire et la théorie ondulatoire de la lumière. Le lecteur français, qui feuillette les notes de cet enseignement, pense qu'il y va trouver un ensemble d'hypo-

(1) W. THOMSON : *Notes of Lectures on molecular Dynamics and the Wawe Theory of Light,* Baltimore, 1884. Le lecteur pourra également consulter : Sir W. THOMSON (lord KELVIN) : *Conférences scientifiques et allocutions,* traduites et annotées sur la deuxième édition par P. LUGOL ; avec des extraits de mémoires récents de Sir W. THOMSON et quelques notes, par M. BRILLOUIN : *Constitution de la Matière,* Paris, GAUTHIER-VILLARS, 1893.

thèses nettement formulées sur la constitution de l'éther et de la matière pondérable, une suite de calculs conduits méthodiquement à partir de ces hypothèses, une comparaison exacte entre les conséquences de ces calculs et les faits d'expérience ; grand sera son désappointement, mais courte sa méprise ! Ce n'est point une théorie ainsi ordonnée que W. Thomson a prétendu construire ; il a voulu (1) simplement considérer diverses classes de lois expérimentales et, pour chacune de ces classes, construire un modèle mécanique. Autant de catégories de phénomènes, autant de modèles distincts pour représenter le rôle de la molécule matérielle dans ces phénomènes.

S'agit-il de représenter les caractères de l'élasticité en un corps cristallisé ? La molécule matérielle est figurée (2) par huit boules massives qui occupent les sommets d'un parallélipipède et que relient les unes aux autres un nombre plus ou moins grand de ressorts à boudin.

Est-ce la théorie de la dispersion de la lumière qu'il s'agit de rendre saisissable à l'imagination ? La molécule matérielle se trouve composée (3) d'un certain nombre d'enveloppes sphériques, rigides, concentriques, que des ressorts à boudin maintiennent en une semblable position. Une foule de ces petits mécanismes est semée dans l'éther. Celui-ci est (4) un corps homogène, incompressible, rigide pour les vibrations très rapides, parfaitement mou pour les actions

(1) W. Thomson : *Loc. cit.*, p. 132.
(2) W. Thomson : *Loc. cit.*, p. 127.
(3) W. Thomson : *Loc. cit.*, pp. 10, 105, 118.
(4) W. Thomson : *Loc. cit.*, p. 9.

d'une certaine durée. Il ressemble à une gelée ou à de la glycérine (1).

Veut-on un modèle propre à imiter la polarisation rotatoire ? Les molécules matérielles que nous semons par milliers dans notre « gelée » ne seront plus construites sur le plan que nous venons de décrire ; ce seront (2) de petites enveloppes rigides en chacune desquelles un gyrostat tourne avec rapidité autour d'un axe lié à l'enveloppe.

Mais c'est là un agencement trop grossier, une « crude gyrostatic molecule (3) » ; bientôt un mécanisme plus parfait vient la remplacer (4) ; l'enveloppe rigide ne contient plus seulement un gyrostat, mais deux gyrostats tournant en sens contraire ; des articulations à billes et godets les relient l'un à l'autre et aux parois de l'enveloppe, laissant un certain jeu à leurs axes de rotation.

Entre ces divers modèles, exposés aux cours des *Leçons sur la Dynamique moléculaire,* il serait fort malaisé de choisir celui qui représente le mieux la structure de la molécule matérielle ; mais combien plus embarrassant sera ce choix si nous passons en revue les autres modèles imaginés par W. Thomson au cours de ses divers écrits !

Ici (5), un fluide homogène, incompressible, sans viscosité, remplit tout l'espace ; certaines portions de ce fluide sont animées de mouvements tourbillonnaires

(1) W. THOMSON : *Loc. cit.*, p. 118.
(2) W. THOMSON : *Loc. cit.*, pp. 242, 290.
(3) W. THOMSON : *Loc. cit.*, p. 327.
(4) W. THOMSON : *Loc. cit.*, p. 320.
(5) W. THOMSON : *On Vortex Atoms (Edimburgh Philosophical Society Proceedings,* 18 février 1867).

persistants ; ces portions représentent les atomes matériels.

Là (1), le liquide incompressible est figuré par un assemblage de boules rigides que lient les unes aux autres des tiges convenablement articulées.

Ailleurs (2), c'est aux théories cinétiques de Maxwell et de Tait qu'il est fait appel pour imaginer les propriétés des solides, des liquides et des gaz.

Nous sera-t-il plus aisé de définir la constitution que W. Thomson attribue à l'éther?

Lorsque W. Thomson développait sa théorie des atomes tourbillons, l'éther était une partie de ce fluide homogène, incompressible, dénué de toute viscosité qui remplissait tout l'espace ; il était figuré par la partie de ce fluide qui est exempte de tout mouvement tourbillonnaire. Mais bientôt (3), afin de représenter la gravitation qui porte les molécules matérielles les unes vers les autres, le grand physicien compliqua cette constitution de l'éther ; reprenant une ancienne hypothèse de Fatio de Duilliers et de Lesage, il lança au travers du fluide homogène tout un essaim de petits corpuscules solides mus en tous sens avec une extrême vitesse.

En un autre écrit (4), l'éther est redevenu un corps homogène et incompressible ; mais ce corps est main-

(1) W. Thomson : *Comptes rendus de l'Académie des Sciences*, 16 septembre 1889. — *Scientific Papers*, vol. III, p. 466.

(2) W. Thomson : *Molecular constitution of Matter*, § 29-44 (*Proceedings of the Royal Society of Edimburgh*, 1er et 15 juillet 1889 ; — *Scientific Papers*, vol. III, p. 404) ; — *Lectures on molecular Dynamics*, p. 280.

(3) W. Thomson : *On the ultramondane Corpuscles of Lesage* (*Philosophical Magazine*, vol. XLV, p. 321, 1873).

(4) W. Thomson : *Lectures on molecular Dynamics*, pp. 9, 118.

tenant semblable à un fluide très visqueux, à une gelée. Cette analogie, à son tour, est abandonnée ; pour représenter les propriétés de l'éther, W. Thomson reprend (1) des formules dues à Mac Cullagh (2) et, pour les rendre saisissables à l'imagination, il les figure en un modèle mécanique (3) ; des boîtes rigides, dont chacune contient un gyrostat animé d'un mouvement de rotation rapide autour d'un axe invariablement lié aux parois, sont rattachées les unes aux autres par des bandes d'une toile flexible, mais inextensible.

Cette énumération, bien incomplète, des divers modèles par lesquels W. Thomson a cherché à figurer les diverses propriétés de l'éther ou des molécules pondérables, ne nous donne encore qu'une faible idée de la foule d'images qu'éveillent en son esprit les mots : constitution de la matière ; il y faudrait joindre tous les modèles créés par d'autres physiciens, mais dont il recommande l'usage ; il y faudrait joindre, par exemple, ce modèle des actions électriques que Maxwell a composé (4) et pour lequel W. Thomson professe une constante admiration. Là, nous verrions l'éther et tous les corps mauvais conducteurs de l'élec-

(1) W. Thomson : *Equilibrium or motion of an ideal Substance called for brevity* Ether (*Scientific Papers*, vol. III, p. 445).

(2) Mac Cullagh : *An essay towards a dynamical theory of crystalline reflexion and refraction (Transactions Royal Irish Academy*, vol. XXI, 9 décembre 1839 ; — *The collected works of* James Mac Cullagh, p. 145).

(3) W. Thomson : *On a gyrostatic adynamic constitution of the* Ether (*Edimburgh Royal Society Proceedings*, 17 mars 1890 ; — *Scientific Papers*, vol. III, p. 466) ; — *Ether, Electricity and Ponderable Matter* (*Scientific Papers*, vol. III, p. 505).

(4) J. Clerk Maxwell : *On physical Lines of Force*, IIIe part. : *The Theory of molecular Vortices applied to statical Electricity* (*Philosophical Magazine*, janvier et février 1882 ; — *Scientific Papers*, vol. I, p. 491).

tricité construits à la façon d'un gâteau de miel; les parois des cellules formées non pas de cire, mais d'un corps élastique dont les déformations figurent les actions électrostatiques; le miel remplacé par un fluide parfait qu'anime un rapide mouvement tourbillonnaire, image des actions magnétiques.

Cette collection d'engins et de mécanismes déconcerte le lecteur français qui cherchait une suite coordonnée de suppositions sur la constitution de la matière, une explication hypothétique de cette constitution. Mais une telle explication, à aucun moment W. Thomson n'a eu l'intention de la donner; sans cesse, le langage même qu'il emploie met en garde le lecteur contre une telle interprétation de sa pensée. Les mécanismes qu'il propose sont « des modèles grossiers (1) », des « représentations brutales (2) »; ils sont « mécaniquement non naturels, *unnatural mechanically* (3) »; « la constitution mécanique des solides supposée dans ces remarques et illustrée par notre modèle ne doit pas être regardée comme vraie en nature (4) »; « il est à peine besoin de remarquer que l'*éther* que nous avons imaginé est une substance purement idéale (5) ». Le caractère tout provisoire de chacun de ces modèles se marque dans la désinvolture avec laquelle l'auteur les abandonne ou les reprend selon les besoins du phénomène qu'il étudie : « Arrière (6) nos cavités sphériques avec leurs enveloppes rigides et concentriques; ce n'était, vous vous en souve-

(1) W. THOMSON : *Lectures on molecular Dynamics*, pp. 11, 105.
(2) W. THOMSON : *Op. cit.*, p. 11.
(3) W. THOMSON : *Op. cit.*, p. 105.
(4) W. THOMSON : *Op. cit.*, p. 131.
(5) W. THOMSON : *Scientific Papers*, vol. III, p. 464.
(6) W. THOMSON : *Lectures on molecular Dynamics*, p. 280.

nez, qu'une illustration mécanique grossière. Je vais donner un autre modèle mécanique, bien que je le croie très éloigné du mécanisme réel des phénomènes. » Tout au plus cède-t-il quelquefois à l'espoir que ces modèles ingénieusement imaginés indiquent la voie qui conduira, dans un avenir éloigné, à une explication physique du monde matériel (1).

La multiplicité et la variété des modèles proposés par W. Thomson pour figurer la constitution de la matière n'étonne point extrêmement le lecteur français, car, très vite, il reconnaît que le grand physicien n'a point prétendu fournir une explication acceptable pour la raison, qu'il a voulu seulement faire œuvre d'imagination. Son étonnement est autrement profond et durable lorsqu'il retrouve la même absence d'ordre et de méthode, la même insouciance de la logique non plus dans une collection de modèles mécaniques, mais dans une suite de théories algébriques. Comment concevrait-il, en effet, la possibilité d'un développement mathématique illogique ? De là, le sentiment de stupeur qu'il éprouve en étudiant un écrit comme le *Traité d'Électricité* de Maxwell :

« La première fois qu'un lecteur français ouvre le livre de Maxwell, écrit M. Poincaré (2), un sentiment de malaise, et souvent même de défiance, se mêle d'abord à son admiration... »

« Le savant anglais ne cherche pas à construire un

(1) W. Thomson : *Scientific Papers*, vol. III, p. 510.

(2) H. Poincaré : *Électricité et Optique, I. Les théories de Maxwell et la théorie électro-magnétique de la lumière*. Introduction, p. VIII. — Le lecteur désireux de connaître à quel degré l'insouciance de toute logique, et même de toute exactitude mathématique, était portée dans l'esprit de Maxwell, trouvera de nombreux exemples dans l'écrit suivant : P. Duhem : *Les Théories électriques de J. Clerk Maxwell. Étude historique et critique*, Paris, 1902.

édifice unique, définitif et bien ordonné ; il semble plutôt qu'il élève un grand nombre de constructions provisoires et indépendantes, entre lesquelles les communications sont difficiles et parfois impossibles. »

« Prenons, comme exemple, le chapitre où l'on explique les attractions électrostatiques par des pressions et des tensions qui régneraient dans le milieu diélectrique. Ce chapitre pourrait être supprimé sans que le reste du volume en devînt moins clair et moins complet, et, d'un autre côté, il contient une théorie qui se suffit à elle-même, et on pourrait le comprendre sans avoir lu une seule des lignes qui précèdent ou qui suivent. Mais il n'est pas seulement indépendant du reste de l'ouvrage ; il est difficile à concilier (1) avec les idées fondamentales du livre, ainsi que le montrera plus loin une discussion approfondie. Maxwell ne tente même pas cette conciliation ; il se borne à dire (2) : « I have not been able to make the next « step, namely, to account by mechanical considera- « tions for these stress in the dielectric. »

« Cet exemple suffira pour faire comprendre ma

(1) En réalité, cette théorie de Maxwell découle d'une mésintelligence complète des lois de l'élasticité ; nous avons mis cette mésintelligence en évidence et développé la théorie exacte qui devait être substituée aux erreurs de Maxwell (a) ; un terme, négligé à tort dans notre calcul, a été rétabli par M. Liénard (b), dont nous avons retrouvé les résultats par une analyse directe (c).

(a) P. Duhem : *Leçons sur l'Électricité et le Magnétisme*, t. II, l. XII. Paris, 1892.

(b) Liénard : *La Lumière électrique*, t. LII, pp. 7, 67. 1894.

(c) P. Duhem : *American Journal of Mathematics*, vol. XVII, p. 117, 1895.

(2) « Je n'ai pas réussi à faire le second pas, à rendre compte par des considérations mécaniques de ces tensions du diélectrique. » (Maxwell : *Traité d'Électricité et de Magnétisme*, traduction française, t. I, p. 174.)

pensée ; je pourrais en citer beaucoup d'autres ; ainsi, qui se douterait, en lisant les pages consacrées à la polarisation rotatoire magnétique, qu'il y a identité entre les phénomènes optiques et magnétiques ? »

Le *Traité d'Électricité et de Magnétisme* de Maxwell a beau avoir revêtu la forme mathématique ; pas plus que les *Leçons sur la Dynamique moléculaire* de W. Thomson, il n'est un système logique ; comme ces *Leçons,* il se compose d'une suite de modèles, dont chacun figure un groupe de lois, sans souci des autres modèles qui ont servi à figurer d'autres lois, qui, parfois, ont représenté ces mêmes lois ou quelques-unes d'entre elles ; seulement, ces modèles, au lieu d'être construits avec des gyrostats, des ressorts à boudin, de la glycérine, sont des agencements de signes algébriques. Ces diverses théories partielles, dont chacune se développe isolément, sans souci de celle qui l'a précédée, recouvrant parfois une partie du champ que celle-ci a déjà couvert, s'adressent bien moins à notre raison qu'à notre imagination. Ce sont des tableaux, et l'artiste, en composant chacun d'eux, a choisi avec une entière liberté les objets qu'il représenterait et l'ordre dans lequel il les grouperait ; peu importe si l'un de ses personnages a déjà posé, dans une attitude différente, pour un autre tableau ; le logicien serait mal venu de s'en choquer ; une galerie de tableaux n'est pas un enchaînement de syllogismes.

§ VIII. — *La diffusion des méthodes anglaises.*

L'esprit anglais est nettement caractérisé par l'ampleur de la faculté qui sert à imaginer les ensembles concrets et par la faiblesse de la faculté qui abstrait et généralise. Cette forme particulière d'esprit engendre une forme particulière de théorie physique ; les lois d'un même groupe ne sont point coordonnées en un système logique ; elles sont figurées par un *modèle;* ce modèle peut être, d'ailleurs, soit un mécanisme construit avec des corps concrets, soit un agencement de signes algébriques ; en tous cas, la théorie anglaise ne se soumet point, en son développement, aux règles d'ordre et d'unité qu'impose la logique.

Pendant longtemps, ces particularités ont été comme la marque de fabrique des théories physiques construites en Angleterre ; de ces théories, on ne faisait guère usage sur le continent. Il en est autrement depuis quelques années ; la manière anglaise de traiter la Physique s'est répandue partout avec une extrême rapidité ; aujourd'hui, elle est usuelle en France comme en Allemagne ; nous allons rechercher les causes de cette diffusion.

En premier lieu, il convient de rappeler que si la forme d'intelligence nommée par Pascal amplitude et faiblesse d'esprit est très répandue parmi les Anglais, elle n'est cependant ni l'apanage de tous les Anglais, ni la propriété des seuls Anglais.

Pour l'aptitude à donner une parfaite clarté à des idées très abstraites, une extrême précision à des principes très généraux, pour l'art de conduire dans un ordre irréprochable soit une suite d'expériences, soit un enchaînement de déductions, Newton ne le cède assurément ni à Descartes, ni à aucun des grands penseurs classiques ; sa force d'esprit est une des plus puissantes que l'humanité ait connues.

De même que l'on peut trouver parmi les Anglais — Newton nous en est garant — des esprits forts et justes, on peut rencontrer hors de l'Angleterre des esprits amples, mais faibles.

C'en était un que Gassendi.

Le contraste des deux formes intellectuelles si nettement définies par Pascal se marque avec une extraordinaire vigueur dans la discussion célèbre (1) qui mit aux prises Gassendi et Descartes. Avec quelle ardeur Gassendi insiste (2) pour « que l'esprit ne soit pas distingué réellement de la faculté imaginative » ; avec quelle force il affirme que « l'imagination n'est pas distinguée de l'intellection », qu' « il y a en nous une seule faculté par laquelle nous connaissons généralement toutes choses »! Avec quelle hauteur Descartes répond (3) à Gassendi : « Ce que j'ai dit de l'imagination est assez clair si l'on veut y prendre garde, mais ce n'est pas merveille si cela semble obscur à ceux qui ne méditent jamais, et qui ne font aucune réflexion sur ce qu'ils pensent! » Les deux adversaires semblent avoir compris que leur débat a une autre allure que la plupart des discussions si fréquentes entre philosophes, qu'il n'est point la dispute de deux hommes ni de deux doctrines, mais la lutte de deux formes d'esprit, de l'esprit ample, mais faible, contre l'esprit fort, mais étroit. *O anima! O mens!* s'écrie Gassendi, interpellant le champion de l'abstraction. *O caro!* riposte Descartes, écrasant sous son mépris hautain l'imagination bornée aux objets concrets.

(1) P. Gassendi *Disquisitio metaphysica, seu dubitationes et instantiæ adversus Renati Cartesii Metaphysicam, et responsa.*

(2) P. Gassendi *Dubitationes in Meditationem IIam.*

(3) Cartesii *Responsum ad Dubitationem V in Meditationem IIam.*

On comprend, dès lors, la prédilection de Gassendi pour la Cosmologie épicurienne ; sauf leur extrême petitesse, les atomes qu'il se figure ressemblent fort aux corps qu'il a, chaque jour, occasion de voir et de toucher; ce caractère concret, saisissable à l'imagination, de la Physique de Gassendi se montre en pleine lumière dans le passage suivant (1), où le philosophe explique à sa manière les sympathies et les antipathies de l'École : « Il faut comprendre que ces actions se produisent comme celles qui s'exercent d'une manière plus sensible entre les corps; la seule différence est que les mécanismes qui sont gros dans ce dernier cas sont très déliés dans le premier. Partout où la vue ordinaire nous montre une attraction et une union, nous voyons des crochets, des cordes, quelque chose qui saisit et quelque chose qui est saisi ; partout où elle nous montre une répulsion et une séparation, nous voyons des aiguillons, des piques, un corps quelconque qui fait explosion, etc. De même, pour expliquer les actions qui ne tombent pas sous le sens vulgaire, nous devons imaginer de petits crochets, de petites cordes, de petits aiguillons, de petites piques, et autres organes de même sorte ; ces organes sont insensibles et impalpables; il ne faut pas en conclure qu'ils n'existent pas. »

A toutes les périodes du développement scientifique, on rencontrerait, parmi les Français, des physiciens apparentés intellectuellement à Gassendi et désireux, comme lui, de donner des explications que l'imagination puisse saisir. Parmi les théoriciens qui honorent

(1) GASSENDI : *Syntagma Philosophicum*, IIa pars, l. VI, c. XIV.

notre époque, un des plus ingénieux et des plus féconds, M. J. Boussinesq, a exprimé avec une netteté parfaite ce besoin qu'éprouvent certains esprits de se figurer les objets sur lesquels ils raisonnent : « L'esprit humain, dit M. Boussinesq (1), en observant les phénomènes naturels, y reconnaît, à côté de beaucoup d'éléments confus qu'il ne parvient pas à débrouiller, un élément clair, susceptible par sa précision d'être l'objet de connaissances vraiment scientifiques. C'est l'élément géométrique, tenant à la localisation des objets dans l'espace, et qui permet de se les représenter, de les dessiner ou de les construire d'une manière plus ou moins idéale. Il est constitué par les dimensions et les formes des corps ou des systèmes de corps, par ce qu'on appelle, en un mot, leur *configuration* à un moment donné. Ces formes, ces configurations, dont les parties mesurables sont des distances ou des angles, tantôt se conservent, du moins à peu près, pendant un certain temps et paraissent même se maintenir dans les mêmes régions de l'espace pour constituer ce qu'on appelle le *repos,* tantôt changent sans cesse, mais avec continuité, et leurs changements de lieu sont ce qu'on appelle le *mouvement local,* ou simplement le mouvement. »

Ces configurations diverses des corps, leurs changements d'un instant à l'autre sont les seuls éléments que le géomètre puisse dessiner ; ce sont aussi les seuls que l'imaginatif puisse se représenter clairement ; ce sont donc, selon lui, les seuls qui soient propre-

(1) J. Boussinesq : *Leçons synthétiques de Mécanique générale,* p. 1 ; Paris, 1889.

ment objets de science. Une théorie physique ne sera vraiment constituée que lorsqu'elle aura ramené l'étude d'un groupe de lois à la description de telles figures, de tels mouvements locaux. « Jusqu'ici la science (1), considérée dans sa partie édifiée ou susceptible de l'être, a grandi en allant d'Aristote à Descartes et à Newton, des idées de *qualités* ou de *changements* d'état, qui ne se dessinent pas, à l'idée de *formes* ou de *mouvements* locaux qui se dessinent ou se voient. »

Pas plus que Gassendi, M. Boussinesq ne veut que la Physique théorique soit une œuvre de raison dont l'imagination serait bannie ; il exprime sa pensée à cet égard en formules dont la netteté rappelle certaines paroles de lord Kelvin.

Que l'on ne s'y méprenne pas, cependant ; M. Boussinesq ne suivrait point jusqu'au bout le grand physicien anglais ; s'il veut que l'imagination puisse saisir en toutes leurs parties les constructions de la Physique théorique, il n'entend point, pour tracer le plan de ces constructions, se passer du concours de la logique ; il ne consent nullement, et Gassendi n'y aurait pas consenti davantage, à ce qu'elles soient dénuées de tout ordre et de toute unité, à ce qu'elles ne composent plus qu'un labyrinthe de bâtisses indépendantes et incohérentes.

A aucun moment, les physiciens français ou allemands n'ont, d'eux-mêmes, réduit la théorie physique à n'être qu'une collection de modèles ; cette opinion n'est point née spontanément au sein de la science continentale ; elle est d'importation anglaise.

(1) J. Boussinesq : *Théorie analytique de la Chaleur*, t. I, p. xv, 1901.

Nous la devons surtout à la vogue de l'œuvre de Maxwell ; elle a été introduite dans la science par les commentateurs et les continuateurs de ce grand physicien ; aussi s'est-elle répandue tout d'abord sous celle de ses formes qui semble la plus déconcertante ; avant que les physiciens français ou allemands en vinssent à l'usage de modèles mécaniques, plusieurs d'entre eux s'étaient déjà habitués à traiter la Physique mathématique comme une collection de modèles algébriques.

Au premier rang de ceux qui ont contribué à promouvoir une telle façon de traiter la Physique mathématique, il convient de citer l'illustre Heinrich Hertz ; nous l'avons vu prononcer cette déclaration : « La théorie de Maxwell, ce sont les équations de Maxwell. » Conformément à ce principe, et avant même qu'il ne l'eût formulé, Hertz avait développé (1) une théorie de l'électro dynamique ; les équations données par Maxwell en formaient le fondement ; elles étaient acceptées telles quelles, sans discussion d'aucune sorte, sans examen des définitions et des hypothèses d'où elles peuvent dériver ; elles étaient traitées pour elles-mêmes, sans que les conséquences obtenues fussent soumises au contrôle de l'expérience.

Une telle manière de procéder se comprendrait de la part d'un algébriste s'il étudiait des équations tirées de principes reçus de tous les physiciens et confirmées d'une manière complète par l'expérience ; on ne s'étonnerait point de lui voir passer sous silence une mise

(1) H. Hertz : *Ueber die Grundgleichungen der Elektrodynamik für ruhende Körper.* (*Göttinger Nachrichten*, 19 mars 1890. — *Wiedemann's Annalen der Physik und Chemie, Bd.* XL, p. 577. — *Gesammelte Werke von H. Hertz ; Bd.* II : *Untersuchungen über die Ausbreitung der elektrischen Kraft*, 2e Auflage, p. 208.)

en équations et une vérification expérimentale au sujet desquelles personne n'aurait le moindre doute. Mais tel n'est point le cas des équations de l'électro dynamique étudiées par Hertz ; les raisonnements et les calculs par lesquels Maxwell s'est efforcé, à plusieurs reprises, de les justifier abondent en contradictions, en obscurités, en erreurs manifestes ; quant à la confirmation que l'expérience leur peut apporter, elle ne saurait être que tout à fait partielle et limitée ; il saute aux yeux, en effet, que la simple existence d'un morceau d'acier aimanté est incompatible avec une telle électro dynamique ; et cette contradiction colossale n'a pas échappé à l'analyse de Hertz (1).

On pourrait peut-être penser que l'acceptation d'une théorie aussi litigieuse est nécessitée par l'absence de toute autre doctrine susceptible d'un fondement plus logique et d'une concordance plus exacte avec les faits. Il n'en est rien. Helmholtz a donné une théorie électro dynamique qui découle très logiquement des principes les mieux assis de la science électrique, dont la mise en équations est exempte des paralogismes trop fréquents dans l'œuvre de Maxwell, qui explique tous les faits dont rendent compte les équations de Hertz et de Maxwell, sans se heurter aux démentis que la réalité oppose brutalement à ces dernières ; la raison, on n'en saurait douter, exige que l'on préfère cette théorie ; mais l'imagination aime mieux jouer de l'élégant modèle algébrique façonné par Hertz et, à la même époque, par Heaviside et par Cohn. Très vite, l'usage de ce modèle s'est répandu parmi les esprits trop fai-

(1) H. Hertz : *Untersuchungen über Ausbreitung der elektrischen Kraft*, 2e Auflage, p. 240.

bles pour ne point redouter les longues déductions ; on a vu se multiplier les écrits où les équations de Maxwell étaient acceptées sans discussion, semblables à un dogme révélé, dont on révère les obscurités comme des mystères sacrés.

Plus formellement encore que Hertz, M. Poincaré a proclamé le droit, pour la Physique mathématique, de secouer le joug d'une trop rigoureuse logique et de briser le lien qui rattachait les unes aux autres ses diverses théories. « On ne doit pas se flatter, a-t-il écrit (1), d'éviter toute contradiction ; mais il faut en prendre son parti. Deux théories contradictoires peuvent, en effet, pourvu qu'on ne les mêle pas, et qu'on n'y cherche pas le fond des choses, être toutes deux d'utiles instruments de recherche, et, peut-être, la lecture de Maxwell serait-elle moins suggestive s'il ne nous avait pas ouvert tant de voies nouvelles divergentes. »

Ces paroles, qui donnaient libre pratique en France aux méthodes de la Physique anglaise, aux idées professées avec tant d'éclat par lord Kelvin, ne demeurèrent pas sans écho. Bien des causes leur assuraient une résonnance forte et prolongée.

Je ne veux parler ici ni de la haute autorité de celui qui proférait ces paroles, ni de l'importance des découvertes au sujet desquelles elles étaient émises ; les causes que je veux signaler sont moins légitimes, bien que non moins puissantes.

Parmi ces causes, il faut citer, en premier lieu, le goût de ce qui est exotique, le désir d'imiter l'étranger, le besoin d'habiller son esprit comme son corps à la

(1) H. Poincaré : *Électricité et Optique. I. Les théories de Maxwell et la théorie électro-magnétique de la lumière.* Introduction, p. IX.

mode de Londres; parmi ceux qui déclarent la Physique de Maxwell et de Thomson préférable à la Physique jusqu'ici classique en notre pays, combien n'ont qu'un motif à invoquer : elle est anglaise !

D'ailleurs, l'admiration bruyante pour la méthode anglaise est, pour beaucoup, un moyen de faire oublier combien ils sont peu aptes à la méthode française, combien il leur est difficile de concevoir une idée abstraite, de suivre un raisonnement rigoureux ; privés de force d'esprit, ils tentent, en prenant les allures des esprits amples, de faire croire qu'ils possèdent l'amplitude intellectuelle.

Ces causes, cependant, n'auraient peut-être pas suffi à assurer la vogue dont jouit aujourd'hui la Physique anglaise, si les exigences de l'industrie ne s'y étaient jointes.

L'industriel est très souvent un esprit ample ; la nécessité de combiner des mécanismes, de traiter des affaires, de manier des hommes, l'a, de bonne heure, habitué à voir clairement et rapidement des ensembles compliqués de choses concrètes. En revanche, c'est presque toujours un esprit très faible ; ses occupations quotidiennes le tiennent éloigné des idées abstraites et des principes généraux ; peu à peu, les facultés qui constituent la force d'esprit se sont atrophiées en lui, comme il arrive à des organes qui ne fonctionnent plus. Le modèle anglais ne peut donc manquer de lui apparaître comme la forme de théorie physique la mieux appropriée à ses aptitudes intellectuelles.

Naturellement, il désire que la Physique soit exposée sous cette forme à ceux qui auront à diriger des ateliers et des usines. D'ailleurs, le futur ingénieur réclame un enseignement de peu de durée ; il a hâte de battre monnaie avec ses connaissances ; il ne saurait prodiguer un temps qui, pour lui, est de l'argent. Or, la Physique abstraite, préoccupée, avant tout, de l'absolue solidité de l'édifice qu'elle élève, ignore cette hâte fiévreuse ; elle entend construire sur le roc et, pour l'atteindre, creuser aussi longtemps qu'il sera nécessaire ; de ceux qui veulent être ses disciples, elle exige un esprit rompu aux divers exercices de la logique, assoupli par la gymnastique des sciences mathématiques; elle ne leur fait grâce d'aucun intermédiaire, d'aucune complication. Comment ceux qui se soucient de l'utile, et non du vrai, se soumettraient-ils à cette rigoureuse discipline ? Comment ne lui préféreraient-ils pas les procédés plus rapides des théories qui s'adressent à l'imagination ? Ceux qui ont mission de donner l'enseignement industriel sont donc vivement pressés d'adopter les méthodes anglaises, d'enseigner cette Physique qui, même dans les formules mathématiques, ne voit que des modèles.

A cette pression, la plupart d'entre eux n'opposent aucune résistance ; bien au contraire ; ils exagèrent encore le dédain de l'ordre et le mépris de la rigueur logique qu'avaient professés les physiciens anglais ; au moment d'admettre une formule dans leurs leçons ou leurs traités, ils ne se demandent jamais si cette formule est exacte, mais seulement si elle est commode et si elle parle à l'imagination. A quel degré ce mépris de toute méthode rationnelle, de toute déduction exacte, se trouve porté dans maint écrit consacré aux applications de la Physique, c'est chose à peine croyable pour qui n'a pas eu la pénible obligation de lire attentivement de tels écrits ; les paralogismes les plus énormes, les calculs les plus faux s'y étalent en pleine lumière ; sous l'influence des enseignements industriels, la Physique théorique est devenue un perpétuel défi à la justesse d'esprit.

Car le mal n'atteint point seulement les livres et les cours destinés aux futurs ingénieurs. Il a pénétré partout, propagé par les méprises et les préjugés de la foule, qui confond la science avec l'industrie ; qui, voyant passer la voiture automobile poudreuse, haletante et puante, la prend pour le char triomphal de la pensée humaine. L'enseignement supérieur est déjà contaminé par l'utilitarisme, et l'enseignement secondaire est en proie à l'épidémie. Au nom de cet utilitarisme, on fait table rase des méthodes qui avaient servi, jusqu'ici, à exposer les sciences physiques ; on rejette les théories abstraites et déductives ; on s'efforce d'ouvrir aux élèves des vues inductives et concrètes ; on entend mettre dans les jeunes esprits non des idées et des principes, mais des nombres et des faits.

Ces formes inférieures et dégradées des théories d'imagination, nous ne nous attarderons pas à les discuter longuement.

Aux *snobs*, nous ferons remarquer que, s'il est aisé de singer les travers d'un peuple étranger, il est plus malaisé d'acquérir les qualités héréditaires qui le caractérisent ; qu'ils pourront bien renoncer à la force de l'esprit français, mais non point à son étroitesse ; qu'ils rivaliseront facilement de faiblesse avec l'esprit anglais, mais non pas d'amplitude ; qu'ainsi, ils se condamneront à être des esprits à la fois faibles et étroits, c'est-à-dire des esprits faux.

Aux industriels qui n'ont cure de la justesse d'une formule pourvu qu'elle soit commode, nous rappellerons que l'équation simple, mais fausse, c'est, tôt ou tard, par une revanche inattendue de la logique, l'entreprise qui échoue, la digue qui crève, le pont qui s'écroule ; c'est la ruine financière, lorsque ce n'est pas le sinistre qui fauche des vies humaines.

Enfin, aux utilitaires qui croient faire des hommes pratiques en n'enseignant que des choses concrètes, nous annoncerons que leurs élèves seront tout au plus des manœuvres routiniers, appliquant machinalement des recettes incomprises; car, seuls, les principes abstraits et généraux peuvent guider l'esprit en des régions inconnues et lui suggérer la solution de difficnltés imprévues.

§ IX. — *L'usage des modèles mécaniques est-il fécond en découvertes?*

Pour apprécier avec justice la théorie physique imaginative, ne la prenons pas telle que nous la présentent ceux qui en prétendent faire usage sans posséder, pour la traiter dignement, l'amplitude d'esprit qu'il faudrait. Considérons-la telle que l'ont faite ceux dont la puissante imagination l'a engendrée, et, particulièrement, les grands physiciens anglais.

Au sujet des procédés que les Anglais emploient pour traiter la Physique, il est une opinion aujourd'hui banale ; selon cette opinion, l'abandon du souci d'unité logique qui pesait sur les anciennes théories, la substitution de modèles, indépendants les uns des autres, aux déductions rigoureusement enchaînées autrefois en usage, assure aux recherches du physicien une souplesse et une liberté qui sont éminemment fécondes en découvertes.

Cette opinion nous paraît contenir une très grande part d'illusion.

Trop souvent, ceux qui la soutiennent attribuent à l'emploi de modèles des découvertes qui ont été faites par de tout autres procédés.

Dans un grand nombre de cas, d'une théorie déjà formée, un modèle a été construit, soit par l'auteur même de la théorie, soit par quelque autre physicien; puis, peu à peu, le modèle a relégué dans l'oubli la théorie abstraite qui l'avait précédé et sans laquelle il n'eût point été imaginé; il se donne pour l'instrument de la découverte alors qu'il n'a été qu'un procédé d'exposition; le lecteur non prévenu, celui à qui manque le loisir de faire des recherches historiques et de remonter aux origines, peut être dupe de cette supercherie.

Prenons, par exemple, le *Rapport* où M. Émile Picard (1) trace, en touches si larges et si sobres, le tableau de l'état des sciences en 1900; lisons les passages consacrés à deux théories importantes de la Physique actuelle : la théorie de la continuité de l'état liquide et de l'état gazeux et la théorie de la pression osmotique. Il nous semblera que la part des modèles mécaniques, des hypothèses imaginatives touchant les molé-

(1) *Exposition universelle de 1900 à Paris. Rapport du Jury international. Introduction générale.* IIe partie : *Sciences*, par M. Émile PICARD, Paris, 1901, pp. 53 et suiv.

cules, leurs mouvements et leurs chocs, a été très grande dans la création et le développement de ces théories. En nous suggérant une telle supposition, le *Rapport* de M. Picard reflète très exactement les opinions qui sont émises chaque jour dans les cours et les laboratoires. Mais ces opinions sont sans fondement. A la création et au développement des deux doctrines qui nous occupent, l'emploi des modèles mécaniques n'a presque aucunement participé.

L'idée de la continuité entre l'état liquide et l'état gazeux s'est présentée à l'esprit d'Andrews par une induction expérimentale; ce sont aussi l'induction et la généralisation qui ont amené James Thomson à concevoir l'*isotherme théorique;* d'une doctrine qui est le type des théories abstraites, de la Thermodynamique, Gibbs déduisait une exposition parfaitement enchaînée de cette nouvelle partie de la Physique, tandis que la même Thermodynamique fournissait à Maxwell une relation essentielle entre l'isotherme théorique et l'isotherme pratique.

Tandis que la Thermodynamique abstraite manifestait ainsi sa fécondité, M. Van der Waals abordait de son côté, au moyen de suppositions sur la nature et le mouvement des molécules, l'étude de la continuité entre l'état liquide et l'état gazeux ; l'apport des hypothèses cinétiques à cette étude consistait en une équation de l'isotherme théorique, équation d'où se déduisait un corollaire, la loi des *états correspondants;* mais, au contact des faits, on dut reconnaître que l'équation de l'isotherme était trop simple et la loi des états correspondants trop grossière pour qu'une Physique soucieuse de quelque exactitude pût les conserver.

L'histoire de la pression osmotique n'est pas moins

nette. La Thermodynamique abstraite en a fourni tout d'abord à Gibbs les équations fondamentales ; la Thermodynamique a également été le seul guide de M. J.-H. Van't Hoff au cours de ses premiers travaux, tandis que l'induction expérimentale fournissait à Raoult les lois nécessaires au progrès de la nouvelle doctrine ; celle-ci était adulte et vigoureusement constituée lorsque les modèles mécaniques et les hypothèses cinétiques sont venues lui apporter un concours qu'elle ne réclamait point, dont elle n'avait que faire et dont elle n'a tiré aucun parti.

Avant donc d'attribuer l'invention d'une théorie aux modèles mécaniques qui l'encombrent aujourd'hui, il convient de s'assurer que ces modèles ont vraiment présidé ou aidé à sa naissance, qu'ils ne sont point venus, comme une végétation parasite, se cramponner à un arbre déjà robuste et plein de vie.

Il convient également, si l'on veut apprécier avec exactitude la fécondité que peut avoir l'emploi de *modèles,* de ne point confondre cet emploi avec l'usage de l'*analogie*.

Le physicien qui cherche à réunir et à classer en une théorie abstraite les lois d'une certaine catégorie de phénomènes, se laisse très souvent guider par l'analogie qu'il entrevoit entre ces phénomènes et les phénomènes d'une autre catégorie ; si ces derniers se trouvent déjà ordonnés et organisés en une théorie satisfaisante, le physicien essayera de grouper les premiers en un système de même type et de même forme.

L'histoire de la Physique nous montre que la recherche des analogies entre deux catégories distinctes de phénomènes a peut-être été, de tous les procédés mis en œuvre pour construire des théories physiques, la méthode la plus sûre et la plus féconde.

Ainsi, c'est l'analogie entrevue entre les phénomènes produits par la lumière et ceux qui constituent le son qui a fourni la notion d'*onde lumineuse* dont Huygens a su tirer un merveilleux parti ; plus tard, c'est cette même analogie qui a conduit Malebranche, et ensuite Young, à représenter une lumière monochromatique par une formule semblable à celle qui représente un son simple.

Une similitude entrevue entre la propagation de la chaleur et la propagation de l'électricité au sein des conducteurs a permis à Ohm de transporter de toute pièce à la seconde catégorie de phénomènes les équations que Fourier avait écrites pour la première.

L'histoire des théories du magnétisme et de la polarisation diélectrique n'est que le développement des analogies, dès longtemps entrevues par les physiciens, entre les aimants et les corps qui isolent l'électricité ; grâce à cette analogie, chacune des deux théories a bénéficié des progrès de l'autre.

L'emploi de l'analogie physique prend parfois une forme encore plus précise.

Deux catégories de phénomènes très distinctes, très dissemblables, ayant été réduites en théories abstraites, il peut arriver que les équations où se formule l'une des théories soient algébriquement identiques aux équations qui expriment l'autre. Alors, bien que ces deux théories soient essentiellement hétérogènes par la nature des lois qu'elle coordonnent, l'algèbre établit entre elles une exacte correspondance ; toute proposition de l'une des théories a son homologue en l'autre ; tout problème résolu en la première pose et résout un problème semblable en la seconde. De ces deux théories, chacune peut, selon le mot employé par les Anglais, servir à *illustrer* l'autre : « Par analogie physique, dit Maxwell (1), j'entends cette ressemblance partielle entre les lois d'une science et les lois d'une autre science qui fait que l'une des deux sciences peut servir à illustrer l'autre. »

De cette *illustration* mutuelle de deux théories, voici un exemple entre beaucoup d'autres :

L'idée du corps chaud et l'idée du corps électrisé sont deux notions essentiellement hétérogènes ; les lois qui régissent la distribution des températures stationnaires sur un groupe de corps bons conducteurs de la chaleur et les lois qui fixent l'état d'équilibre électrique sur un ensemble de corps bons conducteurs de l'électricité ont des objets physiques absolument différents ; cependant, les deux théories qui ont pour mission de classer ces lois s'expriment en deux groupes d'équations que l'algébriste ne saurait distinguer l'un de l'autre ; aussi, chaque fois qu'il résout un problème sur la distribution des températures stationnaires, il résout par le fait même un problème d'électrostatique, et inversement.

Or, une telle correspondance algébrique entre deux théories, une telle illustration de l'une par l'autre est chose infiniment précieuse ; non seulement elle comporte une notable économie intellectuelle, puisqu'elle permet de transporter d'emblée à l'une des théories tout l'appareil algébrique construit pour l'autre ;

(1) J.-Clerk MAXWELL : *Scientific Papers*, vol. I, p. 156.

mais encore elle constitue un procédé d'invention ; il peut arriver, en effet, qu'en l'un de ces deux domaines auxquels convient le même plan algébrique, l'intuition expérimentale pose tout naturellement un problème, qu'elle en suggère la solution, tandis qu'en l'autre domaine, le physicien n'eût pas été aussi aisément conduit à formuler cette question ou à lui donner cette réponse.

Ces diverses manières de faire appel à l'*analogie* entre deux groupes de lois physiques ou entre deux théories distinctes sont donc fécondes en découvertes ; mais on ne saurait les confondre avec l'emploi de modèles. Elles consistent à rapprocher l'un de l'autre deux systèmes abstraits, soit que l'un d'eux, déjà connu, serve à deviner la forme de l'autre, que l'on ne connaît point encore ; soit que, formulés tous deux, ils s'éclairent l'un l'autre. Il n'y a rien là qui puisse étonner le logicien le plus rigoureux ; mais il n'y a rien non plus qui rappelle les procédés chers aux esprits amples et faibles ; rien qui substitue l'usage de l'imagination à l'usage de la raison ; rien qui rejette l'intelligence, logiquement conduite, de notions abstraites et de jugements généraux pour la remplacer par la vision d'ensembles concrets.

Si nous évitons d'attribuer à l'emploi des modèles les découvertes qui sont dues, en réalité, aux théories abstraites ; si nous prenons garde, également, de ne point confondre l'usage de tels modèles avec l'usage de l'analogie, quelle sera la part exacte des théories imaginatives dans les progrès de la Physique ?

Cette part nous semble assez faible.

Le physicien qui a le plus formellement identifié

l'intelligence d'une théorie et la vision d'un modèle, lord Kelvin, s'est illustré par d'admirables découvertes ; nous n'en voyons aucune qui lui ait été suggérée par la Physique imaginative. Ses plus belles trouvailles, le transport électrique de la chaleur, les propriétés des courants variables, les lois de la décharge oscillante, et beaucoup d'autres qu'il serait trop long de citer, ont été faites au moyen des systèmes abstraits de la Thermodynamique et de l'Électrodynamique classiques. Partout où il appelle à son aide les modèles mécaniques, il se borne à faire œuvre d'exposition, à représenter des résultats déjà obtenus ; ce n'est point là qu'il fait œuvre d'invention.

De même, il ne paraît pas que le modèle des actions électrostatiques et électro magnétiques, construit dans le mémoire : *On physical Lines of Force,* ait aidé Maxwell à créer la théorie électro magnétique de la lumière. Sans doute, il s'efforce de tirer de ce modèle les deux formules essentielles de cette théorie ; mais la manière même dont il dirige ses tentatives montre de reste que les résultats à obtenir lui étaient connus par ailleurs ; dans son désir de les retrouver coûte que coûte, il va jusqu'à fausser l'une des formules fondamentales de l'élasticité (1). Il n'a pu créer la théorie qu'il entrevoyait qu'en renonçant à l'emploi de tout modèle, qu'en étendant, par voie d'analogie, aux courants de déplacement le système abstrait de l'Électrodynamique.

Ainsi, ni dans l'œuvre de lord Kelvin, ni dans l'œuvre de Maxwell, l'emploi des modèles mécaniques

(1 P. Duhem : *Les Théories électriques de J.-Clerk Maxwell, étude historique et critique,* Paris, 1902, p. 212.

n'a montré cette fécondité qu'on lui attribue si volontiers aujourd'hui.

Est-ce à dire qu'aucune découverte n'ait jamais été suggérée à aucun physicien par cette méthode ? Pareille affirmation serait d'une exagération ridicule. L'invention n'est assujettie à aucune règle fixe. Il n'est doctrine si sotte qu'elle n'ait pu, quelque jour, susciter une idée neuve et heureuse. L'astrologie judiciaire a eu sa part dans le développement des principes de la Mécanique céleste.

D'ailleurs, celui qui voudrait dénier toute fécondité à l'emploi des modèles mécaniques se verrait opposer des exemples tout récents. On lui citerait la théorie électro-optique de M. Lorentz, prévoyant le dédoublement des raies spectrales dans un champ magnétique et provoquant M. Zeemann à observer ce phénomène. On lui citerait les mécanismes imaginés par M. J.-J. Thomson pour représenter le transport de l'électricité au sein d'une masse gazeuse et les curieuses expériences qui y ont été rattachées.

Sans doute, ces exemples mêmes prêteraient à discussion.

On pourrait observer que le système électro-optique de M. Lorentz, bien que fondé sur des hypothèses mécaniques, n'est plus un simple modèle, mais une théorie étendue, dont les diverses parties sont logiquement liées et coordonnées; que, d'ailleurs, le phénomène de Zeemann, loin de confirmer la théorie qui en a suggéré la découverte, a eu pour premier effet de prouver que cette théorie ne pouvait être maintenue telle quelle et de démontrer qu'elle exigeait au moins de profondes modifications.

On pourrait remarquer aussi que le lien est bien lâche entre les représentations que M. J.-J. Thomson offre à notre imagination et les faits bien observés d'ionisation des gaz ; que, peut-être, les modèles mécaniques, juxtaposés à ces faits, obscurcissent les découvertes déjà faites plutôt qu'ils n'éclairent les découvertes à faire.

Mais ne nous attardons pas à ces arguties. Admettons sans détour que l'emploi de modèles mécaniques a pu guider certains physiciens dans la voie de l'invention et qu'elle pourra encore conduire à d'autres trouvailles. Du moins est-il certain qu'elle n'a point apporté aux progrès de la Physique cette riche contribution que l'on nous vantait ; la part de butin qu'elle a ajoutée à la masse de nos connaissances semble bien maigre lorsqu'on la compare aux opulentes conquêtes des théories abstraites.

§ X. — *L'usage des modèles mécaniques doit-il supprimer la recherche d'une théorie abstraite et logiquement ordonnée ?*

Nous avons vu les plus illustres physiciens, parmi ceux qui recommandent l'emploi des modèles mécaniques, user de cette forme de théorie bien moins comme moyen d'invention que comme procédé d'exposition. Lord Kelvin lui-même n'a point proclamé le pouvoir divinateur des mécanismes qu'il a construits en si grand nombre ; il s'est borné à déclarer que le secours de telles représentations concrètes était indispensable à son intelligence, qu'il ne pourrait sans elles parvenir à la claire aperception d'une théorie.

Les esprits forts, ceux qui n'ont pas besoin, pour concevoir une idée abstraite, de l'incarner en une image concrète, ne sauraient raisonnablement dénier aux esprits amples, mais faibles, à ceux qui ne peuvent aisément concevoir ce qui n'a ni forme, ni couleur, le droit de dessiner et de peindre aux yeux de leur imagination les objets des théories physiques. Le meilleur moyen de favoriser le développement de la Science, c'est de permettre à chaque forme intellectuelle de se développer suivant ses lois propres et de réaliser pleinement son type ; c'est de laisser les esprits forts se nourrir de notions abstraites et de principes généraux et les esprits amples s'alimenter de choses visibles et tangibles ; c'est, en un mot, de ne pas contraindre les Anglais de penser à la française, ni les Français de penser à l'anglaise. De ce *libéralisme intellectuel,* trop rarement compris et pratiqué, Helmholtz, qui fut à un si haut degré un esprit juste et fort, a formulé le principe (1) : « Les physiciens anglais, dit-il, tels que lord Kelvin lorsqu'il a formulé sa théorie des atomes-tourbillons, tels que Maxwell lorsqu'il a imaginé l'hypothèse d'un système de cellules dont le contenu est animé d'un mouvement de rotation, hypothèse qui sert de fondement à son essai d'explication mécanique de l'électro magnétisme, ont évidemment trouvé, dans de telles explications, une satisfaction plus vive que s'ils s'étaient contentés de la représentation très générale des faits et de leurs lois par le système d'équations différentielles de la Physique. Pour moi, je dois avouer que je demeure attaché jusqu'ici

(1) H. von Helmholtz : Préface de l'ouvrage de H. Hertz : *Die Principien der Mechanik*, p. 21.

à ce dernier mode de représentation et que je m'en tiens plus assuré que de tout autre ; mais je ne saurais élever aucune objection de principe contre une méthode suivie par d'aussi grands physiciens. »

D'ailleurs, il ne s'agit plus aujourd'hui de savoir si les esprits forts toléreront que les imaginatifs fassent usage de représentations et de modèles, mais bien de savoir s'ils garderont eux-mêmes le droit d'imposer aux théories physiques l'unité et la coordination logiques. Les imaginatifs ne se bornent plus, en effet, à prétendre que l'emploi de figures concrètes leur est indispensable pour comprendre les théories abstraites ; ils affirment qu'en créant pour chacun des chapitres de la Physique un modèle mécanique ou algébrique approprié, sans lien avec le modèle qui a servi à illustrer le chapitre précédent ou qui servira à représenter le chapitre suivant, on donne satisfaction à tous les désirs légitimes de l'intelligence ; que les tentatives par lesquelles certains physiciens s'efforcent de construire une théorie logiquement enchaînée, assise sur le nombre le plus petit possible d'hypothèses indépendantes et formulées avec précision, est un labeur qui ne répond à aucun besoin d'un esprit sainement constitué ; que, par conséquent, ceux qui ont mission de diriger les études et d'orienter la recherche scientifique doivent, en toute occurrence, détourner les physiciens de ce vain labeur.

A ces affirmations, que l'on entend répéter à chaque instant, sous cent formes différentes, par tous les esprits faibles et utilitaires, qu'opposerons-nous pour maintenir la légitimité, la nécessité et la prééminence des théories abstraites, logiquement coordonnées?

Comment répondrons-nous à cette question, qui, à l'heure actuelle, se pose à nous d'une manière si pressante : *Est-il permis de symboliser soit plusieurs groupes distincts de lois expérimentales, soit même un groupe unique de lois, au moyen de plusieurs théories dont chacune repose sur des hypothèses inconciliables avec les hypothèses qui portent les autres ?*

A cette question, nous n'hésitons pas à répondre ceci : SI L'ON S'ASTREINT A N'INVOQUER QUE DES RAISONS DE LOGIQUE PURE, *on ne peut empêcher un physicien de représenter par plusieurs théories inconciliables soit des ensembles divers de lois, soit même un groupe unique de lois ; on ne peut condamner l'incohérence dans la théorie physique.*

Une pareille déclaration scandaliserait fort ceux qui regardent une théorie physique comme une explication des lois du monde inorganique ; il serait, en effet, absurde de prétendre que deux explications distinctes d'une même loi sont exactes en même temps ; il serait absurde d'expliquer un groupe de lois en supposant que la matière est réellement constituée d'une certaine façon et un autre groupe de lois en la supposant constituée d'une tout autre manière. La théorie explicative doit, de toute nécessité, éviter jusqu'à l'apparence d'une contradiction.

Mais si l'on admet, comme nous avons cherché à l'établir, qu'une théorie physique est simplement un système destiné à classer un ensemble de lois expérimentales, comment puiserait-on, dans le code de la logique, le droit de condamner un physicien qui emploie, pour ordonner des ensembles différents de lois, des procédés de classification différents, ou qui propose, pour un même ensemble de lois, diverses classifications issues de méthodes différentes? La logique interdit-elle aux naturalistes de classer un groupe d'animaux d'après la structure du système nerveux et un autre groupe d'après la structure du système circulatoire ? Un malacologiste tombera-t-il dans l'absurdité s'il expose successivement le système de M. Bouvier qui groupe les mollusques d'après la disposition de leurs filets nerveux et celui de M. Remy Perrier qui fonde ses comparaisons sur l'étude de l'organe de Bojanus? Ainsi un physicien aura logiquement le droit de regarder, ici, la matière comme continue et, là, de la considérer comme formée d'atomes séparés ; d'expliquer les effets capillaires par des forces attractives s'exerçant entre des particules immobiles, et de douer ces mêmes particules de mouvements rapides pour rendre compte des effets de la chaleur ; aucun de ces disparates ne violera les principes de la logique.

La logique n'impose évidemment au physicien qu'une seule obligation : c'est de ne pas confondre l'un avec l'autre les divers procédés de classification qu'il emploie ; c'est, lorsqu'il établit entre deux lois un certain rapprochement, de marquer d'une manière précise quelle est celle des méthodes proposées qui justifie ce rapprochement. C'est ce qu'exprimait M. Poincaré en écrivant (1) ces mots que nous avons déjà cités : « Deux théories contradictoires peuvent, en effet, *pourvu qu'on ne les mêle pas,* et qu'on n'y cherche pas le fond des choses, être toutes deux d'utiles instruments de recherche. »

(1) H. POINCARÉ : *Électricité et Optique*. I. *Les théories de Maxwell et la théorie électro-magnétique de la lumière*. Introduction, p. IX.

La logique ne fournit donc point d'argument sans réplique à qui prétend imposer à la théorie physique un ordre exempt de toute contradiction ; cet ordre, trouvera-t-on des raisons suffisantes pour l'imposer si l'on prend comme principe la tendance de la Science vers la plus grande économie intellectuelle? Nous ne le croyons pas.

En commençant ce chapitre, nous avons montré combien différente pouvait être l'appréciation des divers esprits touchant l'économie de pensée qui résulte d'une certaine opération intellectuelle; nous avons vu que là où un esprit fort, mais étroit, ressentait un allégement, un esprit ample, mais faible, éprouvait un surcroît de fatigue.

Il est clair que les esprits adaptés à la conception des idées abstraites, à la formation des jugements généraux, à la construction des déductions rigoureuses, mais faciles à égarer dans un ensemble quelque peu compliqué, trouveront une théorie d'autant plus satisfaisante, d'autant plus économique, que l'ordre en sera plus parfait, que l'unité en sera moins souvent brisée par des lacunes ou des contradictions.

Mais une imagination assez ample pour saisir d'une seule vue un ensemble compliqué de choses disparates, pour ne pas éprouver le besoin qu'un tel ensemble soit mis en ordre, accompagne en général une raison assez faible pour craindre l'abstraction, la généralisation, la déduction. Les esprits où sont associées ces deux dispositions trouveront que le labeur logique considérable qui coordonne en un système unique divers fragments de théorie leur cause plus de peine que la vision de ces fragments disjoints ; ils ne jugeront nullement que le passage de l'incohérence à l'unité soit une opération intellectuelle économique.

Ni le principe de contradiction, ni la loi de l'économie de la pensée ne nous permettent de prouver d'une manière irréfutable qu'une théorie physique doit être logiquement coordonnée ; d'où tirerons-nous donc argument en faveur de cette opinion ?

Cette opinion est légitime parce qu'elle résulte en nous d'un sentiment inné, qu'il n'est pas possible de justifier par des considérations de pure logique, mais qu'il n'est pas possible non plus d'étouffer complètement. Ceux-là mêmes qui ont développé des théories dont les diverses parties ne sauraient s'accorder les unes les autres, dont les divers chapitres décrivent autant de modèles mécaniques ou algébriques, isolés les uns des autres, ne l'ont fait qu'à regret, à contrecœur. Il suffit de lire la préface mise par Maxwell en tête de ce *Traité d'Électricité et de Magnétisme* où abondent les contradictions insolubles, pour voir que ces contradictions n'ont point été cherchées ni voulues, que l'auteur souhaitait obtenir une théorie coordonnée de l'électro magnétisme. Lord Kelvin, en construisant ses innombrables modèles, si disparates, ne cesse pas d'espérer qu'un jour viendra où il sera possible de donner une *explication* mécanique de la matière ; il se flatte que ses modèles servent à jalonner la voie qui mènera à la découverte de cette explication.

Tout physicien aspire naturellement à l'unité de la science ; c'est pourquoi l'emploi de modèles disparates et incompatibles n'a été proposé que depuis un petit nombre d'années. La raison, qui réclame une théorie dont toutes les parties soient logiquement unies, et l'imagination, qui désire incarner ces diverses parties de la théorie en des représentations concrètes, eussent vu l'une et l'autre leurs tendances aboutir s'il eût été possible d'atteindre une explication mécanique, complète et détaillée, des lois de la Physique ; de là, l'ardeur avec laquelle, pendant longtemps, les théoriciens se sont efforcés vers une semblable explication. Lorsque l'inanité de ces efforts eut clairement prouvé qu'une telle explication était une chimère (1), les physiciens, convaincus qu'il était impossible de satisfaire à la fois aux exigences de la raison et aux besoins de l'imagination, durent faire un choix ; les esprits forts et justes, soumis avant tout à l'empire de la raison, cessèrent de demander l'explication des lois naturelles à la théorie physique, afin d'en sauvegarder l'unité et la rigueur ; les esprits amples, mais faibles, entraînés par l'imagination, plus puissante que la raison, renoncèrent à construire un système logique, afin de pouvoir mettre les fragments de leur théorie sous une forme visible et tangible. Mais la renonciation de ces derniers, au moins de ceux dont la pensée mérite de compter, ne fut jamais complète et définitive ; ils ne donnèrent jamais leurs constructions isolées et disparates que pour des abris provisoires, pour des échafaudages destinés à disparaître ; ils ne désespérèrent pas de voir un architecte de génie élever un jour un édifice dont toutes les parties seraient agencées suivant un plan d'une parfaite unité. Seuls, ceux qui affectent de mépriser la force d'esprit pour faire croire qu'ils en

(1) Pour plus de détails sur ce point, nous renverrons à notre ouvrage : *L'Évolution de la Mécanique*, Paris, 1903.

ont l'amplitude se sont mépris au point de prendre ces échafaudages pour un monument achevé.

Ainsi, tous ceux qui sont capables de réfléchir, de prendre conscience de leurs propres pensées, sentent en eux-mêmes cette aspiration, impossible à étouffer, vers l'unité logique de la théorie physique. Cette aspiration vers une théorie dont toutes les parties s'accordent logiquement les unes avec les autres est, d'ailleurs, l'inséparable compagne de cette autre aspiration, dont nous avons déjà constaté l'irrésistible puissance (1), vers une théorie qui soit une *classification naturelle* des lois physiques. Nous sentons, en effet, que si les rapports réels des choses, insaisissables aux méthodes dont use le physicien, se reflètent en quelque sorte en nos théories physiques, ce reflet ne peut être privé d'ordre ni d'unité. Prouver par arguments convaincants que ce sentiment est conforme à la vérité serait une tâche au-dessus des moyens de la Physique ; comment pourrions-nous assigner les caractères que doit présenter le reflet, puisque les objets dont émane ce reflet échappent à notre vue ? Et cependant, ce sentiment surgit en nous avec une force invincible ; celui qui n'y voudrait voir qu'un leurre et une illusion ne saurait être réduit au silence par le principe de contradiction ; mais il serait excommunié par le *sens commun*.

En cette circonstance, comme en toutes, la Science serait impuissante à établir la légitimité des principes mêmes qui tracent ses méthodes et dirigent ses recherches, si elle ne recourait au *sens commun*. Au fond de nos doctrines les plus clairement énoncées, les plus

(1) Voir ch. II, § 4.

rigoureusement déduites, nous retrouvons toujours cet ensemble confus de tendances, d'aspirations, d'intuitions ; aucune analyse n'est assez pénétrante pour les séparer les unes des autres, pour les décomposer en éléments plus simples ; aucun langage n'est assez précis et assez souple pour les définir et les formuler ; et cependant, les vérités que ce sens commun nous révèle sont si claires et si certaines que nous ne pouvons ni les méconnaître, ni les révoquer en doute ; bien plus, toute clarté et toute certitude scientifiques sont un reflet de leur clarté et un prolongement de leur certitude.

La raison n'a donc point d'argument logique pour arrêter une théorie physique qui voudrait briser les chaînes de la rigueur logique ; mais la « nature soutient la raison impuissante et l'empêche d'extravaguer jusqu'à ce point (1) ».

(1) Pascal : *Pensées*, édition Havet, art. 8.

SECONDE PARTIE

LA STRUCTURE DE LA THÉORIE PHYSIQUE

SECONDE PARTIE

LA STRUCTURE DE LA THÉORIE PHYSIQUE

CHAPITRE PREMIER

QUANTITÉ ET QUALITÉ

§ I. — *La Physique théorique est une Physique mathématique.*

Les discussions développées en la première partie de cet écrit nous ont exactement renseignés sur le but que doit se proposer le physicien lorsqu'il construit une théorie.

Une théorie physique sera donc un système de propositions logiquement enchaînées et non pas une suite incohérente de modèles mécaniques ou algébriques ; ce système aura pour objet de fournir non pas une explication, mais une représentation et une classification naturelle d'un ensemble de lois expérimentales.

Exiger d'un grand nombre de propositions qu'elles s'enchaînent dans un ordre logique parfait n'est pas une exigence petite ni facile à satisfaire ; l'expérience des siècles est là pour nous montrer combien le paralogisme se glisse aisément dans la suite de syllogismes la plus irréprochable en apparence.

Il est cependant une science où la logique a atteint un degré de perfection qui rend l'erreur facile à éviter, facile à reconnaître lorsqu'elle a été commise: cette science est la *Science des nombres,* l'Arithmétique, avec l'Algèbre qui en est le prolongement. Cette perfection, elle le doit à un langage symbolique d'une extrême brièveté, où chaque idée est représentée par un signe dont la définition exclut toute ambiguïté, où chaque phase du raisonnement déductif est remplacée par une opération qui combine les signes suivant des règles rigoureusement fixes, par un calcul dont l'exactitude est toujours aisément vérifiable. Ce langage rapide et précis assure à l'Algèbre un progrès qui ignore, ou à peu près, les doctrines opposées et les luttes d'Écoles.

Un des titres de gloire des génies qui ont illustré le XVIe et le XVIIe siècles a été de reconnaître cette vérité: La Physique ne deviendra point une science claire, précise, exempte des perpétuelles et stériles disputes dont elle avait été l'objet jusqu'alors, capable d'imposer ses doctrines au consentement universel des esprits, tant qu'elle ne parlera pas le langage des géomètres. Ils ont créé la véritable *Physique théorique* en comprenant qu'elle devait être une *Physique mathématique.*

Créée au XVIIe siècle, la Physique mathématique a prouvé qu'elle était la saine méthode physique par les progrès prodigieux et incessants qu'elle a faits dans l'étude de la nature. Aujourd'hui, il serait impossible, sans heurter le bon sens le plus vulgaire, de nier que les théories physiques se doivent exprimer en langage mathématique.

Pour qu'une théorie physique se puisse présenter sous la forme d'un enchaînement de calculs algébriques, il faut que toutes les notions dont elle fait usage puissent être figurées par des nombres ; nous sommes ainsi amenés à nous poser cette question : *A quelle condition un attribut physique peut-il être signifié par un symbole numérique ?*

§ II. — *Quantité et mesure.*

Cette question posée, la première réponse qui se présente à l'esprit est la suivante : Pour qu'un attribut que nous rencontrons dans les corps puisse s'exprimer par un symbole numérique, il faut et il suffit, selon le langage d'Aristote, que cet attribut appartienne à la *catégorie de la quantité* et non pas à la *catégorie de la qualité ;* il faut et il suffit, pour parler un langage plus volontiers accepté par le géomètre moderne, que cet attribut soit une *grandeur*.

Quels sont donc les caractères essentiels d'une *grandeur ?* A quoi reconnaissons-nous, par exemple, que la longueur d'une ligne est une grandeur ?

En comparant diverses longueurs les unes aux autres, nous rencontrons les notions de longueurs égales et de longueurs inégales, et ces notions présentent ces deux caractères essentiels :

Deux longueurs égales à une même longueur sont égales entre elles.

Si une première longueur en surpasse une seconde et celle-ci une troisième, la première longueur surpasse la troisième.

Ces deux caractères nous permettent déjà d'exprimer que deux longueurs A et B sont égales entre elles en faisant usage du symbole arithmétique $=$ et en écrivant que $A = B$; ils nous permettent d'exprimer que la longueur A surpasse la longueur B en écrivant $A > B$ ou $B < A$. En effet, les seules propriétés des signes d'égalité ou d'inégalité que l'on invoque en arithmétique ou en algèbre sont les suivantes :

1° Les deux égalités $A = B$, $B = C$ entraînent l'égalité $A = C$;

2° Les deux inégalités $A > B$, $B > C$ entraînent l'inégalité $A > C$.

Ces propriétés appartiennent encore aux signes d'égalité et d'inégalité lorsqu'on en fait usage dans l'étude des longueurs.

Mettons plusieurs longueurs A, B, C..., bout à bout ; nous obtenons une nouvelle longueur S ; cette longueur résultante S surpasse chacune des longueurs composantes A, B, C ; elle ne change pas si l'on change l'ordre dans lequel on les met bout à bout ; elle ne change pas non plus si l'on remplace quelques-unes des longueurs composantes B, C, par la longueur obtenue en mettant celles-ci bout à bout.

Ces quelques caractères nous autorisent à employer le signe arithmétique de l'addition pour représenter l'opération qui consiste à mettre plusieurs longueurs bout à bout, et à écrire $S = A + B + C + \ldots$

En effet, d'après ce que nous venons de dire, nous pourrons écrire :

$$A + B > A, \quad A + B > B,$$
$$A + B = B + A,$$
$$A + B + C = A + (B + C).$$

Or ces égalités et ces inégalités représentent les seuls postulats fondamentaux de l'Arithmétique ; toutes les règles de calcul imaginées en Arithmétique pour combiner les nombres vont s'étendre aux longueurs.

La plus immédiate de ces extensions est celle de la *multiplication ;* la longueur obtenue en mettant bout à bout n longueurs égales entre elles et égales à A pourra être représentée par le symbole $A \times n$. Cette extension est le point de départ de la *mesure* des longueurs, qui va nous permettre de représenter chaque longueur par un nombre accompagné de la mention d'une certaine *longueur-étalon* choisie une fois pour toutes.

Choisissons, en effet, une telle longueur-étalon, par exemple le *mètre,* c'est-à-dire la longueur que présente, dans des conditions bien déterminées, une certaine barre métallique déposée au bureau international des poids et mesures.

Certaines longueurs pourront être reproduites en mettant bout à bout n longueurs égales à un mètre ; le nombre n accompagné de la mention du mètre représentera pleinement une telle longueur ; nous dirons que c'est *une longueur de* n *mètres.*

D'autres longueurs ne pourront être reproduites de la sorte ; mais elles pourront être reproduites en mettant bout à bout p segments égaux, tandis que q de ces mêmes segments, mis à la suite les uns des autres, reproduiraient la longueur du mètre ; une telle longueur sera alors entièrement connue lorsqu'on connaîtra la fraction $\frac{p}{q}$ accompagnée de la mention du mètre ; ce sera *une longueur de* $\frac{p}{q}$ *mètres.*

Un nombre incommensurable, toujours accompagné

de la mention de l'étalon, permettra de figurer de même toute longueur ne rentrant pas dans l'une des deux catégories que nous venons de définir. En somme, une longueur quelconque sera parfaitement connue lorsque nous dirons que c'est une longueur de x mètres, x étant un nombre entier, fractionnaire ou incommensurable.

Alors, l'*addition symbolique* A + B + C +..., par laquelle nous représentions l'opération qui consiste à porter bout à bout plusieurs longueurs, va pouvoir être remplacée par une véritable *addition arithmétique*. Il nous suffira de *mesurer* chacune des longueurs A, B, C... avec une même unité, le mètre par exemple ; nous obtiendrons ainsi des nombres de mètres *a, b, c*... La longueur S que forment les longueurs A, B, C,... mises bout à bout, mesurée elle aussi en *mètres,* sera représentée par un nombre s qui sera la *somme arithmétique* des nombres *a, b, c,*... qui mesurent les longueurs A, B, C,... A l'*égalité symbolique*

$$A + B + C + \ldots = S$$

entre les *longueurs* composantes et la longueur résultante sera substituée l'*égalité arithmétique*

$$a + b + c + \ldots = s$$

entre les *nombres de mètres* qui représentent ces longueurs.

Ainsi, par le choix d'une longueur-étalon et par la mesure, nous donnons aux signes de l'Arithmétique et de l'Algèbre, créés pour représenter les opérations effectuées sur les nombres, le pouvoir de figurer les opérations exécutées sur les longueurs.

Ce que nous venons de dire des longueurs, nous le pourrions répéter touchant les surfaces, les volumes, les angles, les temps ; tous les attributs physiques qui sont des grandeurs présenteraient des caractères analogues. Toujours, nous verrions les divers états d'une grandeur présenter des relations d'égalité ou d'inégalité susceptibles d'être figurées par les signes $=$, $>$, $<$; toujours, nous pourrions soumettre cette grandeur à une opération possédant la double propriété *commutative* et *associative*, et, par conséquent, susceptible d'être représentée par le symbole arithmétique de l'addition, par le signe $+$. Par cette opération, la mesure s'introduirait dans l'étude de cette grandeur et permettrait de la définir pleinement[1] au moyen de la réunion d'un *nombre* entier, fractionnaire ou incommensurable, et d'un *étalon ;* une telle association est connue sous le nom de *nombre concret.*

§ III. — *Quantité et qualité.*

Le caractère essentiel de tout attribut appartenant à la catégorie de la quantité est donc le suivant : Chaque état de grandeur d'une quantité peut toujours être formé, par voie d'addition, au moyen d'autres états plus petits de la même quantité ; chaque quantité est la réunion, par une opération commutative et associative, de quantités moindres que la première, mais de même espèce qu'elle, qui en sont les *parties.*

Ce caractère, la Philosophie péripatéticienne l'exprimait par une formule, trop concise pour rendre pleinement tous les détails de la pensée, en disant : *La quantité est ce qui a des parties les unes hors les autres.*

Tout attribut qui n'est pas *quantité* est *qualité*.

« Qualité, dit Aristote, est un de ces mots qui sont pris en beaucoup de sens. » Qualité, la forme d'une figure de géométrie, qui en fait un cercle ou un triangle ; qualités, les propriétés sensibles des corps, le chaud et le froid, le clair et l'obscur, le rouge et le bleu ; être en bonne santé, qualité ; être vertueux, qualité ; être grammairien, géomètre ou musicien, qualités.

« Il est des qualités, ajoute le Stagirite, qui ne sont pas susceptibles de plus ou de moins ; un cercle n'est pas plus ou moins circulaire ; un triangle n'est pas plus ou moins triangulaire. Mais la plupart des qualités sont susceptibles de plus ou de moins ; elles sont capables d'*intensité ;* une chose blanche peut devenir plus blanche. »

Au premier abord, on serait tenté d'établir un rapprochement entre les diverses intensités d'une même qualité et les divers états de grandeur d'une même quantité ; de comparer l'élévation d'intensité (*intensio*) ou l'affaiblissement d'intensité (*remissio*) à l'accroissement ou à la diminution d'une longueur, d'une surface, d'un volume.

A, B, C... sont divers géomètres. A peut être aussi bon géomètre que B, ou meilleur géomètre, ou moins bon géomètre. Si A est aussi bon géomètre que B et B aussi bon géomètre que C, A est aussi bon géomètre que C. Si A est meilleur géomètre que B et B meilleur géomètre que C, A est meilleur géomètre que C.

A, B, C... sont des étoffes rouges dont nous comparons les nuances. L'étoffe A peut être d'un rouge aussi éclatant, moins éclatant ou plus éclatant que l'étoffe B.

Si la nuance de A est aussi éclatante que la nuance de B et la nuance de B aussi éclatante que la nuance de C, la nuance de A est aussi éclatante que la nuance de C. Si l'étoffe A est d'un rouge plus vif que l'étoffe B et celle-ci d'un rouge plus vif que l'étoffe C, l'étoffe A est d'un rouge plus vif que l'étoffe C.

Ainsi, pour exprimer que deux qualités de même espèce sont ou ne sont pas de même intensité, on peut employer les signes $=$, $>$, $<$; ils garderont les mêmes propriétés qu'en Arithmétique.

L'analogie entre les quantités et les qualités s'arrête là.

Une grande quantité, nous l'avons vu, peut toujours être formée par l'addition d'un certain nombre de petites quantités de même espèce. Le grand nombre de grains que renferme un sac de blé peut toujours être obtenu par la réunion de monceaux de blé dont chacun renferme une moindre quantité de grains. Un siècle est une succession d'années ; une année, une succession de jours, d'heures, de minutes. Un chemin long de plusieurs lieues se parcourt en mettant bout à bout les brefs segments que le marcheur franchit à chaque pas. Un champ de grande étendue peut se morceler en parcelles de moindre surface.

Rien de semblable dans la catégorie de la qualité. Réunissez en un vaste congrès autant de géomètres médiocres que vous en pourrez rencontrer ; vous n'aurez pas l'équivalent d'un Archimède ou d'un Lagrange. Cousez les uns aux autres des lambeaux d'étoffe d'un rouge sombre ; la pièce obtenue ne sera pas d'un rouge éclatant.

Une qualité d'une certaine espèce et d'une certaine

intensité ne résulte en aucune manière de plusieurs qualités de même espèce et d'intensité moindre. Chaque intensité d'une qualité a ses caractères propres, individuels, qui la rendent absolument hétérogène aux intensités moins élevées ou aux intensités plus élevées. Une qualité d'une certaine intensité ne contient pas, à titre de partie intégrante, la même qualité portée à une moindre intensité ; elle n'entre pas, à titre de partie, dans la composition de la même qualité rendue plus intense. L'eau bouillante est plus chaude que l'alcool bouillant, et celui-ci plus chaud que l'éther bouillant ; mais ni le degré de chaleur de l'alcool bouillant, ni le degré de chaleur de l'éther bouillant ne sont des parties du degré de chaleur de l'eau bouillante. Celui qui dirait que la chaleur (1) de l'eau bouillante est la somme de la chaleur de l'alcool bouillant et de la chaleur de l'éther bouillant, énoncerait un non-sens. Diderot demandait plaisamment combien il fallait de boules de neige pour chauffer un four ; la question n'est embarrassante que pour qui confond qualité et quantité.

Ainsi, dans la catégorie de la qualité, on ne rencontre rien qui ressemble à la formation d'une grande quantité au moyen de petites quantités qui en soient les parties ; on ne trouve aucune opération, à la fois commutative et associative, qui puisse mériter le nom d'addition et être représentée par le signe + ; partant, sur la qualité, la *mesure,* issue de la notion d'addition, ne saurait avoir prise.

(1) Il est bien entendu que nous prenons ici le mot *chaleur* au sens du langage courant, sens qui n'a rien de commun avec celui que les physiciens attribuent au mot *quantité de chaleur*.

§ IV. — *La Physique purement quantitative.*

Toutes les fois qu'un attribut est susceptible de mesure, qu'il est une quantité, le langage algébrique devient apte à exprimer les divers états de cet attribut. Cette aptitude à être parlé algébriquement est-elle particulière aux quantités et les qualités en sont-elles entièrement privées? Les philosophes qui, au XVIIe siècle, ont créé la Physique mathématique l'ont certainement pensé. Dès lors, pour réaliser la Physique mathématique à laquelle ils aspiraient, ils ont dû exiger de leurs théories qu'elles considérassent exclusivement des quantités et que toute notion qualitative en fût rigoureusement bannie.

D'ailleurs, ces mêmes philosophes voyaient tous dans la théorie physique non point la représentation, mais l'explication des lois tirées de l'expérience ; les notions que cette théorie combinait en ses énoncés étaient, pour eux, non pas les signes et les symboles des propriétés sensibles, mais l'expression même de la réalité qui se cache sous ces apparences. L'Univers physique, que nos sens nous présentent comme un immense ensemble de qualités, devait donc s'offrir aux yeux de la raison comme un système de quantités.

Ces aspirations, communes à tous les grands réformateurs scientifiques qui inaugurèrent le XVIIe siècle, aboutirent à la création de la Philosophie cartésienne.

Chasser entièrement les qualités de l'étude des choses matérielles, c'est le but et comme la caractéristique de la Physique cartésienne.

Parmi les sciences, l'Arithmétique seule, avec

l'Algèbre, son prolongement, est pure de toute notion empruntée à la catégorie de la qualité ; seule, elle est conforme à l'idéal que Descartes propose à la science entière de la nature.

Dès la Géométrie, l'esprit se heurte à l'élément qualitatif, car cette science demeure « si astreinte à la considération des figures qu'elle ne peut exercer l'entendement sans fatiguer beaucoup l'imagination ». — « Le scrupule que faisaient les anciens d'user des termes de l'Arithmétique en la Géométrie, qui ne pouvait procéder que de ce qu'ils ne voyaient pas assez clairement leur rapport, causait beaucoup d'obscurité et d'embarras dans la façon dont ils s'expliquaient. » Cette obscurité, cet embarras, disparaîtront si l'on chasse de la Géométrie la notion qualitative de forme, de figure, pour n'y conserver que la notion quantitative de distance, que les équations qui relient les unes aux autres les distances mutuelles des divers points que l'on étudie. Bien que leurs objets soient de natures différentes, les diverses branches des Mathématiques ne considèrent en ces objets « autre chose que les divers rapports ou proportions qui s'y trouvent », en sorte qu'il suffit de traiter ces proportions en général par les voies de l'Algèbre, sans se soucier des objets où elles se rencontrent, des figures où elles sont réalisées ; par là, « tout ce qui tombe sous la considération des géomètres se réduit à un même genre de problèmes, qui est de chercher la valeur des racines de quelque équation »; les Mathématiques entières sont ramenées à la Science des nombres ; on n'y traite que des quantités ; les qualités n'y ont plus aucune place.

Les qualités chassées de la Géométrie, il les faut maintenant bannir de la Physique ; pour y parvenir, il suffit de réduire la Physique aux Mathématiques, devenues la Science de la seule quantité ; c'est l'œuvre que Descartes va tenter d'accomplir.

« Je ne reçois point de principes en Physique, dit-il, qui ne soient aussi reçus en Mathématiques. » — « Car je professe (1) nettement ne reconnaître aucune autre substance aux choses matérielles que cette matière susceptible de toutes sortes de divisions, figures et mouvements que les géomètres nomment quantité et qu'ils prennent pour objet de leurs démonstrations ; et, en cette matière, je ne considère absolument rien que ces divisions, ces figures et ces mouvements; à leur sujet, je n'admets rien comme vrai qui ne se puisse déduire des notions communes dont il nous est impossible de douter, d'une façon si évidente, que cette déduction soit équivalente à une démonstration mathématique. Et comme tous les phénomènes de la nature se peuvent expliquer de la sorte, ainsi qu'on le verra par la suite, je pense que l'on ne doit point recevoir d'autres principes de Physique, ni en souhaiter d'autres. »

Qu'est-ce donc tout d'abord que la matière? « Sa nature ne consiste pas (2) en la dureté, ni aussi en la pesanteur, chaleur, et autres qualités de ce genre », mais seulement en « l'étendue, en longueur, largeur et profondeur », en ce « que les géomètres nomment quantité » ou volume. La matière est donc quantité;

(1) Descartes : *Principia Philosophiæ*, Pars II, art. LXIV.
(2) Idem, *Ibid.*, Pars II, art. IV.

la quantité d'une certaine matière, c'est le volume qu'elle occupe ; un vaisseau renferme autant de matière, qu'il soit rempli de mercure ou rempli d'air. « Ceux qui prétendent (1) distinguer la substance matérielle de l'étendue ou de la quantité, ou bien ne mettent aucune idée sous le nom de substance, ou bien ont l'idée confuse d'une substance immatérielle. »

Qu'est-ce que le mouvement? Encore une quantité. Multipliez la quantité de matière que renferme chacun des corps d'un système par la vitesse qui anime ce corps, ajoutez ensemble tous ces produits, et vous aurez la quantité de mouvement du système. Tant que le système ne heurtera aucun corps étranger qui lui cède du mouvement ou qui lui en emprunte, il gardera une quantité de mouvement invariable.

Ainsi, dans tout l'Univers, est répandue une matière unique, homogène, incompressible et indilatable, dont nous ne connaissons rien sinon qu'elle est étendue ; cette matière est divisible en parties de diverses figures, et ces parties peuvent se mouvoir les unes par rapport aux autres ; telles sont les seules propriétés véritables de ce qui forme les corps ; à ces propriétés doivent se ramener toutes les apparentes qualités qui affectent nos sens. L'objet de la Physique cartésienne est d'expliquer comment se fait cette réduction.

Qu'est-ce que la gravité ? L'effet produit sur les corps par des tourbillons de matière subtile. Qu'est-ce qu'un corps chaud? Un corps « composé de petites parties qui se remuent séparément l'une de l'autre

(1) DESCARTES, *Principia Philosophiæ,* Pars II, art. IX.

d'un mouvement très prompt et très violent ». Qu'est-ce que la lumière ? Une pression exercée sur l'éther par le mouvement des corps enflammés et transmise instantanément aux plus grandes distances. Toutes les qualités des corps, sans aucune omission, se trouvent expliquées par une théorie où l'on ne considère que l'étendue géométrique, les diverses figures que l'on y peut tracer et les divers mouvements dont ces figures sont susceptibles. « L'Univers est une machine en laquelle il n'y a rien du tout à considérer que les figures et les mouvements de ses parties. » Ainsi la Science entière de la nature matérielle est réduite à une sorte d'Arithmétique universelle d'où la catégorie de la qualité est radicalement bannie.

§ V. — *Les diverses intensités d'une même qualité sont exprimables par des nombres.*

La Physique théorique, telle que nous la concevons, n'a pas le pouvoir de saisir, sous les apparences sensibles, les propriétés réelles des corps; elle ne saurait donc, sans excéder la portée légitime de ses méthodes, décider si ces propriétés sont qualitatives ou quantitatives; en apportant sur ce point une affirmation, le Cartésianisme manifestait des prétentions qui ne nous paraissent plus soutenables.

La Physique théorique ne saisit pas la réalité des choses; elle se borne à représenter les apparences sensibles par des signes, par des symboles. Or, nous voulons que notre Physique théorique soit une Physique mathématique, partant que ces symboles soient des symboles algébriques, des combinaisons de nombres. Si donc les grandeurs seules pouvaient être exprimées par des nombres, nous ne devrions introduire dans nos théories aucune notion qui ne fût une grandeur. Sans affirmer que tout est quantité dans le fond même des choses matérielles, nous n'admettrions rien que de quantitatif dans l'image que nous construisons de l'ensemble des lois physiques ; la qualité n'aurait aucune place dans notre système.

Or, à cette conclusion même, il n'y a point lieu de souscrire ; le caractère purement qualitatif d'une notion ne s'oppose pas à ce que les nombres servent à en figurer les divers états ; une même qualité peut se présenter avec une infinité d'intensités différentes ; ces intensités diverses, on peut, pour ainsi parler, les coter, les numéroter, marquant le même nombre en deux circonstances où la même qualité se retrouve avec la même intensité, signalant par un second nombre plus élevé que le premier un second cas où la qualité considérée est plus intense que dans un premier cas.

Par exemple, c'est une qualité d'être géomètre ; lorsqu'un certain nombre de jeunes géomètres subissent un concours, l'examinateur qui les doit juger attribue une note à chacun d'eux, marquant la même note à deux candidats qui lui paraissent aussi bons géomètres l'un que l'autre, mettant une meilleure note à celui-ci qu'à celui-là, si le premier lui semble meilleur géomètre que le second.

Ces pièces d'étoffe sont rouges et d'un rouge plus ou moins intense ; le marchand qui les range sur ses rayons leur attribue des numéros ; à chaque numéro correspond une nuance rouge bien déterminée ; plus l'ordre du numéro est élevé, plus l'éclat du rouge est intense.

Voici des corps échauffés ; ce premier corps est aussi chaud, plus chaud, moins chaud que ce second corps ; ce corps est plus chaud ou moins chaud à cet instant qu'à cet autre. Chaque partie d'un corps, si petite qu'on la suppose, nous paraît douée d'une certaine qualité que nous nommons le *chaud,* et l'intensité de cette qualité n'est pas la même, au même instant, d'une partie de corps à une autre ; en un même point de corps, elle varie d'un instant à l'autre.

Nous pourrions, dans nos raisonnements, parler de cette qualité, le *chaud,* et de ses diverses intensités ; mais, désireux d'employer autant que possible le langage de l'algèbre, nous allons substituer à la considération de cette qualité, le *chaud,* celle d'un symbole numérique, la *température.*

La température sera un nombre attribué à chaque point d'un corps et à chaque instant ; il sera lié à la chaleur qui règne en ce point et à cet instant. A deux chaleurs également intenses correspondront deux températures numériquement égales ; si, en un point, il fait plus chaud qu'en un autre, la température au premier point sera un nombre plus grand que la température au second point.

Si donc M, M', M'' sont divers points, et si T, T', T'' sont les nombres qui y expriment la température, l'égalité arithmétique $T = T'$ a le même sens que cette phrase : Il fait aussi chaud au point M' qu'au point M. L'inégalité arithmétique $T' > T''$ équivaut à cette phrase : Il fait plus chaud au point M' qu'au point M''.

L'usage d'un nombre, la température, pour représenter les diverses intensités d'une qualité, le chaud, repose en entier sur ces deux propositions :

Si le corps A est aussi chaud que le corps B et le corps B aussi chaud que le corps C, le corps A est aussi chaud que le corps C.

Si le corps A est plus chaud que le corps B et le corps B plus chaud que le corps C, le corps A est plus chaud que le corps C.

Ces deux propositions, en effet, suffisent pour que les signes $=$, $>$, $<$, puissent représenter les relations que peuvent avoir les unes avec les autres les diverses intensités de chaleur, comme ils permettent de représenter les relations mutuelles des nombres ou les relations mutuelles des divers états de grandeur d'une même quantité.

Si l'on me dit que deux longueurs sont respectivement mesurées par les nombres 5 et 10, sans me fournir aucune autre indication, on me donne à l'égard de ces longueurs certains renseignements ; je sais que la seconde est plus longue que la première ; je sais même qu'elle en est le double. Ces renseignements, toutefois, sont fort incomplets ; ils ne me permettront pas de reproduire une de ces longueurs, ni même de savoir si elle est grande ou petite.

Ces renseignements vont se trouver complétés si, non content de me donner les nombres 5 et 10 qui mesurent deux longueurs, on me dit que ces longueurs sont mesurées en mètres et si l'on me présente le mètre-étalon ou l'une de ses copies ; je pourrai alors, quand il me plaira, reproduire, réaliser ces deux longueurs.

Ainsi les nombres qui mesurent des grandeurs de

même espèce ne nous renseignent pleinement au sujet de ces grandeurs que si nous leur adjoignons la connaissance concrète de l'étalon qui représente l'unité.

Des géomètres ont concouru; on me dit qu'ils ont mérité les notes 5, 10, 15; c'est là me fournir à leur égard un certain renseignement qui me permettra, par exemple, de les classer; mais ce renseignement est incomplet; il ne me permet pas de me faire une idée du talent de chacun d'eux; j'ignore la valeur absolue des notes qui leur ont été attribuées; il me manque de connaître l'*échelle* à laquelle ces notes sont rapportées.

De même, si l'on me dit seulement que les températures de divers corps sont représentées par les nombres 10, 20, 100, on m'apprend que le premier corps est moins chaud que le second et celui-ci moins chaud que le troisième. Mais le premier est-il chaud ou froid? fait-il ou non fondre la glace? le dernier me brûlerait-il? cuirait-il un œuf? Voilà ce que j'ignore, tant qu'on ne me donne pas l'*échelle thermométrique* à laquelle sont rapportées ces températures 10, 20, 100, c'est-à-dire un procédé me permettant de réaliser d'une manière concrète les intensités de chaleur que repèrent ces nombres 10, 20, 100. Si l'on me donne un vase de verre gradué contenant du mercure, et si l'on m'enseigne que la température d'une masse d'eau devra être prise égale à 10, ou à 20, ou à 100, toutes les fois qu'en y plongeant le thermomètre, on verra le mercure affleurer à la dixième division, ou à la vingtième, ou à la centième, mon incertitude sera entièrement dissipée. Toutes les fois que la valeur numérique d'une température me sera indiquée, je pourrai, si cela me plaît, réaliser effectivement une masse d'eau qui aura cette température, puisque je possède le thermomètre sur lequel elle est lue.

Ainsi, de même qu'une grandeur n'est point définie simplement par un nombre abstrait, mais par un nombre joint à la connaissance concrète d'un étalon, de même l'intensité d'une qualité n'est pas entièrement représentée par un symbole numérique; à ce symbole doit être joint un procédé concret propre à obtenir l'*échelle* de ces intensités. Seule, la connaissance de cette échelle permet de donner un sens physique aux propositions algébriques que nous énoncerons touchant les nombres qui représentent les diverses intensités de la qualité étudiée.

Naturellement, l'échelle qui sert à repérer les diverses intensités d'une qualité est toujours quelque effet quantitatif ayant pour cause cette qualité ; on choisit cet effet de telle sorte que sa grandeur aille en croissant en même temps que la qualité qui le cause devient plus intense. Ainsi, dans un réservoir de verre qu'entoure un corps chaud, le mercure subit une dilatation apparente; cette dilatation est d'autant plus grande que le corps est plus chaud ; voilà un effet quantitatif qui fournira un *thermomètre,* qui permettra de construire une échelle de températures propre à repérer numériquement les diverses intensités de chaleur.

Dans le domaine de la qualité, la notion d'addition n'a point de place ; elle se retrouve au contraire lorsqu'on étudie l'effet quantitatif qui fournit une échelle propre à repérer les diverses intensités d'une qualité. On ne saurait ajouter entre elles diverses intensités de chaleur; mais des dilatations apparentes d'un liquide en un récipient solide se peuvent ajouter les unes aux autres ; on peut faire la somme de plusieurs nombres représentant des températures.

Ainsi, le choix d'une échelle permet de substituer à l'étude des diverses intensités d'une qualité la considération de nombres soumis aux règles du calcul algébrique. Les avantages que les anciens physiciens recherchaient en substituant une quantité hypothétique à la propriété qualitative que les sens leur révèlent et en mesurant la grandeur de cette quantité, on peut bien souvent le retrouver sans invoquer cette quantité supposée, simplement par le choix d'une échelle convenable.

La charge électrique nous en va fournir un exemple.

Ce que l'expérience nous montre d'abord en de très petits corps électrisés, c'est quelque chose de qualitatif ; bientôt, cette qualité, l'*électrisation,* cesse d'apparaître comme simple ; elle est susceptible de deux formes qui s'opposent l'une à l'autre et se détruisent l'une l'autre ; elle peut être *résineuse* ou *vitrée.*

Qu'elle soit résineuse ou vitrée, l'électrisation d'un petit corps peut être plus ou moins puissante ; elle est susceptible de diverses intensités.

Franklin, Œpinus, Coulomb, Laplace, Poisson, tous les créateurs de la science électrique, pensaient que les qualités ne sauraient être admises dans la constitution d'une théorie physique ; que, seules, les quantités y ont droit de cité. Donc, sous cette qualité, l'*électrisation,* que leurs sens leur révélaient, leur raison cherchait une quantité, la *quantité d'électricité.* Pour parvenir à concevoir cette quantité, ils imaginaient que chacune des deux électrisations était due à la présence, au sein du corps électrisé, d'un certain *fluide électrique;* que ce corps présentait une électrisation d'autant plus intense qu'il contenait une masse plus considérable de fluide électrique ; la grandeur de cette masse donnait alors la quantité d'électricité.

La considération de cette quantité jouait dans la théorie un rôle essentiel, qui découlait de ces deux lois :

La somme algébrique des quantités d'électricité répandue sur un ensemble de corps, somme où les quantités d'électricité vitrée sont affectées du signe + et les quantités d'électricité résineuse du signe —, ne change pas tant que cet ensemble ne communique avec aucun autre corps.

A une distance déterminée, deux petits corps électrisés se repoussent avec une force proportionnelle au produit des quantités d'électricité dont ils sont porteurs.

Eh bien ! ces deux énoncés, nous pouvons les sauvegarder intégralement sans faire appel à des fluides électriques hypothétiques et bien peu vraisemblables, sans dépouiller l'électrisation du caractère qualitatif que lui confèrent nos observations immédiates ; il nous suffit de choisir convenablement l'échelle à laquelle nous rapportons les intensités de la qualité électrique.

Prenons un petit corps électrisé vitreusement d'une manière toujours identique à elle-même ; à une distance choisie une fois pour toutes, faisons agir sur lui chacun des petits corps dont nous voulons étudier l'électrisation ; chacun d'eux exercera sur le premier une force dont nous pourrons mesurer la grandeur, et que nous affecterons du signe + lorsqu'elle sera répulsive, du signe — dans le cas contraire ; alors, chaque petit corps électrisé vitreusement exercera sur le premier une force positive d'autant plus grande que son électrisation sera plus intense ; chaque petit corps électrisé résineusement exercera une force négative dont la valeur absolue croîtra au fur et à mesure que l'électrisation sera plus puissante.

C'est cette force, élément quantitatif, susceptible de mesure et d'addition, que nous choisirons pour *échelle électrométrique,* qui nous fournira les divers nombres positifs propres à représenter les diverses intensités de l'électrisation vitrée, les divers nombres négatifs par lesquels seront repérés les divers degrés de l'électrisation résineuse ; à ces nombres, aux indications fournies par cette méthode électrométrique, on pourra, si l'on veut, donner le nom de *quantités d'électricité ;* et alors les deux énoncés essentiels que formulait la doctrine des fluides électriques redeviendront sensés et vrais.

Nul exemple ne nous semble plus propre à mettre en évidence cette vérité : Pour faire de la Physique, comme le voulait Descartes, une Arithmétique universelle, il n'est point nécessaire d'imiter le grand philosophe et de rejeter toute qualité, car le langage de l'Algèbre permet aussi bien de raisonner sur les diverses intensités d'une qualité que sur les diverses grandeurs d'une quantité.

CHAPITRE II

LES QUALITÉS PREMIÈRES

§ I. — *De la multiplication excessive des qualités premières.*

Du sein du monde physique que l'expérience nous fait connaître, nous dégagerons les propriétés qui nous paraissent devoir être regardées comme premières. Ces propriétés, nous n'essayerons pas de les expliquer, de les ramener à d'autres attributs plus cachés ; nous les accepterons telles que nos moyens d'observation nous les font connaître, soit qu'ils nous les présentent sous forme de quantités, soit qu'ils nous les offrent sous l'aspect de qualités ; nous les regarderons comme des notions irréductibles, comme les *éléments* mêmes qui doivent composer nos théories. Mais à ces propriétés, qualitatives ou quantitatives, nous ferons correspondre des symboles mathématiques qui nous permettront, pour raisonner à leur sujet, d'emprunter le langage de l'Algèbre.

Cette manière de procéder ne va-t-elle pas nous conduire à un abus que les promoteurs de la Renaissance scientifique ont durement reproché à la Physique de l'École et dont ils ont fait rigoureuse et définitive justice?

Sans doute, les savants auxquels nous devons la Physique moderne ne pouvaient pardonner aux philosophes scolastiques leur répugnance à discourir des lois naturelles en langage mathématique : « Si nous savons quelque chose, s'écriait Gassendi (1), nous le savons par les Mathématiques ; mais de la vraie et légitime science des choses, ces gens-là n'ont cure ! Ils ne s'attachent qu'à des vétilles ! »

Mais ce grief n'est pas celui que les réformateurs de la Physique font le plus souvent et le plus vivement valoir contre les docteurs de l'École. Ce dont ils les accusent par-dessus tout, c'est d'inventer une qualité nouvelle chaque fois qu'un phénomène nouveau frappe leur regard ; d'attribuer à une vertu particulière chaque effet qu'ils n'ont ni étudié, ni analysé ; de s'imaginer qu'ils ont donné une explication là où ils n'ont mis qu'un nom et de transformer ainsi la science en un jargon prétentieux et vain.

« Cette manière de philosopher, disait Galilée (2), a, selon moi, une grande analogie avec la manière de peindre qu'avait un de mes amis ; avec de la craie, il écrivait sur la toile : Ici, je veux une fontaine avec Diane et ses nymphes, ainsi que quelques lévriers ; là, un chasseur avec une tête de cerf ; plus loin, un bocage, une campagne, une colline ; puis il laissait à l'artiste le soin de peindre toutes ces choses et s'en allait convaincu qu'il avait peint la métamorphose d'Actéon ; il n'avait mis que des noms. » Et Leibniz (3)

(1) GASSENDI : *Exercitationes paradoxicæ adversus Aristotelicos.* Exercitatio I.

(2) GALILÉE : *Dialogo sopra i due massimi sistemi del mondo.* Giornata terza.

(3) LEIBNIZ : *Œuvres,* édition GERHARDT, t. IV, p. 434.

comparait la méthode suivie en Physique par les philosophes qui, à tout propos, introduisaient de nouvelles formes et de nouvelles qualités à celle « qui se contenterait de dire qu'une horloge a la qualité horodictique, provenante de sa forme, sans considérer en quoi tout cela consiste ».

Paresse d'esprit, qui trouve commode de se payer de mots; improbité intellectuelle qui trouve avantage à en payer les autres, sont vices bien répandus dans l'humanité. Assurément, les physiciens scolastiques, si prompts à douer la forme de chaque corps de toutes les vertus que réclamaient leurs systèmes vagues et superficiels, en étaient souvent et profondément atteints; mais la philosophie qui admet les propriétés qualitatives n'a pas le triste monopole de ces défauts; on les retrouve aussi bien chez les sectateurs d'Écoles qui se piquent de tout réduire à la quantité.

Gassendi, par exemple, est atomiste convaincu; pour lui, toute qualité sensible n'est qu'apparence ; il n'y a en réalité que les atomes, leurs figures, leurs groupements, leurs mouvements. Mais si nous lui demandons d'expliquer selon ces principes les qualités physiques essentielles, si nous lui posons ces questions : Qu'est-ce que la saveur? Qu'est-ce que l'odeur? Qu'est-ce que le son? Qu'est-ce que la lumière? que va-t-il nous répondre?

« Dans la chose même (1) que nous nommons sapide, la saveur ne paraît pas consister en autre chose qu'en corpuscules d'une configuration telle qu'en pénétrant la langue ou le palais, ils s'appliquent à la contexture de cet organe et le mettent en mouvement, de

(1) P. Gassendi : *Syntagma philosophicum,* l. V, cc. IX, X et XI.

manière à donner naissance à la sensation que nous nommons goût. »

« Dans la réalité, l'odeur ne paraît être autre chose que certains corpuscules d'une telle configuration que lorsqu'ils sont exhalés et qu'ils pénètrent dans les narines, ils sont conformés à la contexture de ces organes de manière à donner naissance à la sensation que nous nommons olfaction ou odorat. »

« Le son ne paraît pas être autre chose que certains corpuscules qui, configurés d'une certaine façon et rapidement transmis loin du corps sonore, pénètrent dans l'oreille, la mettent en mouvement et déterminent la sensation appelée audition. »

« Dans le corps lumineux, la lumière ne paraît pas être autre chose que des corpuscules très ténus, configurés d'une certaine façon, émis par le corps lumineux avec une vitesse indicible, qui pénètrent dans l'organe de la vue, sont aptes à le mettre en mouvement et à créer la sensation dite vision. »

Il était péripatéticien, le *doctus bachelierus* qui, à la question :

Demandabo causam et rationem quare
Opium facit dormire ?

répondait :

Quia est in eo
Virtus dormitiva
Cujus est natura
Sensus assoupire.

Si ce bachelier, reniant Aristote, se fût fait atomiste, Molière l'eût sans doute rencontré aux conférences philosophiques tenues chez Gassendi, où le grand comique fréquentait.

Les Cartésiens, d'ailleurs, auraient tort de triompher trop bruyamment du commun ridicule où ils voient tomber Péripatéticiens et Atomistes ; c'est à un des leurs que Pascal songeait lorsqu'il écrivait (1) : « Il y en a qui vont jusqu'à cette absurdité d'expliquer un mot par le mot même. J'en sais qui ont défini la lumière en cette sorte : La lumière est un mouvement luminaire des corps lumineux ; comme si l'on pouvait entendre les mots de luminaire et de lumineux sans celui de lumière. » L'allusion, en effet, avait trait au P. Noël, autrefois professeur de Descartes au collège de La Flèche, devenu ensuite un de ses fervents disciples, et qui, dans une lettre sur le vide adressée à Pascal, avait écrit cette phrase : « La lumière, ou plutôt l'illumination, est un mouvement luminaire des rayons composés des corps lucides qui remplissent les corps transparents et ne sont mus luminairement que par d'autres corps lucides. »

Que l'on attribue la lumière à une vertu éclairante, à des corpuscules lumineux ou à un mouvement luminaire, on sera péripatéticien, atomiste ou cartésien ; mais si l'on se targue d'avoir par là ajouté quoi que ce soit à nos connaissances touchant la lumière, on ne sera point homme sensé. En toutes les Écoles se rencontrent des esprits faux qui s'imaginent remplir un flacon d'une précieuse liqueur alors qu'ils y collent seulement une pompeuse étiquette ; mais toutes les doctrines physiques, sainement interprétées, s'accordent

(1) PASCAL : *De l'esprit géométrique.*

à condamner cette illusion. Nos efforts devront donc tendre à l'éviter.

§ II. — *Une qualité première est une qualité irréductible en fait, non en droit.*

D'ailleurs, contre ce travers d'esprit qui consiste à mettre dans les corps autant de qualités distinctes, ou peu s'en faut, qu'il y a d'effets divers à expliquer, nos principes mêmes nous mettent en garde. Nous nous proposons de donner d'un ensemble de lois physiques une représentation aussi simplifiée, aussi résumée que possible ; notre ambition est d'atteindre l'économie intellectuelle la plus complète que nous puissions réaliser ; il est donc clair que pour construire notre théorie, nous devrons employer le nombre minimum de notions regardées comme premières, de qualités regardées comme simples ; nous devrons pousser jusqu'au bout la méthode d'analyse et de réduction qui dissocie les propriétés complexes, celles que les sens saisissent tout d'abord, et qui les ramène à un petit nombre de propriétés élémentaires.

Comment reconnaîtrons-nous que notre dissection a été poussée jusqu'au bout, que les qualités auxquelles notre analyse aboutit ne peuvent plus être, à leur tour, résolues en qualités plus simples ?

Les physiciens qui cherchaient à construire des théories explicatives tiraient des préceptes philosophiques auxquels ils se soumettaient, des pierres de touche et des réactifs capables de reconnaître si l'analyse d'une propriété avait pénétré jusqu'aux éléments. Par exemple, tant qu'un atomiste n'avait pas réduit un effet physique à la grandeur, à la figure, à l'agencement des atomes et aux lois du choc, il savait que son œuvre n'était point achevée ; tant qu'un cartésien trouvait autre chose, en une qualité, que « l'étendue et son changement tout nud », il était certain de n'en avoir point atteint la véritable nature.

Pour nous, qui ne prétendons point expliquer les propriétés des corps, mais seulement en donner une représentation algébrique condensée ; qui ne nous réclamons, dans la construction de nos théories, d'aucun principe métaphysique, mais entendons faire de la Physique une doctrine autonome, où prendrions-nous un critère qui nous permette de déclarer telle qualité vraiment simple et irréductible, telle autre complexe et destinée à une plus pénétrante dissection ?

En regardant une propriété comme première et élémentaire, nous n'entendrons nullement affirmer que cette qualité est, par nature, simple et indécomposable ; nous proclamerons seulement une vérité de fait ; nous déclarerons que tous nos efforts pour réduire cette qualité à d'autres ont échoué, qu'il nous a été impossible de la décomposer.

Toutes les fois donc qu'un physicien constatera un ensemble de phénomènes jusqu'alors inobservés, qu'il découvrira un groupe de lois qui semblent manifester une propriété nouvelle, il cherchera d'abord si cette propriété n'est pas une combinaison, auparavant insoupçonnée, de qualités déjà connues et acceptées dans les théories admises. C'est seulement après que ses efforts, variés en mille manières, auront échoué, qu'il se décidera à regarder cette propriété comme une nouvelle qualité première, à introduire dans ses théories un nouveau symbole mathématique.

« Toutes les fois que l'on découvre un fait *exceptionnel,* écrit H. Sainte-Claire Deville (1), décrivant les hésitations de sa pensée lorsqu'il eut reconnu les premiers phénomènes de dissociation, le premier travail, je dirai presque le premier devoir imposé à l'homme de science, est de faire tous ses efforts pour le faire rentrer dans la règle commune par une explication qui exige quelquefois plus de travail et de méditation que la découverte elle-même. Quand on réussit, on éprouve une bien vive satisfaction à étendre, pour ainsi dire, le domaine d'une loi physique, à augmenter la simplicité et la généralité d'une grande classification... »

« Mais quand un fait exceptionnel échappe à toute explication ou, du moins, résiste à tous les efforts que l'on a faits consciencieusement pour le soumettre à la loi commune, il faut en chercher d'autres qui lui soient analogues ; quand on les a trouvés, il faut les classer *provisoirement* au moyen de la théorie qu'on s'est formée. »

Lorsqu'Ampère découvrit les actions mécaniques qui s'exercent entre deux fils électriques dont chacun réunit les deux pôles d'une pile, on connaissait depuis longtemps les actions attractives et répulsives qui s'exercent entre les conducteurs électrisés ; la qualité que ces attractions et ces répulsions manifestent avait été analysée ; elle avait été représentée par un symbole mathématique approprié, la charge positive ou négative de chaque élément matériel ; l'emploi de ce

(1) H. Sainte-Claire Deville : *Recherches sur la décomposition des corps par la chaleur et la dissociation.* (Bibliothèque Universelle, Archives, nouvelle période, t. IX, p. 59 ; 1860.)

symbole avait conduit Poisson à édifier une théorie mathématique qui représentait de la façon la plus heureuse les lois expérimentales établies par Coulomb.

Ne pouvait-on ramener les lois nouvellement découvertes à cette qualité, dont l'introduction en Physique était déjà un fait accompli ? Ne pouvait-on pas expliquer les attractions et les répulsions qui s'exercent entre deux fils, dont chacun ferme une pile, en admettant que certaines charges électriques sont convenablement distribuées à la surface de ces fils ou à leur intérieur, que ces charges s'attirent ou se repoussent en raison inverse du carré de la distance, selon l'hypothèse fondamentale qui porte la théorie de Coulomb et de Poisson ? Il était légitime que cette question fût posée, qu'elle fût examinée par les physiciens ; si quelqu'un d'entre eux était parvenu à lui donner une réponse affirmative, à réduire les lois des actions observées par Ampère aux lois de l'Électrostatique établies par Coulomb, il eût rendu la théorie électrique sauve de la considération de toute qualité première autre que la charge électrique.

Les tentatives pour réduire aux actions électrostatiques les lois des forces qu'Ampère avait mises en évidence se multiplièrent tout d'abord ; Faraday, en montrant que ces forces pouvaient donner naissance à des mouvements de rotation continue, coupa court à ces essais ; en effet, aussitôt qu'Ampère connut le phénomène découvert par le grand physicien anglais, il en comprit toute la portée. Ce phénomène, dit-il (1),

(1) AMPÈRE : *Exposé sommaire des nouvelles expériences électrodynamiques*, lu à l'Académie le 8 avril 1822. (*Journal de Physique*, t. XCIV, p. 65.)

« prouve que l'action qui émane des conducteurs voltaïques ne peut être due à une distribution particulière de certains fluides en repos dans ces conducteurs, comme le sont les répulsions et les attractions électriques ordinaires ». — « En effet (1), du principe de la conservation des forces vives, qui est une conséquence nécessaire des lois mêmes du mouvement, il suit nécessairement que, quand les forces élémentaires, qui seraient ici des attractions et des répulsions en raison inverse des carrés des distances, sont exprimées par de simples fonctions des distances mutuelles des points entre lesquels elles s'exercent, et qu'une partie de ces points sont invariablement liés entre eux et ne se meuvent qu'en vertu de ces forces, les autres restant fixes, les premiers ne peuvent revenir à la même situation, par rapport aux seconds, avec des vitesses plus grandes que celles qu'ils avaient quand ils sont partis de cette même situation. Or, dans le mouvement continu imprimé à un conducteur mobile par l'action d'un conducteur fixe, tous les points du premier reviennent à la même situation avec des vitesses de plus en plus grandes à chaque révolution, jusqu'à ce que les frottements et la résistance de l'eau acidulée où plonge la couronne du conducteur mettent un terme à l'augmentation de la vitesse de rotation de ce conducteur ; elle devient alors constante, malgré ces frottements et cette résistance. »

« Il est donc complètement démontré qu'on ne saurait rendre raison des phénomènes produits par

(1) AMPÈRE : *Théorie mathématique des phénomènes électrodynamiques uniquement déduite de l'expérience*. Paris, 1826. — Édition HERMANN, Paris, 1883, p. 96.

l'action de deux conducteurs voltaïques, en supposant que des molécules électriques agissant en raison inverse du carré de la distance fussent distribuées sur les fils conducteurs. »

De toute nécessité, il faut, aux diverses parties d'un conducteur voltaïque, attribuer une propriété irréductible à l'électrisation ; il faut y reconnaître une nouvelle qualité première dont on exprimera l'existence en disant que le fil est *parcouru par un courant ;* ce courant électrique apparaît comme lié à une certaine direction, comme affecté d'un certain sens ; il se manifeste plus ou moins intense ; à cette intensité plus ou moins vive du courant électrique, le choix d'une échelle permet de faire correspondre un nombre plus ou moins grand, nombre auquel on a conservé le nom d'*intensité du courant électrique ;* cette intensité du courant électrique, symbole mathématique d'une qualité première, a permis à Ampère de développer cette théorie des phénomènes électrodynamiques, qui dispense les Français d'envier aux Anglais la gloire de Newton.

Le physicien qui demande à une doctrine métaphysique les principes selon lesquels il développera ses théories reçoit de cette doctrine les marques auxquelles il reconnaîtra qu'une qualité est simple ou complexe ; ces deux mots ont pour lui un sens absolu. Le physicien qui cherche à rendre ses théories autonomes et indépendantes de tout système philosophique attribue aux mots : qualité simple, propriété première, un sens tout relatif ; ils désignent simplement pour lui une propriété qu'il lui a été impossible de résoudre en d'autres qualités.

Le sens que les chimistes attribuent au mot *corps simple* a subi une transformation analogue.

Pour un péripatéticien, seuls, les quatre éléments, le feu, l'air, l'eau, la terre, méritaient le nom de corps simples ; tout autre corps était complexe ; tant qu'on ne l'avait pas dissocié jusqu'à séparer les quatre éléments qui pouvaient entrer dans sa composition, l'analyse n'avait pas atteint son terme. Un alchimiste savait également que la science des décompositions, l'*art spargyrique*, n'avait point atteint le but ultime de ses opérations tant que n'étaient point séparés le sel, le soufre, le vif-argent et la terre damnée, dont l'union compose tous les mixtes. L'alchimiste et le péripatéticien prétendaient l'un et l'autre connaître les marques qui caractérisent d'une manière absolue le véritable corps simple.

L'École de Lavoisier a fait adopter par les chimistes (1) une notion toute différente du corps simple ; le corps simple, ce n'est pas le corps qu'une certaine doctrine philosophique déclare indécomposable ; c'est le corps que nous n'avons pu décomposer, le corps qui a résisté à tous les moyens d'analyse employés dans les laboratoires.

Lorsqu'ils prononçaient le mot : *élément,* l'alchimiste et le péripatéticien affirmaient orgueilleusement leur prétention à connaître la nature même des matériaux qui ont servi à construire tous les corps de l'univers ; dans la bouche du chimiste moderne, le même

(1) Le lecteur désireux de connaître les phases par lesquelles a passé la notion de corps simple pourra consulter notre écrit : *Le Mixte et la Combinaison chimique. Essai sur l'évolution d'une idée,* Paris, 1902. IIe partie, c. I.

mot est un acte de modestie, un aveu d'impuissance; il confesse qu'un corps a victorieusement résisté à tous les essais tentés pour le réduire.

De cette modestie, la Chimie a été récompensée par une prodigieuse fécondité; n'est-il pas légitime d'espérer qu'une modestie semblable procurera à la Physique théorique les mêmes avantages?

§ III. — *Une qualité première ne l'est jamais qu'à titre provisoire.*

« Nous ne pouvons donc pas assurer, dit Lavoisier (1), que ce que nous regardons comme simple aujourd'hui le soit en effet : tout ce que nous pouvons dire, c'est que telle substance est le terme actuel auquel arrive l'analyse chimique, et qu'elle ne peut plus se subdiviser au delà dans l'état actuel de nos connaissances. Il est à présumer que les terres cesseront bientôt d'être comptées au nombre des substances simples... »

En effet, en 1807, Humphry Davy transformait en vérité démontrée la divination de Lavoisier et prouvait que la potasse et la soude sont les oxydes de deux métaux qu'il nommait le potassium et le sodium. Depuis cette époque, une foule de corps qui avaient longtemps résisté à tout essai d'analyse ont été décomposés et se sont trouvés exclus du nombre des éléments.

Le titre d'*élément,* que portent certains corps, est un titre tout provisoire; il est à la merci d'un moyen

(1) Lavoisier : *Traité élémentaire de Chimie,* troisième édition, t. I, p. 194.

d'analyse plus ingénieux ou plus puissant que ceux dont on a usé jusqu'à ce jour; d'un moyen qui, peut-être, dissociera en plusieurs corps distincts la substance regardée comme simple.

Non moins provisoire est le titre de *qualité première;* la qualité qu'il nous est aujourd'hui impossible de réduire à aucune autre propriété physique cessera peut-être demain d'être indépendante; demain, peut-être, les progrès de la Physique nous feront reconnaître en elle une combinaison de propriétés que des effets, fort différents en apparence, nous avaient révélées depuis longtemps.

L'étude des phénomènes lumineux conduit à considérer une qualité première, l'*éclairement.* Une direction est affectée à cette qualité; son intensité, loin d'être fixe, varie périodiquement avec une prodigieuse rapidité, redevenant identique à elle-même plusieurs centaines de trillions de fois par seconde; une ligne, dont la longueur varie périodiquement avec cette extraordinaire fréquence, fournit un symbole géométrique propre à figurer l'éclairement; ce symbole, la *vibration lumineuse,* servira à traiter cette qualité en des raisonnements mathématiques. La vibration lumineuse sera l'élément essentiel au moyen duquel s'édifiera la théorie de la lumière; ses composantes serviront à écrire quelques équations aux dérivées partielles, quelques conditions aux limites, où se trouveront condensées et classées avec un ordre et une brièveté admirables toutes les lois de la propagation de la lumière, de sa réflexion partielle ou totale, de sa réfraction, de sa diffraction.

D'autre part, l'analyse des phénomènes que présentent, en présence de corps électrisés, des substances isolantes telles que le soufre, l'ébonite, la paraffine, ont conduit les physiciens à attribuer à ces corps *diélectriques* une certaine propriété ; après avoir vainement tenté de réduire cette propriété à la charge électrique, ils ont dû se résoudre à la traiter en qualité première sous le nom de *polarisation diélectrique ;* en chaque point de la substance isolante et à chaque instant, elle a non seulement une certaine intensité, mais encore une certaine direction et un certain sens ; en sorte qu'un segment de droite fournit le symbole mathématique qui permet de parler de la polarisation diélectrique dans le langage des géomètres.

Une audacieuse extension de l'Électrodynamique, qu'avait formulée Ampère, a fourni à Maxwell une théorie de l'état variable des diélectriques ; cette théorie condense et ordonne les lois de tous les phénomènes qui se produisent en des substances isolantes où la polarisation diélectrique varie d'un instant à l'autre ; toutes ces lois sont résumées dans un petit nombre d'équations qui doivent être vérifiées les unes en tout point d'un même corps isolant, les autres en tout point de la surface qui sépare deux diélectriques distincts.

Les équations qui régissent la *vibration lumineuse* ont toutes été établies comme si la polarisation diélectrique n'existait pas ; les équations dont dépend la *polarisation diélectrique* ont été découvertes par une théorie où le mot *lumière* n'est même pas prononcé.

Or, voici qu'entre ces équations un rapprochement surprenant s'établit.

Une polarisation diélectrique qui varie périodiquement doit vérifier des équations qui, toutes, sont semblables aux équations qui régissent une vibration lumineuse.

Et non seulement ces équations ont la même forme, mais encore les coefficients qui y figurent ont la même valeur numérique. Ainsi, dans le vide ou dans l'air, d'abord soustrait à toute action électrique et dont on polarise une certaine région, la polarisation électrique engendrée se propage avec une certaine vitesse ; les équations de Maxwell permettent de déterminer cette vitesse par des procédés purement électriques, où aucun emprunt n'est fait à l'Optique ; des mesures nombreuses et concordantes nous font connaître la valeur de cette vitesse qui est de 300,000 kilomètres par seconde ; ce nombre est précisément égal à la vitesse de la lumière dans l'air ou dans le vide, vitesse que quatre méthodes purement optiques, distinctes les unes des autres, nous ont fait connaître.

De ce rapprochement inattendu la conclusion s'impose : L'éclairement n'est pas une qualité première ; la vibration lumineuse n'est autre chose qu'une polarisation diélectrique périodiquement variable ; la *théorie électromagnétique de la lumière,* créée par Maxwell, a résolu une propriété que l'on croyait irréductible ; elle l'a fait dériver d'une qualité avec laquelle, pendant de longues années, elle ne parut avoir aucun lien.

Ainsi les progrès mêmes des théories peuvent amener les physiciens à réduire le nombre des qualités qu'ils ont d'abord considérées comme premières, à prouver que deux propriétés regardées comme distinctes ne sont que deux aspects divers d'une même propriété.

Faut-il en conclure que le nombre des qualités admises dans nos théories deviendra moindre de jour en jour, que la matière dont traitent nos spéculations sera de moins en moins riche en attributs essentiels, qu'elle tendra vers une simplicité comparable à celle de la matière atomistique et de la matière cartésienne? Ce serait, je pense, une conclusion téméraire. Sans doute, le développement même de la théorie peut, de temps en temps, produire la fusion de deux qualités distinctes, semblable à cette fusion de l'éclairement et de la polarisation diélectrique qu'a déterminée la théorie électromagnétique de la lumière. Mais, d'autre part, le progrès incessant de la Physique expérimentale amène fréquemment la découverte de nouvelles catégories de phénomènes, et, pour classer ces phénomènes, pour en grouper les lois, il est nécessaire de douer la matière de propriétés nouvelles.

De ces deux mouvements contraires dont l'un, réduisant les qualités les unes aux autres, tend à simplifier la matière, dont l'autre, découvrant de nouvelles propriétés, tend à la compliquer, quel est celui qui l'emportera? Il serait imprudent de formuler à ce sujet une prophétie à longue échéance. Du moins, semble-t-il assuré qu'à notre époque, le second courant, beaucoup plus puissant que le premier, entraîne nos théories vers une conception de la matière de plus en plus complexe, de plus en plus riche en attributs.

D'ailleurs, l'analogie entre les qualités premières de la Physique et les corps simples de la Chimie se marque encore ici. Peut-être un jour viendra-t-il où de puissants moyens d'analyse résoudront les nombreux corps qu'aujourd'hui nous nommons simples en un petit nombre d'éléments; mais ce jour, aucun signe certain ni probable ne permet d'en annoncer l'aurore. A l'époque où nous vivons, la Chimie progresse en découvrant sans cesse de nouveaux corps simples. Depuis un demi-siècle, les terres rares ne se lassent pas de fournir de nouveaux contingents à la liste déjà si longue des métaux ; le gallium, le germanium, le scandium, nous montrent les chimistes fiers d'inscrire en cette liste le nom de leur patrie. Dans l'air que nous respirons, mélange d'azote et d'oxygène qui paraissait connu depuis Lavoisier, voici que se révèle toute une famille de gaz nouveaux, l'argon, l'helium, le xenon, le crypton. Enfin, l'étude des radiations nouvelles, qui obligera sûrement la Physique à élargir le cercle de ses qualités premières, fournit à la Chimie des corps inconnus jusqu'ici, le radium et, peut-être, le polonium et l'actinium.

Certes, nous voilà bien loin des corps admirablement simples que rêvait Descartes, de ces corps qui se réduisaient « à l'étendue et à son changement tout nud ». La Chimie étale une collection d'une centaine de matières corporelles irréductibles les unes aux autres, et à chacune de ces matières, la Physique associe une forme capable d'une multitude de qualités diverses. Chacune de ces deux sciences s'efforce de réduire autant qu'il se peut le nombre de ses éléments, et cependant, au fur et à mesure qu'elle progresse, elle voit ce nombre grandir.

CHAPITRE III

LA DÉDUCTION MATHÉMATIQUE ET LA THÉORIE PHYSIQUE

§ I. — *A peu près physique et précision mathématique.*

Lorsqu'on se propose de construire une théorie physique, on a d'abord à choisir, parmi les propriétés que révèle l'observation, celles que l'on regardera comme des qualités premières, et à les représenter par des symboles algébriques ou géométriques.

Cette première opération, à l'étude de laquelle nous avons consacré les deux chapitres précédents, étant achevée, on en doit accomplir une seconde : Entre les symboles algébriques ou géométriques qui représentent les propriétés premières, on doit établir des relations ; ces relations serviront de principes aux déductions par lesquelles la théorie se développera.

Il semblerait donc naturel d'analyser maintenant cette seconde opération, l'*énoncé des hypothèses*. Mais avant de tracer le plan des fondations qui porteront un édifice, de choisir les matériaux avec lesquels on les bâtira, il est indispensable de savoir quel sera l'édifice, de connaître les pressions qu'il exercera sur ses assises. C'est donc seulement à la fin de notre étude que nous pourrons préciser les conditions qui s'imposent au choix des hypothèses.

Nous allons, dès lors, aborder immédiatement l'examen de la troisième opération constitutive de toute théorie, le *développement mathématique*.

La déduction mathématique est un intermédiaire ; elle a pour objet de nous enseigner qu'en vertu des hypothèses fondamentales de la théorie, la réunion de telles circonstances entraînera telles conséquences ; que tels faits se produisant, tel autre fait se produira ; de nous annoncer, par exemple, en vertu des hypothèses de la Thermodynamique, que si nous soumettons un bloc de glace à telle compression, ce bloc fondra lorsque le thermomètre marquera tel degré.

La déduction mathématique introduit-elle directement dans ses calculs les faits que nous nommons les *circonstances* sous la forme concrète où nous les observons ? En tire-t-elle le fait que nous nommons la *conséquence* sous la forme concrète où nous le constaterons ? Assurément non. Un appareil de compression, un bloc de glace, un thermomètre, sont des choses que le physicien manipule dans son laboratoire ; ce ne sont point des éléments sur lesquels le calcul algébrique ait prise. Le calcul algébrique ne combine que des nombres. Donc, pour que le mathématicien puisse introduire dans ses formules les circonstances concrètes d'une expérience, il faut que ces circonstances aient été, par l'intermédiaire de mesures, traduites en nombres ; que, par exemple, les mots : *une telle pression*, aient été remplacés par un certain nombre d'atmosphères, qu'il mettra dans son équation à la place de la lettre P. De même, ce que le mathématicien obtiendra au bout de son calcul, c'est un certain nombre ; il faudra recourir aux méthodes de mesure pour faire correspondre à ce nombre un fait concret et observable ; par exemple, pour faire correspondre une certaine indication du thermomètre à la valeur numérique prise par la lettre T que contenait l'équation algébrique.

Ainsi, à son point de départ comme à son point d'arrivée, le développement mathématique d'une théorie physique ne peut se souder aux faits observables que par une traduction. Pour introduire dans les calculs les circonstances d'une expérience, il faut faire une version qui remplace le langage de l'observation concrète par le langage des nombres ; pour rendre constatable le résultat que la théorie prédit à cette expérience, il faut qu'un thème transforme une valeur numérique en une indication formulée dans la langue de l'expérience. Les méthodes de mesure sont, nous l'avons déjà dit, le vocabulaire qui rend possibles ces deux traductions en sens inverse.

Mais qui traduit, trahit ; *traduttore, traditore ;* il n'y a jamais adéquation complète entre les deux textes qu'une version fait correspondre l'un à l'autre. Entre les faits concrets, tels que le physicien les observe, et les symboles numériques par lesquels ces faits sont représentés dans les calculs du théoricien, la différence est extrême. Cette différence, nous aurons, plus tard, occasion de l'analyser et d'en marquer les principaux caractères. Pour le moment, un seul de ces caractères va retenir notre attention.

Considérons, tout d'abord, ce que nous nommerons un *fait théorique,* c'est-à-dire cet ensemble de données mathématiques par lesquelles un fait concret est remplacé dans les raisonnements et les calculs du théoricien. Prenons, par exemple, ce fait : La température est distribuée de telle manière sur tel corps.

En un tel *fait théorique,* il n'y a rien de vague, rien d'indécis ; tout est déterminé d'une manière précise ; le corps étudié est défini géométriquement ; ses arêtes sont de véritables lignes sans épaisseur, ses pointes de véritables points sans dimensions ; les diverses longueurs, les divers angles qui déterminent sa figure sont exactement connus ; à chaque point de ce corps correspond une température, et cette température est, pour chaque point, un nombre qui ne se confond avec aucun autre nombre.

En face de ce *fait théorique,* plaçons le *fait pratique* dont il est la traduction. Ici, plus rien de la précision que nous constations il y a un instant. Le corps n'est plus un solide géométrique ; c'est un bloc concret ; si aiguës que soient ses arêtes, chacune d'elles n'est plus l'intersection géométrique de deux surfaces, mais une échine plus ou moins arrondie, plus ou moins dentelée ; ses pointes sont plus ou moins écachées et émoussées ; le thermomètre ne nous donne plus la température en chaque point, mais une sorte de température moyenne relative à un certain volume dont l'étendue même ne peut pas être très exactement fixée ; nous ne saurions, d'ailleurs, affirmer que cette température est tel nombre, à l'exclusion de tout autre nombre ; nous ne saurions déclarer, par exemple, que cette température est rigoureusement égale à 10° ; nous pouvons seulement affirmer que la différence entre cette température et 10° ne surpasse pas une certaine fraction de degré dépendant de la précision de nos méthodes thermométriques.

Ainsi, tandis que les contours de l'image sont arrêtés par un trait d'une précise dureté, les contours de l'objet sont flous, enveloppés, estompés. Il est impossible de décrire le fait pratique sans atténuer, par l'emploi des mots *à peu près,* ce que chaque proposition a de trop déterminé ; au contraire, tous les éléments qui constituent le fait théorique sont définis avec une rigoureuse exactitude.

De là cette conséquence : *Une infinité de faits théoriques différents peuvent être pris pour traduction d'un même fait pratique.*

Dire, par exemple, dans l'énoncé du fait théorique, que telle ligne a une longueur de 1 centimètre, ou de $0^{cm},999$, ou de $0^{cm},993$, ou de $1^{cm},002$, ou de $1^{cm},003$, c'est formuler des propositions qui, pour le mathématicien, sont essentiellement différentes ; mais c'est ne rien changer au fait pratique dont le fait théorique est la traduction, si nos moyens de mesure ne nous permettent pas d'apprécier les longueurs inférieures au dixième de millimètre. Dire que la température d'un corps est 10°, ou 9° 99, ou 10° 01, c'est formuler trois faits théoriques incompatibles ; mais ces trois faits théoriques incompatibles correspondent à un seul et même fait pratique, si la précision de notre thermomètre n'atteint pas au cinquantième degré.

Un fait pratique ne se traduit donc pas par un fait théorique unique, mais par une sorte de faisceau qui comprend une infinité de faits théoriques différents ; chacun des éléments mathématiques qui se réunissent pour constituer un de ces faits peut varier d'un fait à l'autre ; mais la variation dont chacun de ces éléments est susceptible ne peut excéder une certaine limite ; cette limite est celle de l'erreur qui peut entacher la mesure de cet élément ; plus les méthodes de mesure sont parfaites, plus l'approximation qu'elles comportent est grande, plus cette limite est étroite ; mais elle ne resserre jamais au point de s'évanouir.

§ II. — *Déductions mathématiques physiquement utiles ou inutiles.*

Ces remarques sont bien simples ; elles sont familières au physicien au point d'être banales ; elles n'en ont pas moins, pour le développement mathématique d'une théorie physique, de graves conséquences.

Lorsque les données numériques d'un calcul sont fixées d'une manière précise, ce calcul, si long et si compliqué soit-il, fait également connaître l'exacte valeur numérique du résultat. Si l'on change la valeur des données, on change, en général, la valeur du résultat. Partant, lorsqu'on aura représenté les conditions d'une expérience par un fait théorique nettement défini, le développement mathématique représentera par un autre fait théorique nettement défini le résultat que doit fournir cette expérience ; si l'on change le fait théorique qui traduit les conditions de l'expérience, le fait théorique qui en traduit le résultat changera également. Si, par exemple, dans la formule, déduite des hypothèses thermodynamiques, qui relie le point de fusion de la glace à la pression, nous remplaçons la lettre P, qui représente la pression, par un certain nombre, nous connaîtrons le nombre qu'il faut substituer à la lettre T, symbole de la température de fusion ; si nous changeons la valeur numérique attribuée à la pression, nous changerons aussi la valeur numérique du point de fusion.

Or, selon ce que nous avons vu au § Ier, si l'on se donne d'une manière concrète les conditions d'une expérience, on ne pourra pas les traduire par un fait théorique déterminé sans ambiguïté ; on devra leur faire correspondre tout un faisceau de faits théoriques, en nombre infini. Dès lors, les calculs du théoricien ne présageront pas le résultat de l'expérience sous forme d'un fait théorique unique, mais sous forme d'une infinité de faits théoriques différents.

Pour traduire, par exemple, les conditions de notre expérience sur la fusion de la glace, nous ne pourrons pas substituer au symbole P de la pression une seule et unique valeur numérique, la valeur 10 atmosphères, par exemple ; si l'erreur que comporte l'emploi de notre manomètre a pour limite le dixième d'atmosphère, nous devrons supposer que P puisse prendre toutes les valeurs comprises entre $9^{atm},95$ et $10^{atm},05$. Naturellement, à chacune de ces valeurs de la pression, notre formule fera correspondre une valeur différente du point de fusion de la glace.

Ainsi les conditions d'une expérience, données d'une manière concrète, se traduisent par un faisceau de faits théoriques ; à ce premier faisceau de faits théoriques, le développement mathématique de la théorie en fait correspondre un second, destiné à figurer le résultat de l'expérience.

Ces derniers faits théoriques ne pourront nous servir sous la forme même où nous les obtenons ; il nous les faudra traduire et mettre sous forme de faits pratiques ; alors seulement nous connaîtrons vraiment le résultat que la théorie assigne à notre expérience. Nous ne devrons pas, par exemple, nous arrêter lorsque nous aurons tiré de notre formule thermodynamique diverses valeurs numériques de la lettre T ; il nous faudra chercher à quelles indications réellement observables, lisibles sur l'échelle graduée de notre thermomètre, correspondent ces indications.

Or, lorsque nous aurons fait cette nouvelle traduction, inverse de celle qui nous occupait tout à l'heure, ce *thème,* destiné à transformer les faits théoriques en faits pratiques, qu'aurons-nous obtenu ?

Il pourra se faire que le faisceau de faits théoriques, en nombre infini, par lequel la déduction mathématique assigne à notre expérience le résultat qu'elle doit produire, nous fournisse, après traduction, non pas plusieurs faits pratiques différents, mais un seul et unique fait pratique. Il pourra arriver, par exemple, que deux des valeurs numériques trouvées pour la lettre T ne diffèrent jamais d'un centième de degré, et que le centième degré marque la sensibilité limite de notre thermomètre ; en sorte que toutes ces valeurs théoriques différentes de T correspondent pratiquement à une seule et même lecture sur l'échelle du thermomètre.

Dans un semblable cas, la déduction mathématique aura atteint son but ; elle nous aura permis d'affirmer qu'en vertu des hypothèses sur lesquelles repose la théorie, telle expérience, faite dans telles conditions pratiquement données, doit fournir tel résultat concret et observable ; elle aura rendu possible la comparaison entre les conséquences de la théorie et les faits.

Mais il n'en sera pas toujours ainsi. A la suite de la

déduction mathématique, une infinité de faits théoriques se présentent comme conséquences possibles de notre expérience ; en traduisant ces faits théoriques en langage concret, il pourra se faire que nous obtenions non plus un fait pratique unique, mais plusieurs faits pratiques que la sensibilité de nos instruments nous permettra de distinguer les uns des autres. Il pourra se faire, par exemple, que les diverses valeurs numériques données par notre formule thermodynamique pour le point de fusion de la glace présentent de l'une à l'autre un écart atteignant un dixième de degré, ou même un degré, tandis que notre thermomètre nous permet d'apprécier le centième de degré. Dans ce cas, la déduction mathématique aura perdu son utilité ; les conditions d'une expérience étant pratiquement données, nous ne pourrons plus annoncer, d'une manière pratiquement déterminée, le résultat qui doit être observé.

Une déduction mathématique, issue des hypothèses sur lesquelles repose une théorie, peut donc être utile ou oiseuse selon que des conditions *pratiquement données* d'une expérience elle permet ou non de tirer la prévision *pratiquement déterminée* du résultat.

Cette appréciation de l'utilité d'une déduction mathématique n'est pas toujours absolue ; elle dépend du degré de sensibilité des appareils qui doivent servir à observer le résultat de l'expérience. Supposons, par exemple, qu'à une pression pratiquement donnée, notre formule thermodynamique fasse correspondre un faisceau de points de fusion de la glace ; qu'entre deux de ces points de fusion, la différence surpasse parfois un centième de degré, mais qu'elle n'atteigne jamais un dixième de degré ; la déduction mathématique qui a fourni cette formule sera réputée utile par le physicien dont le thermomètre apprécie seulement le dixième de degré, et inutile par le physicien dont l'instrument décide sûrement un écart de température d'un centième de degré. On voit par là combien le jugement porté sur l'utilité d'un développement mathématique pourra varier d'une époque à l'autre, d'un laboratoire à l'autre, d'un physicien à l'autre, selon l'habileté des constructeurs, selon la perfection de l'outillage, selon l'usage auquel on destine les résultats de l'expérience.

Cette appréciation peut dépendre aussi de la sensibilité des moyens de mesure qui servent à traduire en nombres les conditions pratiquement données de l'expérience.

Reprenons la formule de thermodynamique qui nous a constamment servi d'exemple. Nous sommes en possession d'un thermomètre qui distingue avec certitude une différence de température d'un centième de degré ; pour que notre formule nous annonce, sans ambiguïté pratique, le point de fusion de la glace sous une pression donnée, il sera nécessaire et suffisant qu'elle nous fasse connaître au centième de degré près la valeur numérique de la lettre T.

Or, si nous employons un manomètre grossier, incapable de distinguer deux pressions lorsque leur différence n'atteint pas dix atmosphères, il peut arriver qu'une pression pratiquement donnée corresponde, dans la formule, à des points de fusion s'écartant les uns des autres de plus d'un centième de degré ; tandis que si nous déterminions la pression avec un manomètre plus sensible, discernant sûrement deux pressions qui diffèrent d'une atmosphère, la formule ferait correspondre à une pression donnée un point de fusion connu avec une approximation supérieure au centième de degré. Inutile lorsqu'on fait usage du premier manomètre, la formule deviendrait utile si l'on se servait du second.

§ III. — *Exemple de déduction mathématique à tout jamais inutilisable.*

Dans le cas que nous venons de prendre pour exemple, nous avons augmenté la précision des procédés de mesure qui servaient à traduire en faits théoriques les conditions pratiquement données de l'expérience ; par là, nous avons resserré de plus en plus le faisceau de faits théoriques que cette traduction fait correspondre à un fait pratique unique ; en même temps, le faisceau de faits théoriques par lequel notre déduction mathématique représente le résultat annoncé de l'expérience s'est resserré, lui aussi ; il est devenu assez étroit pour que nos procédés de mesure lui fassent correspondre un fait pratique unique ; à ce moment, notre déduction mathématique est devenue utile.

Il semble qu'il en doive toujours être ainsi. Si, comme donnée, on prend un fait théorique unique, la déduction mathématique lui fait correspondre un autre fait théorique unique ; dès lors, on est naturellement porté à formuler cette conclusion : Quelque délié que soit le faisceau de faits théoriques que l'on veuille obtenir comme résultat, la déduction mathématique pourra toujours lui assurer cette minceur, pourvu que l'on resserre suffisamment le faisceau de faits théoriques qui représente les données.

Si cette intuition atteignait la vérité, une déduction mathématique issue des hypothèses sur lesquelles repose une théorie physique ne pourrait jamais être inutile que d'une manière relative et provisoire ; quelque délicats que soient les procédés destinés à mesurer les résultats d'une expérience, on pourrait toujours, en rendant assez précis et assez minutieux les moyens par lesquels on traduit en nombres les conditions de cette expérience, faire en sorte que, de conditions pratiquement déterminées, notre déduction tire un résultat pratiquement unique. Une déduction, aujourd'hui inutile, deviendrait utile le jour où l'on accroîtrait notablement la sensibilité des instruments qui servent à apprécier les conditions de l'expérience.

Le mathématicien moderne se tient fort en garde contre ces apparentes évidences qui, si souvent, ne sont que piperies. Celle que nous venons d'invoquer n'est qu'un leurre. On peut citer des cas où elle est en contradiction manifeste avec la vérité. Telle déduction, à un fait théorique unique, pris comme donnée, fait correspondre, à titre de résultat, un fait théorique unique. Si la donnée est un faisceau de faits théoriques, le résultat est un autre faisceau de faits théoriques. Mais on a beau resserrer indéfiniment le premier faisceau, le rendre aussi délié que possible, on n'est pas maître de diminuer autant que l'on veut l'écartement du second faisceau ; bien que le premier faisceau soit infiniment étroit, les brins qui forment le second faisceau divergent et se séparent les uns des autres, sans que l'on puisse réduire leurs mutuels écarts au-dessous d'une certaine limite. Une telle déduction mathématique est et restera toujours inutile au physicien ; quelque précis et minutieux que soient les instruments par lesquels les conditions de l'expérience seront traduites en nombres, toujours, à des conditions expérimentales pratiquement déterminées, cette déduction fera correspondre une infinité de résultats pratiques différents ; elle ne permettra plus d'annoncer d'avance ce qui doit arriver en des circonstances données.

D'une telle déduction, à tout jamais inutile, les recherches de M. J. Hadamard nous fournissent un exemple bien saisissant ; il est emprunté à l'un des problèmes les plus simples qu'ait à traiter la moins compliquée des théories physiques, la Mécanique.

Une masse matérielle glisse sur une surface ; aucune pesanteur, aucune force ne la sollicite ; aucun frottement ne gêne son mouvement. Si la surface sur laquelle elle doit demeurer est un plan, elle décrit une ligne droite avec une vitesse uniforme ; si la surface est une sphère, elle décrit un arc de grand cercle, également avec une vitesse uniforme. Si notre point matériel se meut sur une surface quelconque, il décrit une ligne que les géomètres nomment une *ligne géodésique* de la surface considérée. Lorsqu'on se donne la position initiale de notre point matériel et la direction de sa vitesse initiale, la géodésique qu'il doit décrire est bien déterminée.

Les recherches de M. Hadamard (1) ont porté, en particulier, sur les géodésiques des surfaces à courbures

(1) J. Hadamard : *Les surfaces à courbures opposées et leurs lignes géodésiques.* (*Journal de Mathématiques pures et appliquées,* 5e série, t. IV, p. 27 ; 1898.)

opposées, à connexions multiples, qui présentent des nappes infinies; sans nous attarder ici à définir géométriquement de semblables surfaces, bornons-nous à en donner un exemple.

Imaginons le front d'un taureau, avec les éminences d'où partent les cornes et les oreilles, et les cols qui se creusent entre ces éminences ; mais allongeons sans limite ces cornes et ces oreilles, de telle façon qu'elles s'étendent à l'infini ; nous aurons une des surfaces que nous voulons étudier.

Sur une telle surface, les géodésiques peuvent présenter bien des aspects différents.

Il est, d'abord, des géodésiques qui se ferment sur elles-mêmes. Il en est aussi qui, sans jamais repasser exactement par leur point de départ, ne s'en éloignent jamais infiniment ; les unes tournent sans cesse autour de la corne droite, les autres autour de la corne gauche, ou de l'oreille droite, ou de l'oreille gauche ; d'autres, plus compliquées, font alterner suivant certaines règles les tours qu'elles décrivent autour d'une corne avec les tours qu'elles décrivent autour de l'autre corne, ou de l'une des oreilles. Enfin, sur le front de notre taureau aux cornes et aux oreilles illimitées, il y aura des géodésiques qui s'en iront à l'infini, les unes en gravissant la corne droite, les autres en gravissant la corne gauche, d'autres encore en suivant l'oreille droite ou l'oreille gauche.

Malgré cette complication, si l'on connaît avec une entière exactitude la position initiale d'un point matériel sur ce front de taureau et la direction de la vitesse initiale, la ligne géodésique que ce point suivra dans son mouvement sera déterminée sans aucune ambiguïté.

On saura très certainement, en particulier, si le mobile doit demeurer toujours à distance finie ou s'il s'éloignera indéfiniment pour ne plus jamais revenir.

Il en sera tout autrement si les conditions initiales sont données non point mathématiquement, mais pratiquement ; la position initiale de notre point matériel sera non plus un point déterminé sur la surface, mais un point quelconque pris à l'intérieur d'une petite tache ; la direction de la vitesse initiale ne sera plus une droite définie sans ambiguïté, mais une quelconque des droites que comprend un étroit faisceau dont le contour de la petite tache forme le lien ; à nos données initiales pratiquement déterminées correspondra pour le géomètre une infinie multiplicité de données initiales différentes.

Imaginons que certaines de ces données géométriques correspondent à une ligne géodésique qui ne s'éloigne pas à l'infini, par exemple, à une ligne géodésique qui tourne sans cesse autour de la corne droite. La Géométrie nous permet d'affirmer ceci : Parmi les données mathématiques innombrables qui correspondent aux mêmes données pratiques, il en est qui déterminent une géodésique s'éloignant indéfiniment de son point de départ ; après avoir tourné un certain nombre de fois autour de la corne droite, cette géodésique s'en ira à l'infini soit sur la corne droite, soit sur la corne gauche, soit sur l'oreille droite, soit sur l'oreille gauche. Il y a plus ; malgré les limites étroites qui resserrent les données géométriques capables de représenter nos données pratiques, on peut toujours prendre ces données géométriques de telle sorte que la géodésique s'éloigne sur celle des nappes infinies que l'on aura choisie d'avance.

On aura beau augmenter la précision avec laquelle sont déterminées les données pratiques, rendre plus petite la tache où se trouve la position initiale du point matériel, resserrer le faisceau qui comprend la direction initiale de la vitesse, jamais la géodésique qui demeure à distance finie en tournant sans cesse autour de la corne droite ne pourra être débarrassée de ces compagnes infidèles qui, après avoir tourné comme elle autour de la même corne, s'écarteront indéfiniment. Le seul effet de cette plus grande précision dans la fixation des données initiales sera d'obliger ces géodésiques à décrire un plus grand nombre de tours embrassant la corne droite avant de produire leur branche infinie ; mais cette branche infinie ne pourra jamais être supprimée.

Si donc un point matériel est lancé sur la surface étudiée à partir d'une position géométriquement donnée, avec une vitesse géométriquement donnée, la déduction mathématique peut déterminer la trajectoire de ce point et dire si cette trajectoire s'éloigne ou non à l'infini. Mais, pour le physicien, cette déduction est à tout jamais inutilisable. Lorsqu'en effet les données ne sont plus connues géométriquement, mais sont déterminées par des procédés physiques, si précis qu'on les suppose, la question posée demeure et demeurera toujours sans réponse.

§ IV. — *Les mathématiques de l'à peu près.*

L'exemple que nous venons d'analyser nous est fourni, avons-nous dit, par l'un des problèmes les plus simples qu'ait à traiter la Mécanique, c'est-à-dire la moins complexe des théories physiques. Cette simplicité extrême a permis à M. Hadamard de pénétrer dans l'étude du problème assez avant pour mettre à nu l'inutilité physique absolue, irrémédiable, de certaines déductions mathématiques. Cette décevante conclusion ne se rencontrerait-elle pas dans une foule d'autres problèmes plus compliqués, s'il était possible d'en analyser d'assez près la solution? La réponse à cette question ne paraît guère douteuse; les progrès des sciences mathématiques nous prouveront sans doute qu'une foule de problèmes, bien définis pour le géomètre, perdent tout sens pour le physicien.

En voici un (1), qui est bien célèbre, et dont le rapprochement s'impose avec celui qu'a traité M. Hadamard.

Pour étudier les mouvements des astres qui composent le système solaire, les géomètres remplacent tous ces astres : soleil, planètes grosses ou petites, satellites, par des points matériels; ils supposent que ces points s'attirent deux à deux proportionnellement au produit des masses du couple et en raison inverse du carré de la distance qui en sépare les deux éléments. L'étude du mouvement d'un semblable système est un problème beaucoup plus compliqué que celui dont nous avons parlé aux pages précédentes; il est célèbre dans la science sous le nom de problème des n corps; lors même que le nombre des corps soumis à leurs actions mutuelles est réduit à 3, le *problème des trois corps* demeure pour les géomètres une redoutable énigme.

Néanmoins, si l'on connaît à un instant donné, avec

(1) J. Hadamard : *Loc. cit.*, p. 71.

une précision mathématique, la position et la vitesse de chacun des astres qui composent le système, on peut affirmer que chaque astre suit, à partir de cet instant, une trajectoire parfaitement définie ; la détermination effective de cette trajectoire peut opposer aux efforts des géomètres des obstacles qui sont loin d'être levés ; il est permis, toutefois, de supposer qu'un jour viendra où ces obstacles seront renversés.

Dès lors, le géomètre peut se poser la question suivante : Les positions et les vitesses des astres qui composent le système solaire étant ce qu'elles sont aujourd'hui, ces astres continueront-ils tous et indéfiniment à tourner autour du soleil ? N'arrivera-t-il pas au contraire qu'un de ces astres finisse par s'écarter de l'essaim de ses compagnons pour aller se perdre dans l'immensité ? Cette question constitue le problème de la *stabilité du système solaire,* que Laplace avait cru résoudre, dont les efforts des géomètres modernes et, en particulier, de M. Poincaré, ont surtout montré l'extrême difficulté.

Pour le mathématicien, le problème de la stabilité du système solaire a assurément un sens, car les positions initiales des astres et leurs vitesses initiales sont, pour lui, des éléments connus avec une précision mathématique. Mais, pour l'astronome, ces éléments ne sont déterminés que par des procédés physiques ; ces procédés comportent des erreurs que les perfectionnements apportés aux instruments et aux méthodes d'observation réduisent de plus en plus, mais qu'ils n'annuleront jamais. Il se pourrait, dès lors, que le problème de la stabilité du système solaire fût, pour l'astronome, une question dénuée de tout sens ; les données pratiques qu'il fournit au géomètre équivalent, pour celui-ci, à une infinité de données théoriques voisines les unes des autres, mais cependant distinctes ; peut-être, parmi ces données, en est-il qui maintiendraient éternellement tous les astres à distance finie, tandis que d'autres rejetteraient quelqu'un des corps célestes dans l'immensité. Si une telle circonstance, analogue à celle qui s'est offerte dans le problème traité par M. Hadamard, se présentait ici, toute déduction mathématique relative à la stabilité du système solaire serait, pour le physicien, une déduction à tout jamais inutilisable.

On ne peut parcourir les nombreuses et difficiles déductions de la Mécanique céleste et de la Physique mathématique, sans redouter, pour beaucoup de ces déductions, une condamnation à l'éternelle stérilité.

En effet, une déduction mathématique n'est pas utile au physicien tant qu'elle se borne à affirmer que telle proposition, rigoureusement vraie, a pour conséquence l'exactitude rigoureuse de telle autre proposition. Pour être utile au physicien, il lui faut encore prouver que la seconde proposition reste *à peu près* exacte lorsque la première est seulement *à peu près* vraie. Et cela ne suffit pas encore ; il lui faut délimiter l'amplitude de ces deux à peu près ; il lui faut fixer les bornes de l'erreur qui peut être commise sur le résultat, lorsque l'on connaît le degré de précision des méthodes qui ont servi à mesurer les données ; il lui faut définir le degré d'incertitude que l'on pourra accorder aux données, lorsqu'on voudra connaître le résultat avec une approximation déterminée.

Telles sont les conditions rigoureuses que l'on est tenu d'imposer à la déduction mathématique si l'on veut que cette langue, d'une précision absolue, puisse traduire, sans le trahir, le langage du physicien ; car les termes de ce dernier langage sont et seront toujours vagues et imprécis, comme les perceptions qu'ils doivent exprimer. A ces conditions, mais à ces conditions seulement, on aura une représentation mathématique de l'*à peu près*.

Mais qu'on ne s'y trompe pas ; ces *Mathématiques de l'à peu près* ne sont pas une forme plus simple et plus grossière des Mathématiques ; elles en sont, au contraire, une forme plus complète, plus raffinée ; elles exigent la solution de problèmes parfois fort difficiles, parfois même transcendants aux méthodes dont dispose l'Algèbre actuelle.

CHAPITRE IV

L'EXPÉRIENCE DE PHYSIQUE (1)

§ I. — *Une expérience de Physique n'est pas simplement l'observation d'un phénomène ; elle est, en outre, l'interprétation théorique de ce phénomène.*

Le but de toute théorie physique est la représentation des lois expérimentales ; les mots *vérité, certitude,* n'ont, au sujet d'une telle théorie, qu'une seule signification ; ils expriment la concordance entre les conclusions de la théorie et les règles établies par les observateurs. Nous ne saurions donc pousser plus avant la critique de la théorie physique, si nous n'analysions l'exacte nature des lois énoncées par les expérimentateurs, si nous ne marquions avec précision de quel genre de certitude elles sont susceptibles. D'ailleurs, la loi de Physique n'est que le résumé d'une infinité d'expériences qui ont été faites ou qui pour-

(1) Ce chapitre et les deux suivants sont consacrés à l'analyse de la méthode expérimentale telle que l'emploie le physicien ; à ce sujet, nous demandons au lecteur la permission de fixer quelques dates. Nous pensons avoir le premier formulé cette analyse en un article intitulé : *Quelques réflexions au sujet de la Physique expérimentale (Revue des Questions scientifiques*, deuxième série, t. III, 1894). M. G. Milhaud prit l'exposé d'une partie de ces idées pour sujet de son cours en 1895-96 ; il publia, en nous citant d'ailleurs, un résumé de ses leçons sous ce titre : *La Science rationnelle (Revue de Métaphysique et de Morale*, 4e année, 1896, p. 290. — *Le Rationnel*, Paris, 1898). La même analyse de la méthode expérimentale a été adoptée par M. Édouard Le Roy, au 2e article de son écrit : *Science et Philoso-*

ront être réalisées. Nous sommes donc naturellement amenés à nous poser cette question : Qu'est-ce, au juste, qu'une expérience de Physique?

Cette question étonnera sans doute plus d'un lecteur; est-il besoin de la poser, et la réponse n'est-elle pas évidente? Produire un phénomène physique dans des conditions telles qu'on puisse l'observer exactement et minutieusement, au moyen d'instruments appropriés, n'est-ce pas l'opération que tout le monde désigne par ces mots : Faire une expérience de Physique ?

Entrez dans ce laboratoire; approchez-vous de cette table qu'encombrent une foule d'appareils, une pile électrique, des fils de cuivre entourés de soie, des godets pleins de mercure, des bobines, un barreau de fer qui porte un miroir; un observateur enfonce dans de petits trous la tige métallique d'une fiche dont la tête est en ébonite; le fer oscille et, par le miroir qui lui est lié, renvoie sur une règle en celluloïde une bande lumineuse dont l'observateur suit les mouvements ; voilà bien sans doute une expérience; au moyen du va-et-vient de cette tache lumineuse, ce physicien observe minutieusement les oscillations du morceau de fer. Demandez-lui maintenant ce qu'il fait; va-t-il vous répondre : « J'étudie les oscillations du barreau de

phie (*Revue de Métaphysique et de Morale*, 7e année, 1899, p. 503) et dans un autre écrit intitulé : *La Science positive et les philosophies de la liberté* (*Congrès international de Philosophie* tenu à Paris en 1900. *Bibliothèque du Congrès*, I. *Philosophie générale et Métaphysique*, p. 313). M. E. Wilbois admet également une doctrine analogue en son article : *La méthode des Sciences physiques* (*Revue de Métaphysique et de Morale*, 7e année, 1899, p. 579). De cette analyse de la méthode expérimentale employée en Physique, les divers auteurs que nous venons de citer tirent parfois des conclusions qui excèdent les bornes de la Physique; nous ne les suivrons pas jusque-là et nous nous tiendrons constamment dans les limites de la science physique.

fer qui porte ce miroir » ? Non, il vous répondra qu'il mesure la résistance électrique d'une bobine. Si vous vous étonnez, si vous lui demandez quel sens ont ces mots et quel rapport ils ont avec les phénomènes qu'il a constatés, que vous avez constatés en même temps que lui, il vous répondra que votre question nécessiterait de trop longues explications et vous enverra suivre un cours d'électricité.

C'est qu'en effet l'expérience que vous avez vu faire, comme toute expérience de Physique, comporte deux parties. Elle consiste, en premier lieu, dans l'observation de certains faits ; pour faire cette observation, il suffit d'être attentif et d'avoir les sens suffisamment déliés ; il n'est pas nécessaire de savoir la Physique ; le directeur du laboratoire y peut être moins habile que le garçon. Elle consiste, en second lieu, dans l'*interprétation* des faits observés ; pour pouvoir faire cette interprétation, il ne suffit pas d'avoir l'attention en éveil et l'œil exercé ; il faut connaître les théories admises, il faut savoir les appliquer ; il faut être physicien. Tout homme peut, s'il voit clair, suivre les mouvements d'une tache lumineuse sur une règle transparente, voir si elle marche à droite ou à gauche, si elle s'arrête en tel ou tel point ; il n'a pas besoin pour cela d'être grand clerc ; mais s'il ignore l'Électrodynamique, il ne pourra achever l'expérience, il ne pourra mesurer la résistance de la bobine.

Prenons un autre exemple : Regnault étudie la compressibilité des gaz ; il prend une certaine quantité de gaz ; il l'enferme dans un tube de verre ; il maintient la température constante ; il mesure la pression que supporte le gaz et le volume qu'il occupe.

Voilà, dira-t-on, l'observation minutieuse et précise de certains phénomènes, de certains faits. Assurément, entre les mains et sous les yeux de Regnault, entre les mains et sous les yeux de ses aides, des faits concrets se sont produits; est-ce le récit de ces faits que Regnault a consignés pour contribuer à l'avancement de la Physique? Non. Dans un viseur Regnault a vu l'image d'une certaine surface de mercure affleurer à un certain trait; est-ce là ce qu'il a inscrit dans la relation de ses expériences? Non; il a inscrit que le gaz occupait un volume ayant telle valeur. Un aide a élevé et abaissé la lunette d'un cathétomètre jusqu'à ce que l'image d'un autre niveau de mercure vînt affleurer au fil d'un réticule ; il a alors observé la disposition de certains traits sur la règle et sur le vernier du cathétomètre ; est-ce là ce que nous trouvons dans le Mémoire de Regnault? Non; nous y lisons que la pression supportée par le gaz avait telle valeur. Un autre aide a vu, dans le thermomètre, le liquide osciller entre deux certains traits; est-ce là ce qui a été consigné ? Non ; on a marqué que la température du gaz avait varié entre tel et tel degré.

Or, qu'est-ce que la valeur du volume occupé par le gaz, qu'est-ce que la valeur de la pression qu'il supporte, qu'est-ce que le degré de la température à laquelle il est porté ? Sont-ce trois objets concrets? Non ; ce sont trois symboles abstraits que, seule, la théorie physique relie aux faits réellement observés.

Pour former la première de ces abstractions, la valeur du volume occupé par le gaz, et la faire correspondre au fait observé, c'est à-dire à l'affleurement du mercure en un certain trait, il a fallu *jauger* le tube, c'est-à-dire faire appel non seulement aux notions abstraites de l'Arithmétique et de la Géométrie, aux principes abstraits sur lesquels reposent ces sciences, mais encore à la notion abstraite de masse, aux hypothèses de Mécanique générale et de Mécanique céleste qui justifient l'emploi de la balance pour la comparaison des masses ; il a fallu connaître le poids spécifique du mercure à la température où s'est fait ce jaugeage et, pour cela, connaître ce poids spécifique à 0°, ce qui ne se peut faire sans invoquer les lois de l'Hydrostatique ; connaître la loi de la dilatation du mercure, qui se détermine au moyen d'un appareil où figure une lunette, où, par conséquent, certaines lois de l'Optique sont supposées ; en sorte que la connaissance d'une foule de chapitres de la Physique précède nécessairement la formation de cette idée abstraite : Le volume occupé par le gaz.

Plus complexe de beaucoup, plus étroitement liée aux théories les plus profondes de la Physique, est la genèse de cette autre idée abstraite : La valeur de la pression supportée par le gaz. Pour la définir, pour l'évaluer, il a fallu user des notions si délicates, si difficiles à acquérir, de pression, de force de liaison ; il a fallu appeler en aide la formule du nivellement barométrique donnée par Laplace, formule qui se tire des lois de l'Hydrostatique ; il a fallu faire intervenir la loi de compressibilité du mercure, dont la détermination se relie aux questions les plus délicates et les plus controversées de la théorie de l'élasticité.

Ainsi, lorsque Regnault faisait une expérience, il avait des faits devant les yeux, il observait des phénomènes ; mais ce qu'il nous a transmis de cette expérience, ce n'est pas le récit des faits observés ; ce sont des symboles abstraits que les théories admises lui ont permis de substituer aux documents concrets qu'il avait recueillis.

Ce que Regnault a fait, c'est ce que fait nécessairement tout physicien expérimentateur ; voilà pourquoi nous pouvons énoncer ce principe, dont la suite de cet écrit développera les conséquences :

*Une expérience de Physique est l'observation précise d'un groupe de phénomènes, accompagnée de l'*INTERPRÉTATION *de ces phénomènes ; cette interprétation substitue aux données concrètes réellement recueillies par l'observation des représentations abstraites et symboliques qui leur correspondent en vertu des théories que l'observateur admet.*

§ II. — *Le résultat d'une expérience de Physique est un jugement abstrait et symbolique.*

Les caractères qui distinguent si nettement l'expérience de Physique de l'expérience vulgaire, en introduisant dans la première, à titre d'élément essentiel, l'interprétation théorique qui est exclue de la dernière, marquent également les résultats auxquels aboutissent ces deux sortes d'expérience.

Le résultat de l'expérience vulgaire est la constatation d'une relation entre divers faits concrets; tel fait ayant été artificiellement produit, tel autre fait en est résulté. Par exemple, on a décapité une grenouille; on a piqué la jambe gauche de cet animal avec une aiguille ; la jambe droite s'est agitée et s'est efforcée d'écarter l'aiguille ; voilà le résultat d'une expérience de Physiologie ; c'est un récit de faits concrets, obvies ; pour comprendre ce récit, il n'est pas nécessaire de savoir un mot de Physiologie.

Le résultat des opérations auxquelles se livre un physicien expérimentateur n'est point du tout la constatation d'un groupe de faits concrets ; c'est l'énoncé d'un jugement reliant entre elles certaines notions abstraites, symboliques, dont les théories seules établissent la correspondance avec les faits réellement observés. Cette vérité saute aux yeux de quiconque réfléchit. Ouvrez un mémoire quelconque de Physique expérimentale et lisez-en les conclusions ; ces conclusions ne sont nullement l'exposition pure et simple de certains phénomènes ; ce sont des énoncés abstraits auxquels vous ne pouvez attacher aucun sens, si vous ne connaissez pas les théories physiques admises par l'auteur. Vous y lisez, par exemple, que la force électromotrice de telle pile à gaz augmente de tant de volts lorsque la pression augmente de tant d'atmosphères. Que signifie cet énoncé ? On ne peut lui attribuer aucun sens sans recourir aux théories les plus variées, comme les plus élevées de la Physique. Nous avons dit, déjà, que la pression était un symbole quantitatif introduit par la Mécanique rationnelle, et un des plus subtils dont cette science ait à traiter. Pour comprendre la signification du mot *force électromotrice,* il faut faire appel à la théorie électrocinétique fondée par Ohm et par Kirchhoff. Le *volt* est l'unité de force électromotrice dans le système électromagnétique pratique d'unités ; la définition de cette unité se tire des équations de l'Électromagnétisme et de l'induction établies par Ampère, par F.-E. Neumann, par W. Weber. Pas un des mots qui servent à énoncer le résultat d'une telle expérience n'exprime directement un objet visible et tangible ; chacun d'eux a un sens abstrait et symbolique ; ce sens n'est relié aux réalités concrètes que par des intermédiaires théoriques longs et compliqués.

Insistons sur ces remarques si importantes à la claire intelligence de la Physique et, cependant, si souvent méconnues.

En l'énoncé d'un résultat d'expérience semblable à celui que nous venons de rappeler, celui qui ignore la Physique, et pour lequel un semblable énoncé demeure lettre morte, pourrait être tenté de voir un simple exposé, en un *langage technique,* insaisissable aux profanes, mais clair aux initiés, des faits que l'expérimentateur a observés. Ce serait une erreur.

Je suis sur un voilier. J'entends l'officier de quart lancer ce commandement : « Au bras et boulines partout, brassez ! » Étranger aux choses de la marine, je ne comprends pas ces paroles ; mais je vois les hommes de l'équipage courir à des postes assignés d'avance, saisir des cordes déterminées et hâler en mesure sur ces cordes. Les mots que l'officier a prononcés désignent, pour eux, des objets concrets bien déterminés, éveillent en leur esprit l'idée d'une manœuvre connue à accomplir. Tel est, pour l'initié, l'effet du langage technique.

Tout autre est le langage du physicien. Supposons que, devant un physicien, on prononce cette phrase : Si l'on fait croître la pression de tant d'atmosphères, on augmente de tant de volts la force électromotrice de telle pile. Il est bien vrai que l'initié, que celui qui connaît les théories de la Physique, peut traduire cet énoncé en faits, peut réaliser l'expérience dont le résultat est ainsi exprimé ; mais, chose remarquable, il peut la réaliser d'une infinité de manières différentes. Il peut exercer la pression en versant du mercure dans un tube, en faisant monter un réservoir plein de liquide, en manœuvrant une presse hydraulique, en enfonçant dans l'eau un piston à vis. Il peut mesurer cette pression avec un manomètre à air libre, avec un manomètre à air comprimé, avec un manomètre métallique. Pour apprécier la variation de la force électromotrice, il pourra employer successivement tous les types connus d'électromètres, de galvanomètres, d'électrodynamomètres, de voltmètres ; chaque nouvelle disposition d'appareils lui fournira des faits nouveaux à constater ; il pourra employer des dispositions d'appareils que le premier auteur de l'expérience n'aura pas soupçonnées et voir des phénomènes que cet auteur n'aura jamais vus. Cependant, toutes ces manipulations, si diverses qu'un profane n'apercevrait entre elles aucune analogie, ne sont pas vraiment des expériences différentes ; ce sont seulement des formes différentes d'une même expérience ; les faits qui se sont réellement produits ont été aussi dissemblables que possible ; cependant la constatation de ces faits s'exprime par cet unique énoncé : la force électromotrice de telle pile augmente de tant de volts lorsque la pression augmente de tant d'atmosphères.

Il est donc clair que le langage par lequel un physicien exprime les résultats de ses expériences n'est pas un langage technique semblable à celui qu'emploient les divers arts et les divers métiers ; il ressemble au langage technique en ce que l'initié le peut traduire en faits ; mais il en diffère en ce qu'une phrase donnée d'un langage technique exprime une opération déterminée accomplie sur des objets concrets bien définis, tandis qu'une phrase du langage physique peut se traduire en faits d'une infinité de manières différentes.

A ceux qui insistent, avec M. Le Roy, sur la part considérable de l'interprétation théorique dans l'énoncé d'un fait d'expérience, M. H. Poincaré (1) a opposé l'opinion même que nous combattons en ce moment ; selon lui, la théorie physique serait un simple vocabulaire permettant de traduire les faits concrets en une langue conventionnelle simple et commode. « Le fait scientifique, dit-il (2), n'est que le fait brut énoncé dans un langage commode. » Et encore (3) : « Tout ce que crée le savant dans un fait, c'est le langage dans lequel il l'énonce. »

« Quand j'observe un galvanomètre (4), si je demande à un visiteur ignorant : le courant passe-t-il? il va regarder le fil pour tâcher d'y voir passer quelque chose. Mais si je pose la même question à mon aide qui comprend ma langue, il saura que cela veut dire : le spot (5) se déplace-t-il ? et il regardera sur l'échelle. »

(1) H. Poincaré : *Sur la valeur objective des théories physiques* (*Revue de Métaphysique et de Morale*, 10e année, 1902, p. 263).

(2) H. Poincaré : *Loc. cit.*, p. 272.

(3) H. Poincaré : *Loc. cit.*, p. 273.

(4) H. Poincaré : *Loc. cit.*, p. 270.

(5) On nomme ainsi la tache lumineuse qu'un miroir, fixé à l'aimant du galvanomètre, renvoie sur une règle divisée transparente.

« Quelle différence y a-t-il alors entre l'énoncé d'un fait brut et l'énoncé d'un fait scientifique? Il y a la même différence qu'entre l'énoncé d'un fait brut dans la langue française et l'énoncé du même fait dans la langue allemande. L'énoncé scientifique est la traduction de l'énoncé brut dans un langage qui se distingue surtout du français vulgaire ou de l'allemand vulgaire, parce qu'il est parlé par un bien moins grand nombre de personnes. »

Il n'est pas exact que ces mots : « Le courant passe » soient une simple manière conventionnelle d'exprimer ce fait : Le barreau aimanté de tel galvanomètre est dévié. En effet, à cette question : « Le courant passe-t-il? » mon aide pourra fort bien répondre : « Le courant passe, et cependant l'aimant n'est pas dévié ; le galvanomètre présente quelque défaut. » Pourquoi, malgré l'absence d'indication du galvanomètre, affirme-t-il que le courant passe ? Parce qu'il a constaté qu'en un voltamètre, placé sur le même circuit que le galvanomètre, des bulles de gaz se dégageaient ; ou bien qu'une lampe à incandescence, intercalée sur le même fil, brillait; ou bien qu'une bobine sur laquelle ce fil est enroulé s'échauffait; ou bien qu'une rupture du conducteur était accompagnée d'étincelles ; et parce qu'en vertu des théories admises chacun de ces faits doit, lui aussi, comme la déviation du galvanomètre, se traduire par ces mots : « Le courant passe. » Cet assemblage de mots n'exprime donc pas, en un langage technique et conventionnel, un certain fait concret; formule symbolique, il n'a aucun sens pour celui qui ignore les théories physiques; mais, pour celui qui connaît ces théories, il peut se traduire en faits concrets d'une infinité de manières différentes, *parce que tous ces faits disparates admettent la même interprétation théorique.*

M. H. Poincaré sait (1) que l'on peut faire cette objection à la doctrine qu'il soutient ; voici comment il l'expose (2) et comment il y répond :

« N'allons pas trop vite, cependant. Pour mesurer un courant, je puis me servir d'un très grand nombre de types de galvanomètres ou encore d'un électrodynamomètre. Et alors quand je dirai : il règne dans ce circuit un courant de tant d'ampères, cela voudra dire : si j'adapte à ce circuit tel galvanomètre, je verrai le spot venir à la division *a ;* mais cela voudra dire également : si j'adapte à ce circuit tel électrodynamomètre, je verrai le spot venir à la division *b.* Et cela voudra dire encore beaucoup d'autres choses, car le courant peut se manifester non seulement par des effets mécaniques, mais par des effets chimiques, thermiques, lumineux, etc. »

« Voilà donc un énoncé qui convient à un très grand nombre de faits bruts absolument différents. Pourquoi ? C'est parce que j'admets une loi d'après laquelle toutes les fois que tel effet mécanique se produira, tel effet chimique se produira de son côté. Des expériences antérieures très nombreuses ne m'ont jamais montré cette loi en défaut, et alors je me suis rendu

(1) Il n'y a d'ailleurs pas lieu de s'en étonner si l'on observe que la doctrine précédente a été publiée par nous, en des termes presque identiques, dès 1894, tandis que l'article de M. Poincaré a paru en 1902 ; en comparant nos deux articles, on pourra se convaincre qu'en ce passage M. H. Poincaré combat notre manière de voir tout autant que celle de M. Le Roy.

(2) *Loc. cit.*, 270.

compte que je pourrais exprimer par le même énoncé deux faits aussi invariablement liés l'un à l'autre. »

M. H. Poincaré reconnaît donc que ces mots : « Tel fil est traversé par un courant de tant d'ampères » expriment non pas un fait unique, mais une infinité de faits possibles, et cela, en vertu de relations constantes entre diverses lois expérimentales. Mais ces relations ne sont-elles pas précisément ce que tout le monde appelle la *théorie du courant électrique?* C'est parce que cette théorie est supposée construite que ces mots : « Il passe dans ce fil un courant de tant d'ampères » peuvent condenser tant de significations distinctes. Le rôle du savant ne s'est donc pas borné à créer un langage clair et concis pour exprimer les faits concrets ; ou, plutôt, la création de ce langage supposait la création de la théorie physique.

Entre un symbole abstrait et un fait concret, il peut y avoir correspondance, il ne peut y avoir entière parité ; le symbole abstrait ne peut être la représentation adéquate du fait concret, le fait concret ne peut être l'exacte réalisation du symbole abstrait ; la formule abstraite et symbolique par laquelle un physicien exprime les faits concrets qu'il a constatés au cours d'une expérience ne peut être l'exact équivalent, la relation fidèle de ces constatations.

Cette disparité entre le *fait pratique,* réellement observé, et le *fait théorique,* c'est-à-dire la formule symbolique et abstraite énoncée par le physicien, s'est manifestée à nous par cela que des faits concrets très différents peuvent se fondre les uns dans les autres lorsqu'ils sont interprétés par la théorie, ne plus constituer qu'une même expérience et s'exprimer par un énoncé symbolique unique : *A un même fait théorique peuvent correspondre une infinité de faits pratiques distincts.*

Cette même disparité se traduit encore à nos yeux par cette autre conséquence : *A un même fait pratique peuvent correspondre une infinité de faits théoriques logiquement incompatibles ;* à un même ensemble de faits concrets, on peut faire correspondre, en général, non pas un seul jugement symbolique, mais une infinité de jugements différents les uns des autres et qui, logiquement, se contredisent l'un l'autre.

Un expérimentateur a fait certaines observations ; il les a traduites par cet énoncé : Une augmentation de pression de 100 atmosphères fait croître la force électromotrice de telle pile à gaz de $0^{volt},0845$; il aurait pu dire tout aussi légitimement que cette augmentation de pression fait croître cette force électromotrice de $0^{volt},0844$ ou encore qu'elle la fait croître de $0^{volt},0846$. Comment ces diverses propositions peuvent-elles être équivalentes pour le physicien ? Car, pour le mathématicien, elles se contredisent l'une l'autre ; si un nombre est 845, il n'est et ne peut être ni 844, ni 846.

Voici ce que le physicien entend affirmer en déclarant que ces trois jugements sont identiques à ses yeux : Acceptant la valeur $0^{volt},0845$ pour diminution de la force électromotrice, il calcule, au moyen de théories admises, la déviation qu'éprouvera l'aiguille de son galvanomètre lorsqu'il lancera dans l'instrument le courant fourni par cette pile ; c'est là, en effet, le phénomène que ses sens devront observer ; il trouve que cette déviation prendra une certaine valeur.

S'il répète le même calcul en attribuant à la diminution de force électromotrice de la pile la valeur 0^{volt},0844 ou bien la valeur 0^{volt},0846, il trouvera d'autres valeurs pour la déviation de l'aimant ; mais les trois déviations ainsi calculées différeront trop peu pour que la vue puisse les discerner l'une de l'autre. Voilà pourquoi le physicien confondra entre elles ces trois évaluations de la diminution de la force électromotrice 0^{volt},0845, 0^{volt},0844, 0^{volt},0846, tandis que le mathématicien les regarderait comme incompatibles.

Entre le fait théorique, précis et rigoureux, et le fait pratique, aux contours vagues et indécis comme tout ce que nous révèlent nos perceptions, il ne peut y avoir adéquation ; voilà pourquoi un même fait pratique peut correspondre à une infinité de faits théoriques. Nous avons insisté, au Chapitre précédent, sur cette disparité et ses conséquences, assez pour n'avoir plus à y revenir au présent Chapitre.

Un fait théorique unique peut donc se traduire par une infinité de faits pratiques disparates ; un fait pratique unique correspond à une infinité de faits théoriques incompatibles ; cette double constatation fait éclater aux yeux la vérité que nous voulions mettre en évidence : Entre les phénomènes réellement constatés au cours d'une expérience et le résultat de cette expérience, formulé par le physicien, s'intercale une élaboration intellectuelle très complexe qui, à un récit de faits concrets, substitue un jugement abstrait et symbolique.

§ III. — *L'interprétation théorique des phénomènes rend seule possible l'usage des instruments.*

L'importance de cette opération intellectuelle, par laquelle les phénomènes réellement observés par le physicien sont interprétés selon les théories admises, ne se marque pas seulement en la forme prise par le résultat de l'expérience ; elle se manifeste également par les moyens qu'emploie l'expérimentateur.

Il serait, en effet, impossible d'user des instruments que l'on trouve dans les laboratoires de Physique, si l'on ne substituait aux objets concrets qui composent ces instruments une représentation abstraite et schématique qui donne prise au raisonnement mathématique; si l'on ne soumettait cette combinaison d'abstractions à des déductions et à des calculs qui impliquent adhésion aux théories.

Au premier abord, cette affirmation étonnera peut-être le lecteur.

Une foule de gens emploient la loupe, qui est un instrument de Physique; cependant, pour en faire usage, ils n'ont nul besoin de remplacer ce morceau de verre bombé, poli, brillant, pesant, enchâssé dans le cuivre ou dans la corne, par l'ensemble de deux surfaces sphériques limitant un milieu doué d'un certain indice de réfraction, bien que cet ensemble seul soit accessible aux raisonnements de la Dioptrique; ils n'ont aucun besoin d'avoir étudié la Dioptrique, de connaître la théorie de la loupe. Il leur a suffi de regarder un même objet d'abord à l'œil nu, puis avec la loupe, pour constater que cet objet gardait le même aspect dans les deux cas, mais qu'il paraissait, dans le second, plus grand que dans le premier ; dès lors, si la loupe leur fait voir un objet que l'œil nu ne percevait pas, une généralisation toute spontanée, jaillie du sens commun, leur permet d'affirmer que cet objet a été grossi par la loupe au point d'être rendu visible, mais qu'il n'a été ni créé, ni déformé par la lentille de verre. Les jugements spontanés du sens commun suffisent ainsi à justifier l'emploi qu'ils font de la loupe au cours de leurs observations ; les résultats de ces observations ne dépendront en aucune façon des théories de la Dioptrique.

L'exemple choisi est emprunté à l'un des instruments les plus simples et les plus grossiers de la Physique ; néanmoins, est-il bien vrai que l'on puisse user de cet instrument sans faire aucun appel aux théories de la Dioptrique ? Les objets vus à la loupe paraissent cernés des couleurs de l'arc-en-ciel ; n'est-ce pas la théorie de la dispersion qui nous apprend à regarder ces couleurs comme créées par l'instrument, à en faire abstraction lorsque nous décrivons l'objet observé ? Et combien cette remarque devient plus grave s'il s'agit non plus d'une simple loupe, mais d'un microscope puissant ! A quelles singulières erreurs on s'exposerait parfois si l'on attribuait naïvement aux objets observés la forme et la couleur que l'instrument nous révèle ; si une discussion, tirée des théories optiques, ne nous permettait de faire la part des apparences et la part des réalités !

Cependant, avec ce microscope destiné à la description purement qualitative d'objets concrets très petits, nous sommes encore bien loin des instruments qu'emploie le physicien ; les expériences combinées au moyen de ces instruments ne doivent pas aboutir à un récit de faits réels, à une description d'objets concrets, mais à une évaluation numérique de certains symboles créés par les théories.

Voici, par exemple, l'instrument qu'on appelle une *boussole des tangentes*. Sur un cadre circulaire s'enroule un fil de cuivre entouré de soie ; au centre du cadre, un petit barreau d'acier aimanté est suspendu par un fil de cocon ; une aiguille d'aluminium, portée par ce barreau, se meut sur un cercle divisé en degrés et permet de repérer avec précision l'orientation du barreau. Si les deux extrémités du fil de cuivre sont mises en relation avec les pôles d'une pile, l'aimant subit une déviation que nous pouvons lire sur le cercle divisé ; elle est, par exemple, de 30°.

La simple constatation de ce fait n'implique aucune adhésion aux théories physiques ; mais elle ne suffit pas non plus à constituer une expérience de Physique ; le physicien, en effet, ne se propose pas de connaître la déviation éprouvée par l'aimant, mais bien de mesurer l'intensité du courant qui traverse le fil de cuivre.

Or, pour calculer la valeur de cette intensité d'après la valeur, 30°, de la déviation observée, il faut reporter cette dernière valeur dans une certaine formule. Cette formule est une conséquence des lois de l'Électromagnétisme ; pour qui ne regarderait pas comme exacte la théorie électromagnétique de Laplace et d'Ampère, l'emploi de cette formule, le calcul qui doit faire connaître l'intensité du courant, seraient de véritables non-sens.

Cette formule s'applique à toutes les boussoles des tangentes possibles, à toutes les déviations, à toutes les intensités de courant; pour en tirer la valeur de l'intensité particulière qu'il s'agit de mesurer, il faut la spécialiser, non seulement en y introduisant la valeur particulière de la déviation, 30°, qui vient d'être observée, mais encore en l'appliquant non pas à n'importe quelle boussole des tangentes, mais à la boussole particulière qui a été employée. Comment se fait cette spécialisation? Certaines lettres figurent, dans la formule, les *constantes caractéristiques* de l'instrument : le rayon du fil circulaire que traverse le courant, le moment magnétique de l'aimant, la grandeur et la direction du champ magnétique au lieu où se trouve l'instrument; ces lettres, on les remplace par les valeurs numériques qui conviennent à l'instrument employé et au laboratoire où il se trouve.

Or, cette façon d'exprimer que nous nous sommes servis de tel instrument, que nous avons opéré dans tel laboratoire, que suppose-t-elle? Elle suppose qu'au fil de cuivre d'une certaine grosseur où nous avons lancé le courant, nous substituions une circonférence de cercle, ligne géométrique sans épaisseur, entièrement définie par son rayon; qu'à la pièce d'acier aimantée d'une certaine grandeur, d'une certaine forme, pendue à un fil de cocon, nous substituions un axe magnétique horizontal infiniment petit, mobile, sans frottement, autour d'un axe vertical et doué d'un certain moment magnétique; qu'au laboratoire où l'expérience s'est faite nous substituions un certain espace entièrement défini par un champ magnétique qui a une certaine direction et une certaine intensité.

Ainsi, tant qu'il s'est agi seulement de lire la déviation de l'aimant, nous avons touché et regardé un certain assemblage de cuivre, d'acier, d'aluminium, de verre, de soie, reposant, par trois vis calantes, sur une certaine console d'un certain laboratoire sis à la Faculté des Sciences de Bordeaux, au rez-de-chaussée ; mais ce laboratoire où le visitéur ignorant de la Physique peut entrer, cet instrument que l'on peut examiner sans connaître un mot d'Électromagnétisme, lorsqu'il s'est agi d'achever l'expérience en interprétant les lectures faites, en appliquant la formule de la boussole des tangentes, nous les avons abandonnés ; nous leur avons substitué l'assemblage d'un champ magnétique, d'un axe magnétique, d'un moment magnétique, d'un courant circulaire doué d'une certaine intensité, c'est-à-dire un groupement de symboles auxquels les théories physiques donnent seules un sens, qui sont inconcevables à ceux qui ignorent l'Électromagnétisme.

Donc, lorsqu'un physicien fait une expérience, deux représentations bien distinctes de l'instrument sur lequel il opère occupent simultanément son esprit; l'une est l'image de l'instrument concret qu'il manipule en réalité ; l'autre est un type schématique du même instrument, construit au moyen de symboles fournis par les théories ; et c'est sur cet instrument idéal et symbolique qu'il raisonne, c'est à lui qu'il applique les lois et les formules de la Physique.

Ces principes permettent de définir ce qu'il convient d'entendre lorsqu'on dit que l'on accroît la précision d'une expérience en éliminant les *causes d'erreur* par des *corrections* appropriées ; nous allons voir, en effet, que ces corrections ne sont autre chose que des perfectionnements apportés à l'interprétation théorique de l'expérience.

Au fur et à mesure que la Physique progresse, on voit se resserrer l'indétermination du groupe de jugements abstraits que le physicien fait correspondre à un même fait concret; l'approximation des résultats expérimentaux va croissant, non seulement parce que les constructeurs fournissent des instruments de plus en plus précis, mais aussi parce que les théories physiques donnent, pour établir la correspondance entre les faits et les idées schématiques qui servent à les représenter, des règles de plus en plus satisfaisantes. Cette précision croissante s'achète, il est vrai, par une complication croissante, par l'obligation d'observer, en même temps que le fait principal, une série de faits accessoires, par la nécessité de soumettre les constatations brutes de l'expérience à des combinaisons, à des transformations de plus en plus nombreuses et délicates ; ces transformations que l'on fait subir aux données immédiates de l'expérience, ce sont les *corrections*.

Si l'expérience de Physique était la simple constatation d'un fait, il serait absurde d'y apporter des corrections; lorsque l'observateur aurait regardé attentivement, soigneusement, minutieusement, il serait ridicule de lui dire : Ce que vous avez vu n'est pas ce que vous auriez dû voir; permettez-moi de faire quelques calculs qui vous enseigneront ce que vous auriez dû constater.

Le rôle logique des corrections se comprend au contraire fort bien lorsqu'on se souvient qu'une expérience de Physique n'est pas seulement la constatation d'un ensemble de faits, mais encore la traduction de ces faits en un langage symbolique, au moyen de règles empruntées aux théories physiques. Il en résulte, en effet, que le physicien compare sans cesse l'un à l'autre deux instruments : l'instrument réel qu'il manipule, et l'instrument idéal et symbolique sur lequel il raisonne ; que, par exemple, le mot *manomètre* désigne pour Regnault deux choses essentiellement distinctes, mais indissolublement liées l'une à l'autre : d'une part, une suite de tubes de verre, solidement reliés les uns aux autres, adossés à la tour du Lycée Henri IV, remplis d'un métal liquide fort pesant que les chimistes nomment mercure ; d'autre part, une colonne de cet être de raison que les mécaniciens nomment un fluide parfait, doué en chaque point d'une certaine densité et d'une certaine température, défini par une certaine équation de compressibilité et de la dilatation. C'est sur le premier de ces deux manomètres que l'aide de Regnault pointe la lunette de son cathétomètre ; mais c'est au second que le grand physicien applique les lois de l'Hydrostatique.

L'instrument schématique n'est pas et ne peut pas être l'exact équivalent de l'instrument réel ; mais on conçoit qu'il en puisse donner une image plus ou moins parfaite ; on conçoit qu'après avoir raisonné sur un instrument schématique trop simple et trop éloigné de la réalité, le physicien cherche à lui substituer un schéma plus compliqué, mais plus ressemblant ; ce passage d'un certain instrument schématique à un autre qui symbolise mieux l'instrument concret, c'est essentiellement l'opération que désigne, en Physique, le mot *correction*.

Un aide de Regnault lui donne la hauteur de la colonne de mercure contenue dans un manomètre ; Regnault la corrige ; est-ce qu'il soupçonne son aide d'avoir mal vu, de s'être trompé dans ses lectures ? Non ; il a pleine confiance dans les observations qui ont été faites ; s'il n'avait pas cette confiance, il ne pourrait pas corriger l'expérience ; il ne pourrait que la recommencer. Si donc, à cette hauteur déterminée par son aide, Regnault en substitue une autre, c'est en vertu d'opérations intellectuelles destinées à rendre moins disparates entre eux le manomètre idéal, symbolique, qui n'existe qu'en sa raison et auquel s'appliquent ses calculs, et le manomètre réel, en verre et en mercure, qui se dresse devant ses yeux et sur lequel son aide fait des lectures. Regnault pourrait représenter ce manomètre réel par un manomètre idéal, formé d'un fluide incompressible, ayant partout même température, soumis en tout point de sa surface libre à une pression atmosphérique indépendante de la hauteur ; entre ce schéma trop simple et la réalité, le disparate serait trop grand et, partant, la précision de l'expérience serait insuffisante. Alors il conçoit un nouveau manomètre idéal, plus compliqué que le premier, mais représentant mieux le manomètre réel et concret ; il compose ce nouveau manomètre avec un fluide compressible; il admet que la température varie d'un point à l'autre ; il admet également que la pression barométrique change lorsqu'on s'élève dans l'atmosphère; toutes ces retouches au schéma primitif constituent autant de corrections : correction relative à la compressibilité du mercure, correction relative à l'inégal échauffement de la colonne mercurielle, correction de Laplace relative à la hauteur barométrique ;

toutes ces corrections ont pour effet d'accroître la précision de l'expérience.

Le physicien qui, par des corrections, complique la représentation théorique des faits observés pour permettre à cette représentation de serrer de plus près la réalité, est semblable à l'artiste qui, après avoir achevé un dessin au trait, y ajoute des ombres pour mieux exprimer sur une surface plane le relief du modèle.

Celui qui ne verrait dans les expériences de Physique que des constatations de faits ne comprendrait pas le rôle que les corrections jouent dans ces expériences ; il ne comprendrait pas davantage ce qu'on entend en parlant des *erreurs systématiques* que comporte une expérience.

Laisser subsister, dans une expérience, une cause d'erreur systématique, c'est omettre une correction qui pourrait être faite et qui accroîtrait la précision de l'expérience ; c'est se contenter d'une image théorique trop simple alors qu'on pourrait lui substituer une image plus compliquée, mais représentant mieux la réalité ; c'est se contenter d'une esquisse au trait, alors que l'on pourrait faire un dessin ombré.

Dans ses expériences sur la compressibilité des gaz, Regnault avait laissé subsister une cause d'erreur systématique qu'il n'avait pas aperçue et qui a été signalée depuis ; il avait négligé l'action de la pesanteur sur le gaz soumis à la compression. Qu'entend-on dire lorsqu'on reproche à Regnault de n'avoir pas tenu compte de cette action, d'avoir omis cette correction ? Veut-on dire que ses sens l'ont trompé alors qu'il observait les phénomènes produits sous ses yeux ?

Nullement. On lui reproche d'avoir trop simplifié l'image théorique de ces faits en se représentant comme un fluide homogène le gaz soumis à la compression, alors qu'en le regardant comme un fluide dont la pression varie avec la hauteur suivant une certaine loi, il aurait obtenu une nouvelle image abstraite, plus compliquée que la première, mais reproduisant plus fidèlement la réalité.

§ IV. — *De la critique d'une expérience de Physique; en quoi elle diffère de l'examen d'un témoignage ordinaire.*

Une expérience de Physique étant tout autre chose que la simple constatation d'un fait, on conçoit sans peine que la certitude d'un résultat d'expérience soit d'un tout autre ordre que la certitude d'un fait simplement constaté par les sens; on conçoit également que ces certitudes de nature si différente s'apprécient par des méthodes entièrement distinctes.

Lorsqu'un témoin sincère, assez sain d'esprit pour ne pas confondre les jeux de son imagination avec des perceptions, connaissant la langue dont il se sert assez bien pour exprimer clairement sa pensée, affirme avoir constaté un fait, le fait est certain; si je vous déclare que tel jour, à telle heure, dans telle rue de la ville, j'ai vu un cheval blanc, à moins que vous n'ayez des raisons pour me considérer comme un menteur ou comme un halluciné, vous devez croire que ce jour-là, à cette heure-là, dans cette rue-là, il y avait un cheval blanc.

La confiance qui doit être accordée à la proposition

énoncée par un physicien comme résultat d'une expérience n'est pas de la même nature ; si le physicien se bornait à nous conter les faits qu'il a vus, ce qui s'appelle vu, de ses yeux vu, son témoignage devrait être examiné suivant les règles générales, propres à fixer le degré de créance que mérite le témoignage d'un homme ; si le physicien était reconnu digne de foi — et ce serait, je pense, le cas général — son témoignage devrait être reçu comme l'expression de la vérité.

Mais, encore une fois, ce que le physicien énonce comme le résultat d'une expérience, ce n'est pas le récit des faits constatés ; c'est l'interprétation de ces faits, c'est leur transposition dans le monde idéal, abstrait, symbolique, créé par les théories qu'il regarde comme établies.

Donc, après avoir soumis le témoignage du physicien aux règles qui fixent le degré de confiance mérité par le récit d'un témoin, nous n'aurons accompli qu'une partie, et la partie la plus aisée, de la critique qui doit déterminer la valeur de son expérience.

Il nous faut, en premier lieu, nous enquérir avec grand soin des théories que le physicien regarde comme établies et qui lui ont servi à interpréter les faits qu'il a constatés ; faute de connaître ces théories, il nous serait impossible de saisir le sens qu'il attribue à ses propres énoncés ; ce physicien serait devant nous comme un témoin devant un juge qui n'entendrait pas sa langue.

Si les théories admises par ce physicien sont celles que nous acceptons, si nous sommes convenus de suivre les mêmes règles dans l'interprétation des mêmes phénomènes, nous parlons la même langue et nous pouvons nous entendre. Mais il n'en est pas toujours ainsi ; il n'en est pas ainsi lorsque nous discutons les expériences d'un physicien qui n'appartient pas à la même École que nous ; il n'en est pas ainsi, surtout, lorsque nous discutons les expériences d'un physicien que cinquante ans, qu'un siècle, que deux siècles séparent de nous. Il nous faut alors chercher à établir une correspondance entre les idées théoriques de l'auteur que nous étudions et les nôtres ; interpréter à nouveau, au moyen des symboles dont nous usons, ce qu'il avait interprété au moyen des symboles qu'il acceptait ; si nous y parvenons, la discussion de son expérience deviendra possible ; cette expérience sera un témoignage rendu dans une langue étrangère à la nôtre, mais dans une langue dont nous possédons le vocabulaire ; nous pouvons le traduire et l'examiner.

Newton, par exemple, avait fait certaines observations touchant le phénomène des anneaux colorés ; ces observations, il les avait interprétées dans la théorie optique qu'il avait créée, dans la théorie de l'émission ; il les avait interprétées comme donnant, pour les corpuscules lumineux de chaque couleur, la distance entre un *accès de facile réflexion* et un *accès de facile transmission*. Lorsque Young et Fresnel ramenèrent au jour la théorie des ondulations pour la substituer à la théorie de l'émission, il leur fut possible de faire correspondre certains éléments de la nouvelle théorie à certains éléments de l'ancienne ; ils virent, en particulier, que la distance entre un accès de facile réflexion et un accès de facile transmission correspondait au quart de ce que la nouvelle théorie appelait *longueur d'onde;* grâce à cette remarque, les résultats des expériences de Newton purent être traduits dans le langage des ondulations ; les nombres qu'avait obtenus Newton, multipliés par 4, donnèrent les longueurs d'onde des diverses couleurs.

De la même manière, Biot avait fait, sur la polarisation de la lumière, un très grand nombre d'expériences minutieuses; il les avait interprétées dans le système de l'émission ; Fresnel put les traduire dans le langage de la théorie des ondulations et les employer au contrôle de cette théorie.

Si, au contraire, nous ne pouvons obtenir de renseignements suffisants sur les idées théoriques du physicien dont nous discutons l'expérience, si nous ne parvenons pas à établir une correspondance entre les symboles qu'il a adoptés et les symboles que nous fournissent les théories que nous acceptons, les propositions par lesquelles ce physicien a traduit les résultats de ses expériences ne seront pour nous ni vraies, ni fausses; elles seront dénuées de sens, elles seront lettre morte; elles seront à nos yeux ce que des inscriptions étrusques ou ligures sont aux yeux de l'épigraphiste : des documents écrits dans une langue que nous ne savons pas lire. Que d'observations, accumulées par les physiciens d'autrefois, sont ainsi perdues à tout jamais ! Leurs auteurs ont négligé de nous renseigner sur les méthodes qui leur servaient à interpréter les faits; il nous est impossible de transposer leurs interprétations dans nos théories ; ils ont enfermé leurs idées sous des signes dont nous n'avons pas la clef.

Ces premières règles sembleront peut-être naïves,

et l'on s'étonnera de nous voir insister à leur endroit ; cependant, si ces règles sont banales, il est encore plus banal d'y manquer. Que de discussions scientifiques où chacun des deux tenants prétend écraser son adversaire sous le témoignage irrécusable des faits ! On s'oppose l'un à l'autre des observations contradictoires. La contradiction n'est pas dans la réalité, toujours d'accord avec elle-même ; elle est entre les théories par lesquelles chacun des deux champions exprime cette réalité. Que de propositions regardées comme de monstrueuses erreurs dans les écrits de ceux qui nous ont précédés ! On les célébrerait peut-être comme de grandes vérités, si l'on voulait bien s'enquérir des théories qui donnent leur vrai sens à ces propositions, si l'on prenait soin de les traduire dans la langue des théories prônées aujourd'hui.

Supposons que nous ayons constaté l'accord entre les théories admises par un expérimentateur et celles que nous regardons comme exactes ; il s'en faut bien que nous puissions d'emblée faire nôtres les jugements par lesquels il énonce les résultats de ses expériences ; il nous faut maintenant examiner si, dans l'interprétation des faits observés, il a correctement appliqué les règles tracées par les théories qui nous sont communes ; parfois, nous constaterons que l'expérimentateur n'a pas satisfait à toutes les exigences légitimes ; en appliquant les théories, il aura commis une faute de raisonnement ou de calcul ; alors, le raisonnement devra être repris ou le calcul refait ; le résultat de l'expérience devra être modifié, le nombre obtenu remplacé par un autre nombre.

L'expérience faite a été une continuelle juxtaposition

de deux appareils : l'appareil réel que l'observateur manipulait, et l'appareil idéal et schématique sur lequel il raisonnait. La comparaison de ces deux appareils, il nous la faut reprendre et, pour cela, les connaître exactement tous deux. Du second, nous pouvons avoir une connaissance adéquate, car il est défini par des symboles mathématiques et des formules. Mais il n'en est pas de même du premier ; nous devons nous en faire une idée aussi exacte que possible d'après la description que nous en fait l'expérimentateur ; cette description est-elle suffisante? Nous fournit-elle tous les renseignements qui nous peuvent être utiles ? L'état des corps étudiés, leur degré de pureté chimique, les conditions dans lesquelles ils se trouvaient placés, les actions perturbatrices qu'ils pouvaient éprouver, les mille accidents qui pouvaient influer sur le résultat de l'expérience ont-ils été déterminés avec une minutie qui ne laisse rien à désirer ?

Une fois que nous aurons répondu à toutes ces questions, nous pourrons examiner jusqu'à quel point l'appareil schématique offrait de l'appareil concret une image ressemblante ; nous pourrons rechercher s'il n'y aurait pas eu avantage à accroître cette ressemblance en compliquant la définition de l'appareil idéal ; nous pourrons nous demander si l'on a éliminé toutes les causes d'erreur systématiques de quelque importance, si l'on a fait toutes les corrections souhaitables.

L'expérimentateur a employé, pour interpréter ses observations, des théories que nous acceptons comme lui ; il a correctement appliqué, au cours de cette interprétation, les règles que prescrivent ces théories; il a minutieusement étudié et décrit l'appareil dont il a fait usage; il a éliminé les causes d'erreur systématiques ou en a corrigé les effets; ce n'est pas encore assez pour que nous puissions accepter le résultat de son expérience. Les propositions abstraites et mathématiques que les théories font correspondre aux faits observés ne sont pas, nous l'avons dit, entièrement déterminées; aux mêmes faits peuvent correspondre une infinité de propositions différentes, aux mêmes mesures une infinité d'évaluations s'exprimant par des nombres différents; le degré d'indétermination de la proposition abstraite, mathématique, par laquelle s'exprime le résultat d'une expérience, c'est ce que l'on nomme le degré d'approximation de cette expérience. Il nous faut connaître le degré d'approximation de l'expérience que nous examinons; si l'observateur l'a indiqué, il nous faut contrôler les procédés par lesquels il l'a évalué; s'il ne l'a pas indiqué, il nous le faut déterminer par nos propres discussions. Opération complexe et infiniment délicate! L'appréciation du degré d'exactitude d'une expérience exige, en premier lieu, que l'on apprécie l'acuité des sens de l'observateur; les astronomes essayent de fixer ce renseignement sous la forme mathématique de l'*équation personnelle;* mais cette équation participe bien peu de la constance sereine de la Géométrie, car elle est à la merci d'une migraine ou d'une digestion pénible. Cette appréciation exige, en second lieu, que l'on évalue les *erreurs systématiques* que l'on n'a pu corriger; mais après que l'on a fait des causes de ces erreurs une énumération aussi complète que possible, on est certain d'en avoir omis infiniment plus qu'on n'en a énuméré; car la complexité de la réalité concrète nous passe. Ces erreurs systématiques aux causes insoupçonnées, on les confond toutes ensemble sous le nom d'*erreurs accidentelles;* l'ignorance des circonstances qui les déterminent ne permet pas de les corriger; les géomètres ont profité de la latitude que leur laissait cette ignorance pour faire, au sujet de ces erreurs, des hypothèses qui leur permissent d'en atténuer l'effet par certaines opérations mathématiques; mais tant valent ces hypothèses, tant vaut la théorie des erreurs accidentelles; et comment saurait-on ce que valent ces hypothèses, puisqu'on ne sait rien des erreurs sur lesquelles elles portent, si ce n'est qu'on en ignore les sources?

L'appréciation du degré d'approximation d'une expérience est donc une œuvre d'une extrême complexité. Souvent il est difficile d'y tenir un ordre entièrement logique; le raisonnement doit alors faire place à cette qualité rare et subtile, à cette sorte d'instinct ou de flair qui se nomme le sens expérimental — apanage de l'esprit de finesse plutôt que de l'esprit géométrique.

La simple description des règles qui président à l'examen d'une expérience de Physique, à son adoption ou à son rejet, suffit à mettre en évidence cette vérité essentielle : Le résultat d'une expérience de Physique n'a pas une certitude de même ordre qu'un fait constaté par des méthodes non scientifiques, par la simple vue ou le simple toucher d'un homme sain de corps et d'esprit; moins immédiate, soumise à des discussions auxquelles échappe le témoignage vulgaire, cette certitude demeure toujours subordonnée à la confiance qu'inspire tout un ensemble de théories.

§ V. — *L'expérience de Physique est moins certaine, mais plus précise et plus détaillée que la constatation non scientifique d'un fait.*

Le profane croit que le résultat d'une expérience scientifique se distingue de l'observation vulgaire par un plus haut degré de certitude ; il se trompe, car la relation d'une expérience de Physique n'a pas la certitude immédiate et relativement facile à contrôler du témoignage vulgaire et non scientifique. Moins certaine que ce dernier, elle a le pas sur lui par le nombre et la précision des détails qu'elle nous fait connaître ; là est sa véritable et essentielle supériorité.

Le témoignage ordinaire, celui qui rapporte un fait constaté par les procédés du sens commun et non par les méthodes scientifiques, ne peut guère être sûr qu'à la condition de n'être pas détaillé, de n'être pas minutieux, de prendre seulement le fait en gros, par ce qu'il a de plus saillant. Dans telle rue de la ville, vers telle heure, j'ai vu un cheval blanc ; voilà ce que je puis affirmer avec certitude ; peut-être, à cette affirmation générale, pourrai-je joindre quelque particularité qui, à l'exclusion des autres détails, aura attiré mon attention : une étrangeté de la posture du cheval, une pièce voyante de son harnais ; mais ne me pressez pas davantage de questions ; mes souvenirs se troubleraient ; mes réponses deviendraient vagues ; bientôt même je serais réduit à vous dire : je ne sais pas. Sauf exception, le témoignage vulgaire offre d'autant plus de garanties qu'il précise moins, qu'il analyse moins, qu'il s'en tient aux considérations les plus grossières et les plus obvies.

Tout autre est la relation d'une expérience de Physique ; elle ne se contente pas de nous faire connaître un phénomène en gros ; elle prétend l'analyser, nous renseigner sur le moindre détail et la plus minutieuse particularité, en marquant exactement le rang et l'importance relative de chaque détail, de chaque particularité ; elle prétend nous donner ces renseignements sous une forme telle que nous puissions, quand bon nous semblera, reproduire très exactement le phénomène qu'elle relate ou, du moins, un phénomène théoriquement équivalent. Cette prétention excéderait la puissance de l'expérimentation scientifique, comme elle excède les forces de l'observation vulgaire, si l'une n'était pas mieux armée que l'autre ; le nombre et la minutie des détails qui composent ou qui accompagnent chaque phénomène dérouteraient l'imagination, excéderaient la mémoire et défieraient la description, si le physicien n'avait à son service un merveilleux moyen de classification et d'expression, une représentation symbolique admirablement claire et concise, qui est la théorie mathématique ; s'il n'avait, pour marquer l'importance relative de chaque particularité, l'exact et bref procédé d'appréciation que lui fournit l'évaluation numérique, la mesure. Si quelqu'un, par gageure, entreprenait de décrire une expérience de la Physique actuelle en excluant tout langage théorique ; s'il essayait, par exemple, d'exposer les expériences de Regnault sur la compressibilité des gaz en chassant de son récit toutes les expressions abstraites et symboliques introduites par les théories physiques, les mots : pression, température, densité, intensité de la pesanteur, axe optique d'une lunette, etc.; il s'apercevrait que la relation de ces seules expériences remplirait un volume entier du récit le plus confus, le plus inextricable et le moins compréhensible que l'on puisse imaginer.

Si donc l'interprétation théorique enlève aux résultats de l'expérience de Physique la certitude immédiate que possèdent les données de l'observation vulgaire, en revanche, c'est l'interprétation théorique qui permet à l'expérience scientifique de pénétrer bien plus avant que le sens commun dans l'analyse détaillée des phénomènes, d'en donner une description dont la précision dépasse de beaucoup l'exactitude du langage courant.

CHAPITRE V

LA LOI PHYSIQUE

§ I. — *Les lois de Physique sont des relations symboliques.*

De même que les lois de sens commun sont fondées sur l'observation des faits par les moyens naturels à l'homme, les lois de la Physique sont fondées sur les résultats des expériences de Physique. Il va sans dire que les différences profondes qui séparent la constatation non scientifique d'un fait du résultat d'une expérience de Physique sépareront également les lois de sens commun des lois de la Physique ; aussi, presque tout ce que nous avons dit des expériences de Physique pourra-t-il s'étendre aux lois qu'énonce cette science.

Prenons une loi de sens commun, une des plus simples comme une des plus certaines : Tout homme est mortel. Cette loi, assurément, relie entre eux des termes abstraits, l'idée abstraite d'homme en général, et non l'idée concrète de tel ou tel homme en particnlier ; l'idée abstraite de la mort et non l'idée concrète de telle ou telle forme de la mort ; c'est, en effet, à cette seule condition de relier des termes abstraits qu'elle peut être générale. Mais ces abstractions ne sont nullement des symboles théoriques ; elles extraient simplement ce qu'il y a d'universel dans chacun des cas particuliers auxquels la loi s'applique ; aussi, dans chacun des cas particuliers où nous appliquons la loi, trouverons-nous des objets concrets où seront réalisées ces idées abstraites ; chaque fois que nous aurons à constater que tout homme est mortel, nous nous trouverons en présence d'un certain homme particnlier incarnant l'idée générale d'homme, d'une certaine mort particulière impliquant l'idée générale de mort.

Prenons encore une autre loi, citée comme exemple par M. G. Milhaud (1), lorsqu'il a exposé ces idées, émises par nous peu auparavant ; c'est une loi dont l'objet appartient au domaine de la Physique ; mais elle garde la forme qu'avaient les lois de la Physique lorsque cette branche de connaissances n'était encore qu'une dépendance du sens commun et n'avait point acquis la dignité de science rationnelle.

Voici cette loi : Avant d'entendre le tonnerre, on voit briller l'éclair. Les idées de tonnerre et d'éclair que relie cet énoncé sont bien des idées abstraites et générales ; mais ces abstractions sont tirées si instinctivement, si naturellement, des données particulières, qu'en chaque coup de foudre nous percevons un éblouissement et un roulement où nous reconnaissons immédiatement la forme concrète de nos idées d'éclair et de tonnerre.

Il n'en est plus de même pour les lois de la Physique. Prenons une de ces lois, la loi de Mariotte, et examinons-en l'énoncé, sans nous soucier, pour le

(1) G. Milhaud : *La Science rationnelle* (*Revue de Métaphysique et de Morale*, 4e année, 1896, p. 280). — Reproduit dans le *Rationnel* Paris, 1898, p. 44.

moment, de l'exactitude de cette loi. A une même température, les volumes occupés par une même masse de gaz sont en raison inverse des pressions qu'elle supporte : tel est l'énoncé de la loi de Mariotte. Les termes qu'elle fait intervenir, les idées de masse, de température, de pression, sont encore des idées abstraites ; mais ces idées ne sont pas seulement abstraites, elles sont, de plus, symboliques, et les symboles qu'elles constituent ne prennent un sens que grâce aux théories physiques. Plaçons-nous en face d'un cas réel, concret, auquel nous voulons appliquer la loi de Mariotte ; nous n'aurons pas affaire à une certaine température concrète réalisant l'idée générale de température, mais à du gaz plus ou moins chaud ; nous n'aurons pas devant nous une certaine pression particulière réalisant l'idée générale de pression, mais une certaine pompe sur laquelle on a pesé d'une certaine manière. Sans doute, à ce gaz plus ou moins chaud correspond une certaine température, à cet effort exercé sur la pompe correspond une certaine pression ; mais cette correspondance est celle d'une chose signifiée au signe qui la remplace, d'une réalité au symbole qui la représente. Cette correspondance n'est nullement immédiate ; elle s'établit au moyen des instruments, par l'intermédiaire souvent très long et très compliqué des mesures ; pour attribuer une température déterminée à ce gaz plus ou moins chaud, il faut recourir au thermomètre ; pour évaluer sous forme de pression l'effort exercé par la pompe, il faut se servir du manomètre, et l'usage du thermomètre, l'usage du manomètre, impliquent, nous l'avons vu au Chapitre précédent, l'usage des théories physiques.

Les termes abstraits sur lesquels porte une loi de sens commun n'étant autre chose que ce qu'il y a de général dans les objets concrets soumis à nos sens, le passage du concret à l'abstrait se fait par une opération si nécessaire et si spontanée qu'elle demeure inconsciente ; placé en présence d'un certain homme, d'un certain cas de mort, je les rattache immédiatement à l'idée générale d'homme, à l'idée générale de mort. Cette opération instinctive, irréfléchie, fournit des idées générales non analysées, des abstractions prises, pour ainsi dire, en bloc. Sans doute, ces idées générales et abstraites, le penseur peut les analyser, il peut se demander ce qu'est l'homme, ce qu'est la mort, chercher à pénétrer le sens profond et complet de ces mots ; ce travail l'amènera à mieux saisir la raison d'être de la loi ; mais ce travail n'est pas nécessaire pour comprendre la loi ; il suffit, pour la comprendre, de prendre dans leur sens obvie les termes qu'elle relie ; aussi cette loi est-elle claire pour tous, philosophes ou non.

Les termes symboliques que relie une loi de Physique ne sont plus de ces abstractions qui jaillissent spontanément de la réalité concrète ; ce sont des abstractions produites par un travail lent, compliqué, conscient, par le travail séculaire qui a élaboré les théories physiques ; impossible de comprendre la loi, impossible de l'appliquer si l'on n'a pas fait ce travail, si l'on ne connaît pas les théories physiques.

Selon que l'on adopte une théorie ou une autre, les mots mêmes qui figurent dans l'énoncé d'une loi de Physique changent de sens, en sorte que la loi peut être acceptée par un physicien qui admet telle théorie et rejetée par un autre physicien qui admet telle autre théorie.

Prenez un paysan qui n'a jamais analysé la notion d'homme ni la notion de mort, et un métaphysicien qui a passé sa vie à les analyser ; prenez deux philosophes qui les ont analysées et qui en ont adopté des définitions différentes, inconciliables ; pour tous, la loi : tout homme est mortel, sera aussi claire et aussi vraie. De même, la loi : avant d'entendre le tonnerre, on voit briller l'éclair, a, pour le physicien qui connaît à fond les lois de la décharge disruptive, la même clarté et la même certitude que pour l'homme de la plèbe romaine qui voyait dans le coup de foudre un effet de la colère de Jupiter Capitolin.

Considérons, au contraire, cette loi de Physique : Tous les gaz se compriment et se dilatent de la même manière, et demandons à divers physiciens si cette loi est ou non transgressée par la vapeur d'iode. Un premier physicien professe des théories selon lesquelles la vapeur d'iode est un gaz unique ; il tire alors de la loi précédente cette conséquence : la densité de la vapeur d'iode par rapport à l'air est une constante ; or, l'expérience montre que la densité de la vapeur d'iode par rapport à l'air dépend de la température et de la pression ; notre physicien conclut donc que la vapeur d'iode ne se soumet pas à la loi énoncée. Selon un second physicien, la vapeur d'iode est non pas un gaz unique, mais un mélange de deux gaz, polymères l'un de l'autre et susceptibles de se transformer l'un en l'autre ; dès lors, la loi précitée n'exige plus que la densité de la vapeur d'iode par rapport à l'air soit constante ; elle réclame que cette densité varie avec la température et la pression suivant une certaine formule que J. Willard-Gibbs a établie ; cette formule représente, en effet, les résultats des déterminations expérimentales ; notre second physicien en conclut que la vapeur d'iode ne fait point exception à la règle selon laquelle tous les gaz se compriment et se dilatent de la même manière. Ainsi nos deux physiciens diffèrent entièrement d'avis au sujet d'une loi que tous deux énoncent sous la même forme ; l'un trouve que cette loi est mise en défaut par un certain fait, l'autre qu'elle est confirmée par ce même fait ; c'est que les théories différentes dont ils se réclament ne fixent pas de la même façon le sens qui convient à ces mots : un gaz unique ; en sorte qu'en prononçant tous deux la même phrase, ils entendent deux propositions différentes ; pour comparer cet énoncé à la réalité, ils font des calculs différents, en sorte que l'un peut trouver cette loi vérifiée par des faits qui, pour l'autre, la contredisent ; preuve bien manifeste de cette vérité : *Une loi de Physique est une relation symbolique dont l'application à la réalité concrète exige que l'on connaisse et que l'on accepte tout un ensemble de théories.*

§ II. — *Qu'une loi de Physique n'est, à proprement parler, ni vraie, ni fausse, mais approchée.*

Une loi de sens commun est un simple jugement général ; ce jugement est vrai ou faux. Prenons, par exemple, cette loi que révèle l'observation vulgaire : à Paris, le soleil se lève chaque jour à l'orient, monte dans le ciel, puis s'abaisse et se couche à l'occident ; voilà une loi vraie, sans condition, sans restriction. Prenons, au contraire, cet énoncé : La lune est toujours pleine ; voilà une loi fausse. Si la vérité d'une loi de sens commun est mise en question, on pourra répondre à cette question par oui ou par non.

Il n'en est pas de même des lois que la science physique, parvenue à son plein développement, énonce sous forme de propositions mathématiques ; une telle loi est toujours symbolique ; or, un symbole n'est, à proprement parler, ni vrai, ni faux ; il est plus ou moins bien choisi pour signifier la réalité qu'il représente, il la figure d'une manière plus ou moins précise, plus ou moins détaillée ; mais, appliqués à un symbole, les mots vérité, erreur, n'ont plus de sens ; aussi, à celui qui demande si telle loi de Physique est vraie ou fausse, le logicien qui a souci du sens strict des mots sera obligé de répondre : Je ne comprends pas votre question. Commentons cette réponse, qui peut sembler paradoxale, mais dont l'intelligence est nécessaire à celui qui prétend savoir ce qu'est la Physique.

A un fait donné, la méthode expérimentale, telle que la Physique la pratique, fait correspondre non pas un seul jugement symbolique, mais une infinité de jugements symboliques différents ; le degré d'indétermination du symbole est le degré d'approximation de l'expérience en question. Prenons une suite de faits analogues ; pour le physicien, trouver la loi de ces faits, ce sera trouver une formule qui contienne la représentation symbolique de chacun de ces faits ; l'indétermination du symbole qui correspond à chaque fait entraîne, dès lors, l'indétermination de la formule qui doit réunir tous ces symboles ; à un même ensemble de faits, on peut faire correspondre une infinité de formules différentes, une infinité de lois physiques distinctes ; chacune de ces lois, pour être acceptée, doit faire correspondre à chaque fait non pas *le* symbole de ce fait, mais l'un quelconque des symboles, en nombre infini, qui peuvent représenter ce fait ; voilà ce qu'on entend dire lorsqu'on déclare que les lois de la Physique ne sont qu'approchées.

Imaginons, par exemple, que nous ne puissions nous contenter des renseignements fournis par cette loi de sens commun : à Paris, le soleil se lève chaque jour à l'orient, monte dans le ciel, puis descend et se couche à l'occident ; nous nous adressons aux sciences physiques pour avoir une loi précise du mouvement du soleil vu de Paris, une loi indiquant à l'observateur parisien quelle situation le soleil occupe à chaque instant dans le ciel. Les sciences physiques, pour résoudre le problème, vont faire usage non pas de réalités sensibles, du soleil tel que nous le voyons briller dans le ciel, mais des symboles par lesquels les théories représentent ces réalités ; le soleil réel, malgré les irrégularités de sa surface, malgré les immenses protubérances qu'elle porte, elles le remplaceront par une sphère géométriquement parfaite, et c'est la position du centre de cette sphère idéale qu'elles vont tâcher de déterminer ; ou plutôt, elles chercheront à déterminer la position qu'occuperait ce point si la réfraction astronomique ne déviait pas les rayons du soleil, si l'aberration annuelle ne modifiait pas la position apparente des astres ; c'est donc bien un symbole qu'elles substituent à la seule réalité sensible offerte à nos constatations, au disque brillant que notre lunette peut viser ; pour faire correspondre le symbole à la réalité, il faut effectuer des mesures compliquées, il faut faire coïncider les bords du soleil avec les fils d'un réticule muni d'un micromètre, il faut faire de multiples lectures sur des cercles divisés, à ces lectures il faut faire subir diverses corrections ; il faut aussi développer des calculs longs et complexes dont la légitimité résulte des théories admises, de la théorie de l'aberration, de la théorie de la réfraction atmosphérique.

Ce point, symboliquement nommé *centre du soleil,* ce n'est pas encore ce que nos formules vont saisir ; ce qu'elles saisiront, ce sont les coordonnées de ce point, par exemple sa longitude et sa latitude, coordonnées dont le sens ne peut être compris que si l'on connaît les lois de la cosmographie, dont les valeurs ne désignent, dans le ciel, un point que le doigt puisse montrer ou que la lunette puisse viser, qu'en vertu de tout un ensemble de déterminations préalables : détermination du méridien du lieu, de ses coordonnées géographiques, etc.

Or, à une position déterminée du disque solaire, ne peut-on faire correspondre qu'une seule valeur pour la longitude et une seule valeur pour la latitude du centre du soleil, les corrections d'aberration et de réfraction étant supposées faites ? Non pas. Le pouvoir optique de l'instrument qui nous sert à viser le soleil est limité ; les diverses opérations que comporte notre expérience, les diverses lectures qu'elle exige, sont d'une sensibilité limitée. Que le disque solaire soit dans telle position ou dans telle autre, si l'écart est assez petit, nous ne pourrons pas nous en apercevoir. Mettons que nous ne puissions connaître les coordonnées d'un point déterminé de la sphère céleste avec une précision supérieure à 1′. Il nous suffira, pour déterminer la position du soleil à un instant donné, de connaître la longitude et la latitude du centre du soleil à 1′ près. Dès lors, pour représenter la marche du soleil, bien que l'astre n'occupe à chaque instant qu'une seule position, nous pourrons donner à chaque instant non pas une seule valeur de la longitude et une seule valeur de la latitude, mais une infinité de valeurs de la longitude et une infinité de valeurs de la latitude ; seulement, pour un même instant, deux valeurs acceptables de la longitude ou deux valeurs acceptables de la latitude ne pourront différer de plus de 1′.

Cherchons maintenant la loi du mouvement du soleil, c'est-à-dire deux formules qui nous permettent de calculer, à chaque instant de la durée, la valeur de la longitude du centre du soleil et la valeur de la latitude du même point. N'est-il pas évident que nous pourrons adopter, pour représenter la marche de la longitude en fonction du temps, non pas une formule unique, mais une infinité de formules différentes, pourvu qu'à un même instant toutes ces formules nous conduisent à des valeurs de la longitude différant entre elles de moins de 1′? N'est-il pas évident qu'il en sera de même pour la latitude? Nous pourrons donc représenter également bien nos observations sur la marche du soleil par une infinité de lois différentes ; ces diverses lois s'exprimeront par des équations que l'algèbre regarde comme incompatibles, par des équations telles que si l'une d'elles est vérifiée, aucune autre ne l'est; elles traceront sur la sphère céleste des courbes distinctes, et il serait absurde de dire qu'un même point décrit en même temps deux de ces courbes; cependant, pour le physicien, toutes ces lois sont également acceptables, car, toutes, elles déterminent la position du soleil avec une approximation supérieure à celle que comporte l'observation ; le physicien n'a le droit de dire d'aucune de ces lois qu'elle est vraie à l'exclusion des autres.

Sans doute, entre ces lois, le physicien a le droit de choisir et, en général, il choisira ; mais les motifs qui guideront son choix ne seront pas de même nature, ne s'imposeront pas avec la même nécessité impérieuse que ceux qui obligent à préférer la vérité à l'erreur. Il choisira une certaine formule parce qu'elle est plus simple que les autres ; la faiblesse de notre esprit nous contraint d'attacher une grande importance aux considérations de cet ordre. Il fut un temps où les physiciens supposaient l'intelligence du Créateur atteinte de la même débilité ; où la simplicité des lois de la nature s'imposait comme un dogme incontestable, au nom duquel on rejetait toute loi qu'exprimait une équation algébrique trop compliquée ; où la simplicité, au contraire, semblait conférer à une loi une certitude et une portée transcendantes à la méthode expérimentale qui l'avait fournie. C'est alors que Laplace, parlant de la loi de la double réfraction découverte par Huygens, disait (1) : « Jusqu'ici cette

(1) LAPLACE : *Exposition du système du monde*, l. IV, c. XVIII : « De l'attraction moléculaire. »

loi n'était qu'un résultat de l'observation, approchant de la vérité dans les limites des erreurs auxquelles les expériences les plus précises sont encore assujetties. Maintenant, la simplicité de la loi d'action dont elle dépend doit la faire considérer comme une loi rigoureuse. » Ce temps n'est plus. Nous ne sommes plus dupes de l'attrait que gardent pour nous les formules simples ; nous ne prenons plus cet attrait pour la manifestation d'une certitude plus grande.

Le physicien préférera surtout une loi à une autre lorsque la première découlera des théories qu'il admet ; il demandera, par exemple, à la théorie de l'attraction universelle quelles formules il doit préférer parmi toutes celles qui pourraient représenter le mouvement du soleil ; mais les théories physiques ne sont qu'un moyen de classer et de relier entre elles les lois approchées auxquelles les expériences sont soumises ; les théories ne peuvent donc modifier la nature de ces lois expérimentales, elles ne peuvent leur conférer la vérité absolue.

Ainsi, toute loi physique est une loi approchée ; par conséquent, pour le strict logicien, elle ne peut être ni vraie, ni fausse ; toute autre loi qui représente les mêmes expériences avec la même approximation peut prétendre, aussi justement que la première, au titre de loi véritable ou, pour parler plus rigoureusement, de loi acceptable.

§ III. — *Que toute loi de Physique est provisoire et relative parce qu'elle est approchée.*

Ce qui caractérise une loi, c'est qu'elle est fixe et

absolue. Une proposition n'est une loi que parce que, vraie aujourd'hui, elle le sera encore demain; vraie pour celui-ci, elle l'est encore pour celui-là. Dire d'une loi qu'elle est provisoire, qu'elle peut être acceptée par l'un et rejetée par l'autre, ne serait-ce pas énoncer une contradiction ? Oui, assurément, si l'on entend par lois celles que nous révèle le sens commun, celles dont on peut dire, au sens propre du mot, qu'elles sont vraies; une telle loi ne peut être vraie aujourd'hui et fausse demain ; elle ne peut être vraie pour vous et fausse pour moi. Non, si l'on entend par lois les lois que la Physique énonce sous forme mathématique. Une telle loi est toujours provisoire ; non pas qu'il faille entendre par là qu'une loi de Physique est vraie pendant un certain temps et fausse ensuite, car elle n'est à aucun moment ni vraie ni fausse ; elle est provisoire parce qu'elle représente les faits auxquels elle s'applique avec une approximation que les physiciens jugent actuellement suffisante, mais qui cessera un jour de les satisfaire. Une telle loi est toujours relative, non pas qu'elle soit vraie pour un physicien et fausse pour un autre ; mais parce que l'approximation qu'elle comporte suffit à l'usage qu'en veut faire le premier physicien et point à l'usage qu'en veut faire le second.

Le degré d'approximation d'une expérience n'est pas, nous l'avons fait remarquer, quelque chose de fixe ; il croît au fur et à mesure que les instruments deviennent plus parfaits, que les causes d'erreur sont plus strictement évitées, ou que des corrections plus précises permettent de les mieux évaluer. Au fur et à mesure que les méthodes expérimentales progressent, l'indétermination du symbole abstrait que l'expérience de Physique fait correspondre au fait concret va en diminuant ; beaucoup de jugements symboliques qui eussent été regardés, à une époque, comme représentant bien un fait concret déterminé, ne seront plus acceptés, à une autre époque, comme signifiant ce fait avec une suffisante précision. Par exemple, les astronomes de tel siècle accepteront, pour représenter la position du centre du soleil à un instant donné, toutes les valeurs de la longitude qui ne différeront pas l'une de l'autre de plus de 1′, toutes les valeurs de la latitude qui se resserreront dans un semblable intervalle. Les astronomes du siècle suivant auront des télescopes dont le pouvoir optique sera plus grand, des cercles divisés plus parfaits, des procédés d'observation plus minutieux et plus précis ; ils exigeront alors que les diverses déterminations de la longitude du centre du soleil à un instant donné, que les diverses déterminations de la latitude du même point au même instant, s'accordent à 10″ près ; une infinité de déterminations, dont se seraient contentés leurs devanciers, seront rejetées par eux.

Au fur et à mesure que devient plus étroite l'indétermination des résultats d'expérience, l'indétermination des formules qui servent à condenser ces résultats va se resserrant. Un siècle acceptait, comme loi du mouvement du soleil, tout groupe de formules qui donnait, à chaque instant, les coordonnées du centre de cet astre à une minute près ; le siècle suivant imposera à toute loi du mouvement du soleil la condition de lui faire connaître à 10″ près les coordonnées du centre du soleil ; une infinité de lois, reçues par le premier siècle, se trouveront ainsi rejetées par le second.

Ce caractère provisoire des lois de la Physique se manifeste à chaque instant lorsqu'on suit l'histoire de cette science. Pour Dulong et Arago et pour leurs contemporains, la loi de Mariotte était une forme acceptable de la loi de compressibilité des gaz, parce qu'elle représentait les faits d'expérience avec des écarts qui demeuraient inférieurs aux erreurs possibles des procédés d'observation dont ils disposaient ; lorsque Regnault eut perfectionné les appareils et les méthodes expérimentales, la loi de Mariotte dut être rejetée ; les écarts qui séparaient ses indications des résultats de l'observation étaient beaucoup plus grands que les incertitudes dont demeuraient affectés les nouveaux appareils.

Or, de deux physiciens contemporains, le premier peut se trouver dans les conditions où se trouvait Regnault, tandis que le second se trouve encore dans les conditions où se trouvaient Dulvug et Arago ; le premier possède des appareils très précis, il se propose de faire des observations très exactes ; le second ne possède que des instruments grossiers et, d'ailleurs, les recherches qu'il poursuit ne réclament pas une grande approximation ; la loi de Mariotte sera acceptée par celui-ci et rejetée par celui-là.

Il y a plus ; on peut voir une même loi de Physique simultanément adoptée et rejetée par le même physicien au cours du même travail ; si une loi de Physique pouvait être dite vraie ou fausse, ce serait là un étrange paralogisme ; une même proposition y serait affirmée et niée en même temps, ce qui constitue la contradiction formelle.

Regnault, par exemple, poursuit, au sujet de la

compressibilité des gaz, des recherches qui ont pour objet de substituer à la loi de Mariotte une formule plus approchée. Au cours de ses expériences, il a besoin de connaître la pression atmosphérique au niveau où affleure le mercure de son manomètre ; cette pression, il la demande à la formule de Laplace ; et l'établissement de la formule de Laplace repose sur l'emploi de la loi de Mariotte. Il n'y a là aucun paralogisme, aucune contradiction. Regnault sait que l'erreur introduite par cet emploi particulier de la loi de Mariotte est de beaucoup inférieure aux incertitudes de la méthode expérimentale dont il fait usage.

Toute loi physique, étant une loi approchée, est à la merci d'un progrès qui, en augmentant la précision des expériences, rendra insuffisant le degré d'approximation que comporte cette loi ; elle est essentiellement provisoire. L'appréciation de sa valeur varie d'un physicien à l'autre, au gré des moyens d'observation dont ils disposent et de l'exactitude que réclament leurs recherches ; elle est essentiellement relative.

§ IV. — *Que toute loi de Physique est provisoire parce qu'elle est symbolique.*

Ce n'est pas seulement parce qu'elle est approchée qu'une loi de Physique est provisoire ; c'est aussi parce qu'elle est symbolique ; il se rencontre toujours des cas où les symboles sur lesquels elle porte ne sont plus capables de représenter la réalité d'une manière satisfaisante.

Pour étudier un certain gaz, l'oxygène, par exemple,

le physicien en a créé une représentation schématique, saisissable au raisonnement mathématique et au calcul algébrique ; il a figuré ce gaz comme un des fluides parfaits qu'étudie la Mécanique, ayant une certaine densité, porté à une certaine température, soumis à une certaine pression ; entre ces trois éléments, densité, température, pression, il a établi une certaine relation, qu'exprime une certaine équation ; c'est la loi de compressibilité et de dilatation de l'oxygène. Cette loi est-elle définitive ?

Que ce physicien place de l'oxygène entre les deux plateaux d'un condensateur électrique fortement chargé ; qu'il détermine la densité, la température et la pression du gaz ; les valeurs de ces trois éléments ne vérifieront plus la loi de compressibilité et de dilatation de l'oxygène. Le physicien s'étonne-t-il de trouver sa loi en défaut ? Va-t-il mettre en doute la fixité des lois de la nature ? Point. Il se dit simplement que la relation défectueuse était une relation symbolique, qu'elle portait non pas sur le gaz réel et concret qu'il manipule, mais sur un certain être de raison, sur un certain gaz schématique que caractérisent sa densité, sa température et sa pression ; que, sans doute, ce schéma était trop simple, trop incomplet, pour représenter les propriétés du gaz réel placé dans les conditions où il se trouve actuellement. Il cherche alors à compléter ce schéma, à le rendre plus apte à représenter la réalité ; il ne se contente plus de représenter l'oxygène symbolique au moyen de sa densité, de sa température, de la pression qu'il supporte ; il lui attribue un pouvoir diélectrique ; il introduit dans la construction du nouveau schéma l'intensité du champ électrique où le gaz est placé ; il soumet ce symbole plus complet à de nouvelles études et il obtient la loi de compressibilité de l'oxygène doué de polarisation diélectrique ; c'est une loi plus compliquée que celle qu'il avait obtenue tout d'abord ; elle renferme celle-ci comme cas particulier ; mais, plus compréhensive, elle sera vérifiée dans des cas où la loi primitive tomberait en défaut.

Cette nouvelle loi, cependant, est-elle définitive ?

Prenez le gaz auquel elle s'applique ; placez-le entre les pôles d'un électro-aimant ; voilà la nouvelle loi démentie à son tour par l'expérience. Ne croyez pas que ce nouveau démenti étonne le physicien ; il sait qu'il a affaire à une relation symbolique et que le symbole qu'il a créé, dans certains cas image fidèle de la réalité, ne saurait lui ressembler en toutes circonstances. Il reprend donc, sans se décourager, le schéma par lequel il figure le gaz sur lequel il expérimente ; pour permettre à ce dessin de représenter les faits, il le charge de nouveaux traits ; ce n'est plus assez que le gaz ait une certaine densité, une certaine température, un certain pouvoir diélectrique, qu'il supporte une certaine pression, qu'il soit placé dans un champ électrique d'intensité donnée ; il lui attribue, en outre, un certain coefficient d'aimantation ; il tient compte du champ magnétique où le gaz se trouve et, reliant tous ces éléments par un ensemble de formules, il obtient la loi de compressibilité et de dilatation du gaz polarisé et aimanté ; loi plus compliquée, mais plus compréhensive que celles qu'il avait d'abord obtenues ; loi qui sera vérifiée dans une infinité de cas où celles-ci recevraient un démenti, et, cependant, loi provisoire. Un jour, le physicien le prévoit, des conditions seront réalisées où cette loi, à son tour, se trouvera en défaut ; ce jour-là, il faudra reprendre la représentation symbolique du gaz étudié, y ajouter de nouveaux éléments, énoncer une loi plus compréhensive. Le symbole mathématique forgé par la théorie s'applique à la réalité comme l'armure au corps d'un chevalier bardé de fer ; plus l'armure est compliquée, plus le métal rigide semble prendre de souplesse ; la multitude des pièces qui s'imbriquent comme des écailles assure un contact plus parfait entre l'acier et les membres qu'il protège ; mais, si nombreux que soient les fragments qui la composent, jamais l'armure n'épousera exactement le modelé du corps humain.

J'entends ce que l'on va m'objecter. On me dira que la loi de compressibilité et de dilatation formulée tout d'abord n'a nullement été renversée par les expériences ultérieures ; qu'elle demeure la loi selon laquelle l'oxygène se comprime et se dilate lorsqu'il est soustrait à toute action électrique ou magnétique ; les recherches du physicien nous ont enseigné seulement qu'à cette loi, dont la valeur était maintenue, il convenait de joindre la loi de compressibilité du gaz électrisé et la loi de compressibilité du gaz aimanté.

Ceux-là mêmes qui prennent les choses de ce biais doivent reconnaître que la loi primitive nous pourrait conduire à de graves méprises si nous l'énoncions sans précaution ; que le domaine où elle règne doit être délimité par cette double restriction : le gaz étudié est soustrait à toute action électrique et à toute action magnétique ; or, la nécessité de cette restriction n'apparaissait point tout d'abord ; elle a été imposée par les expériences que nous avons relatées. Ces restrictions sont-elles les seules qui doivent être apportées à son énoncé? Les expériences qui seront faites dans l'avenir n'en indiqueront-elles point d'autres, aussi essentielles que les premières? Quel physicien oserait se prononcer à cet égard et affirmer que l'énoncé actuel est non point provisoire, mais définitif?

Les lois de la Physique sont donc provisoires en ce que les symboles sur lesquels elles portent sont trop simples pour représenter complètement la réalité; toujours il se trouve des circonstances où le symbole cesse de figurer les choses concrètes, où la loi cesse d'annoncer exactement les phénomènes; l'énoncé de la loi doit donc être accompagné de restrictions qui permettent d'éliminer ces circonstances; ces restrictions, ce sont les progrès de la Physique qui les font connaître; jamais il n'est permis d'affirmer que l'on en possède l'énumération complète, que la liste dressée ne subira aucune addition ni aucune retouche.

Ce travail de continuelles retouches, par lequel les lois de la Physique évitent de mieux en mieux les démentis de l'expérience, joue un rôle tellement essentiel dans le développement de la Science, qu'on nous permettra d'insister quelque peu à son endroit et d'en étudier la marche sur un second exemple.

De toutes les lois de la Physique, la mieux vérifiée par ses innombrables conséquences est assurément la loi de l'attraction universelle; les observations les plus précises sur les mouvements des astres n'ont pu, jusqu'ici, la mettre en défaut. Est-ce, cependant, une loi définitive? Non pas, mais une loi provisoire, qui doit se modifier et se compléter sans cesse pour se mettre d'accord avec l'expérience.

Voici de l'eau dans un vase ; la loi de l'attraction universelle nous fait connaître la force qui agit sur chacune des particules de cette eau ; cette force, c'est le poids de la particule; la Mécanique nous indique quelle figure l'eau doit affecter : Quelles que soient la nature et la forme du vase, l'eau doit être terminée par un plan horizontal. Regardez de près la surface qui termine cette eau ; horizontale loin des bords du vase, elle cesse de l'être au voisinage des parois de verre ; elle se relève le long de ces parois ; dans un tube étroit, elle monte très haut et devient tout à fait concave ; voilà la loi de l'attraction universelle en défaut. Pour éviter que les phénomènes capillaires ne démentent la loi de la gravitation, il faudra la modifier ; il faudra regarder la formule de la raison inverse du carré de la distance non plus comme une formule exacte, mais comme une formule approchée ; il faudra admettre que cette formule fait connaître avec une précision suffisante l'attraction de deux particules matérielles éloignées, mais qu'elle devient fort incorrecte lorsqu'il s'agit d'exprimer l'action mutuelle de deux éléments très peu distants ; il faudra introduire dans les équations un terme complémentaire qui, en les compliquant, les rendra aptes à représenter une classe plus étendue de phénomènes et leur permettra d'embrasser, dans une même loi, les mouvements des astres et les effets capillaires.

Cette loi sera plus compréhensive que celle de Newton ; elle ne sera pas, pour cela, sauve de toute contradiction ; en deux points différents d'une masse liquide, que l'on plonge, comme l'a fait Draper, des fils métalliques issus des deux pôles d'une pile : voilà les lois de la capillarité en désaccord avec l'observation. Pour faire disparaître ce désaccord, il faudra reprendre la formule des actions capillaires, la modifier et la compléter en tenant compte des charges électriques que portent les particules du fluide et des forces qui s'exercent entre ces particules électrisées. Ainsi se continuera indéfiniment cette lutte entre la réalité et les lois de la Physique ; à toute loi que formulera la Physique, la réalité opposera, tôt ou tard, le brutal démenti d'un fait ; mais, infatigable, la Physique retouchera, modifiera, compliquera la loi démentie, pour la remplacer par une loi plus compréhensive, où l'exception soulevée par l'expérience aura, à son tour, trouvé sa règle.

C'est par cette lutte incessante, c'est par ce travail qui, continuellement, complète les lois afin d'y faire rentrer les exceptions, que la Physique progresse ; c'est parce qu'un morceau d'ambre frotté de laine mettait en défaut les lois de la Pesanteur que la Physique a créé les lois de l'Électrostatique ; c'est parce qu'un aimant soulevait le fer en dépit de ces mêmes lois de la Pesanteur qu'elle a formulé les lois du Magnétisme ; c'est parce qu'Œrstedt avait trouvé une exception aux lois de l'Électrostatique et du Magnétisme qu'Ampère a inventé les lois de l'Électrodynamique et de l'Électromagnétisme. La Physique ne progresse pas comme la Géométrie, qui ajoute de nouvelles propositions définitives et indiscutables aux propositions définitives et indiscutables qu'elle possédait déjà ; elle progresse parce que, sans cesse, l'expérience fait éclater de nouveaux désaccords entre les lois et les faits et que, sans cesse, les physiciens retouchent et modifient les lois pour qu'elles représentent plus exactement les faits.

§ V. — *Les lois de Physique sont plus détaillées que les lois de sens commun.*

Les lois que l'expérience commune non scientifique nous permet de formuler sont des jugements généraux dont le sens est immédiat. Placé en présence d'un de ces jugements, on peut se demander : est-il vrai? Souvent la réponse est aisée; en tous cas, elle se formule par oui ou par non. La loi reconnue vraie l'est pour tous les temps et pour tous les hommes; elle est fixe et absolue.

Les lois scientifiques, fondées sur les expériences de Physique, sont des relations symboliques dont le sens demeurerait inintelligible à qui ignorerait les théories physiques. Étant symboliques, elles ne sont jamais ni vraies, ni fausses; comme les expériences sur lesquelles elles reposent, elles sont approchées. L'approximation d'une loi, suffisante aujourd'hui, deviendra insuffisante dans l'avenir, par le progrès des méthodes expérimentales; suffisante pour les besoins d'un physicien, elle ne satisfait pas au désir d'un autre; en sorte qu'une loi de Physique est toujours provisoire et relative; elle est provisoire aussi, en ce qu'elle relie non des réalités, mais des symboles, et qu'il est toujours des cas où le symbole ne correspond plus à la réalité; les lois de la Physique ne peuvent donc être maintenues que par un travail continuel de retouches et de modifications.

Le problème de la valeur des lois de la Physique se pose donc d'une tout autre manière, d'une manière infiniment plus compliquée et délicate que le problème de la certitude des lois de sens commun. On pourrait être tenté d'en tirer cette conclusion étrange que la connaissance des lois de la Physique constitue un degré de science inférieur à la simple connaissance des lois de sens commun. A ceux qui chercheraient à déduire des considérations précédentes cette conclusion paradoxale, contentons-nous de répondre en répétant des lois de la Physique ce que nous avons dit des expériences scientifiques : Une loi de Physique possède une certitude beaucoup moins immédiate et beaucoup plus difficile à apprécier qu'une loi de sens commun ; mais elle surpasse cette dernière par la précision minutieuse et détaillée de ses prédictions.

Que l'on compare cette loi de sens commun : à Paris, le soleil se lève tous les jours à l'orient, monte dans le ciel, puis redescend et se couche à l'occident, aux formules qui font connaître, à chaque instant et à une seconde près, les coordonnées du centre du soleil, et l'on sera convaincu de l'exactitude de cette proposition.

Cette minutie dans le détail, les lois de la Physique ne la peuvent acquérir qu'en sacrifiant quelque chose de la certitude fixe et absolue des lois de sens commun. Entre la précision et la certitude il y a une sorte de compensation ; l'une ne peut croître qu'au détriment de l'autre. Le mineur qui me présente une pierre peut m'affirmer, sans hésitation ni atténuation, que cette pierre renferme de l'or; mais le chimiste qui me montre un lingot brillant en me disant : c'est de l'or pur, doit ajouter ce correctif : ou presque pur; il ne peut affirmer que le lingot ne garde pas des traces infimes d'une matière étrangère.

L'homme peut jurer de dire la vérité ; mais il n'est pas en son pouvoir de dire toute la vérité, de ne dire rien que la vérité. « La vérité (1) est une pointe si subtile que nos instruments sont trop émoussés pour y toucher exactement. S'ils y arrivent, ils en écachent la pointe, et appuient tout autour, plus sur le faux que sur le vrai. »

(1) PASCAL : *Pensées*, édition HAVET, art. III, n° 3.

CHAPITRE VI

LA THÉORIE PHYSIQUE ET L'EXPÉRIENCE

§ I. — *Le contrôle expérimental d'une théorie n'a pas, en Physique, la même simplicité logique qu'en Physiologie.*

La théorie physique n'a d'autre objet que de fournir une représentation et une classification des lois expérimentales ; la seule épreuve qui permette de juger une théorie physique, de la déclarer bonne ou mauvaise, c'est la comparaison entre les conséquences de cette théorie et les lois expérimentales qu'elle doit figurer et grouper. Maintenant que nous avons minutieusement analysé les caractères d'une expérience de Physique et d'une loi physique, nous pouvons fixer les principes qui doivent régir la comparaison entre l'expérience et la théorie ; nous pouvons dire comment on reconnaîtra si une théorie est confirmée ou infirmée par les faits.

Beaucoup de philosophes, lorsqu'ils parlent des sciences expérimentales, songent seulement aux sciences encore voisines de leur origine, comme la Physiologie, comme certaines branches de la Chimie, où le chercheur raisonne directement sur les faits, où la méthode dont il use n'est que le sens commun rendu plus attentif, où la théorie mathématique n'a point encore introduit ses représentations symboliques. En de telles sciences, la comparaison entre les déductions d'une théorie et les faits d'expérience est soumise à des règles très simples; ces règles ont été formulées d'une manière particulièrement forte par Claude Bernard, qui les condensait en ce principe unique (1) : « L'expérimentateur doit douter, fuir les idées fixes et garder toujours sa liberté d'esprit. »

« La première condition que doit remplir un savant qui se livre à l'investigation dans les phénomènes naturels, c'est de conserver une entière liberté d'esprit assise sur le doute philosophique. »

Que la théorie suggère des expériences à réaliser, rien de mieux; « nous pouvons (2) suivre notre sentiment et notre idée, donner carrière à notre imagination, pourvu que toutes nos idées ne soient que des prétextes à instituer des expériences nouvelles qui puissent nous fournir des faits probants ou inattendus et féconds ». Une fois l'expérience faite et les résultats nettement constatés, que la théorie s'en empare pour les généraliser, les coordonner, en tirer de nouveaux sujets d'expérience, rien de mieux encore; « si l'on est bien imbu (3) des principes de la méthode expérimentale, on n'a rien à craindre; car tant que l'idée est juste, on continue à la développer ; quand elle est erronée, l'expérience est là pour la rectifier ». Mais tant que dure l'expérience, la théorie doit demeurer à la porte, sévèrement consignée, du laboratoire; elle doit

(1) Claude BERNARD : *Introduction à la Médecine expérimentale.* Paris, 1865 ; p. 63.

(2) Claude BERNARD, *loc. cit.*, p. 64.

(3) Claude BERNARD, *loc. cit.*, p. 70.

garder le silence et laisser, sans le troubler, le savant face à face avec les faits ; ceux-ci doivent être observés sans idée préconçue, recueillis avec la même impartialité minutieuse, soit qu'ils confirment les prévisions de la théorie, soit qu'ils les contredisent ; la relation que l'observateur nous donnera de son expérience doit être un décalque fidèle et scrupuleusement exact des phénomènes ; elle ne doit pas même nous laisser deviner quel est le système en lequel le savant a confiance, quel est celui dont il se méfie.

« Les hommes (1) qui ont une foi excessive dans leurs théories ou dans leurs idées sont non seulement mal disposés pour faire des découvertes, mais ils font encore de très mauvaises observations. Ils observent nécessairement avec une idée préconçue et, quand ils ont institué une expérience, ils ne veulent voir dans ses résultats qu'une confirmation de leur théorie. Ils défigurent ainsi l'observation et négligent souvent des faits très importants, parce qu'ils ne concourent pas à leur but. C'est ce qui nous a fait dire ailleurs qu'il ne fallait jamais faire des expériences pour confirmer ses idées, mais simplement pour les contrôler... Mais il arrive encore tout naturellement que ceux qui croient trop à leurs théories ne croient pas assez à celles des autres. Alors l'idée dominante de ces contempteurs d'autrui est de trouver les théories des autres en défaut et de chercher à les contredire. L'inconvénient pour la science reste le même. Ils ne font des expériences que pour détruire une théorie, au lieu de les faire pour chercher la vérité. Ils font également de mau-

(1) Claude Bernard, *loc. cit.*, p. 67.

vaises observations parce qu'ils ne prennent dans les résultats de leurs expériences que ce qui convient à leur but en négligeant ce qui ne s'y rapporte pas, et en écartant bien soigneusement tout ce qui pourrait aller dans le sens de l'idée qu'ils veulent combattre. On est donc conduit ainsi par deux voies opposées au même résultat, c'est-à-dire à fausser la science et les faits. »

« La conclusion de tout ceci est qu'il faut effacer son opinion aussi bien que celle des autres devant les décisions de l'expérience ;... qu'il faut accepter les résultats de l'expérience tels qu'ils se présentent, avec tout leur imprévu et leurs accidents. »

Voici, par exemple, un physiologiste ; il admet que les racines antérieures de la moelle épinière renferment les cordons nerveux moteurs et les racines postérieures, les cordons sensitifs ; la théorie qu'il accepte le conduit à imaginer une expérience ; s'il coupe telle racine antérieure, il doit supprimer la motilité de telle partie du corps sans en abolir la sensibilité ; lorsqu'après avoir sectionné cette racine, il observe les conséquences de son opération, lorsqu'il en rend compte, il doit faire abstraction de toutes ses idées touchant la physiologie de la moelle ; sa relation doit être une description brute des faits ; il ne lui est pas permis de passer sous silence un mouvement, un tressaillement contraire à ses prévisions ; il ne lui est pas permis de l'attribuer à quelque cause secondaire, à moins qu'une expérience spéciale n'ait mis cette cause en évidence ; il doit, s'il ne veut être accusé de mauvaise foi scientifique, établir une séparation absolue, une cloison étanche, entre les conséquences de ses déductions théoriques et la constatation des faits que lui révèlent ses expériences.

Une telle règle n'est point aisée à suivre ; elle exige du savant un détachement absolu de son propre sentiment, une complète absence d'animosité à l'encontre de l'opinion d'autrui ; la vanité comme l'envie ne doivent pas monter jusqu'à lui ; comme dit Bacon, « il ne doit jamais avoir l'œil humecté par les passions humaines ». La liberté d'esprit qui constitue, selon Claude Bernard, le principe unique de la méthode expérimentale, ne dépend pas seulement de conditions intellectuelles, mais aussi de conditions morales qui en rendent la pratique plus rare et plus méritoire.

Mais si la méthode expérimentale, telle qu'elle vient d'être décrite, est malaisée à pratiquer, l'analyse logique en est fort simple. Il n'en est pas de même lorsque la théorie qu'il s'agit de soumettre au contrôle des faits n'est plus une théorie de Physiologie, mais une théorie de Physique. Ici, en effet, il ne peut plus être question de laisser à la porte du laboratoire la théorie que l'on veut éprouver, car, sans elle, il n'est pas possible de régler un seul instrument, d'interpréter une seule lecture ; nous l'avons vu, à l'esprit du physicien qui expérimente, deux appareils sont constamment présents : l'un est l'appareil concret, en verre, en métal, qu'il manipule ; l'autre est l'appareil schématique et abstrait que la théorie substitue à l'appareil concret, et sur lequel le physicien raisonne ; ces deux idées sont indissolublement liées dans son intelligence ; chacune d'elles appelle nécessairement l'autre ; le physicien ne peut pas plus concevoir l'appareil concret sans lui associer la notion de l'appareil schématique que le Français ne peut concevoir une idée sans lui associer le mot français qui l'exprime. Cette impossibilité radicale, qui empêche de dissocier les théories de la Physique d'avec les procédés expérimentaux propres à contrôler ces mêmes théories, complique singulièrement ce contrôle et nous oblige à en examiner minutieusement le sens logique.

A dire vrai, le physicien n'est pas le seul qui fasse appel aux théories dans le moment même qu'il expérimente ou qu'il relate le résultat de ses expériences ; le chimiste, le physiologiste, lorsqu'ils font usage des instruments de Physique, du thermomètre, du manomètre, du calorimètre, du galvanomètre, du saccharimètre, admettent implicitement l'exactitude des théories qui justifient l'emploi de ces appareils, des théories qui donnent un sens aux notions abstraites de température, de pression, de quantité de chaleur, d'intensité de courant, de lumière polarisée, par lesquelles on traduit les indications concrètes de ces instruments. Mais les théories dont ils font usage, comme les instruments qu'ils emploient, sont du domaine de la Physique ; en acceptant, avec les instruments, les théories sans lesquelles leurs indications seraient dénuées de sens, c'est au physicien que le chimiste et le physiologiste donnent leur confiance, c'est le physicien qu'ils supposent infaillible. Le physicien, au contraire, est obligé de se fier à ses propres idées théoriques ou à celles de ses semblables. Au point de vue logique, la différence est de peu d'importance ; pour le physiologiste, pour le chimiste, comme pour le physicien, l'énoncé du résultat d'une expérience implique, en général, un acte de foi en tout un ensemble de théories.

§ II. — *Qu'une expérience de Physique ne peut jamais condamner une hypothèse isolée, mais seulement tout un ensemble théorique.*

Le physicien qui exécute une expérience ou en rend compte reconnaît implicitement l'exactitude de tout un ensemble de théories. Admettons ce principe et voyons quelles conséquences on en peut déduire lorsqu'on cherche à apprécier le rôle et la portée logique d'une expérience de Physique.

Pour éviter toute confusion, nous distinguerons deux sortes d'expériences : les expériences d'*application,* dont nous dirons un mot tout d'abord, et les expériences d'*épreuve,* qui doivent surtout nous occuper.

Vous êtes en présence d'un problème de Physique à résoudre pratiquement ; pour produire tel ou tel effet, vous voulez faire usage des connaissances acquises par les physiciens ; vous voulez, par exemple, allumer une lampe électrique à incandescence ; les théories admises vous indiquent le moyen de résoudre le problème ; mais pour faire usage de ce moyen, vous devez vous procurer certains renseignements ; vous devez, je suppose, déterminer la force électromotrice de la batterie d'accumulateurs dont vous disposez ; vous mesurez cette force électromotrice : voilà une *expérience d'application ;* cette expérience n'a pas pour but de reconnaître si les théories admises sont ou ne sont pas exactes ; elle se propose simplement de tirer parti de ces théories ; pour l'effectuer, vous faites usage d'instruments que légitiment ces mêmes théories ; il n'y a rien là qui choque la logique.

Mais les expériences d'application ne sont pas les seules que le physicien ait à faire ; c'est par elles seulement que la science peut aider la pratique ; ce n'est point par elles que la science se crée et se développe ; à côté des expériences d'application, il y a les *expériences d'épreuve*.

Un physicien conteste telle loi ; il révoque en doute tel point de théorie ; comment justifiera-t-il ses doutes ? Comment démontrera-t-il l'inexactitude de la loi ? De la proposition incriminée, il fera sortir la prévision d'un fait d'expérience ; il réalisera les conditions dans lesquelles ce fait doit se produire ; si le fait annoncé ne se produit pas, la proposition qui l'avait prédit sera irrémédiablement condamnée.

F.-E. Neumann a admis que, dans un rayon de lumière polarisée, la vibration était parallèle au plan de polarisation ; beaucoup de physiciens ont révoqué cette proposition en doute ; comment M. O. Wiener s'y est-il pris pour transformer ce doute en certitude, pour condamner la proposition de Neumann ? Il a déduit de cette proposition la conséquence que voici : Si l'on fait interférer un faisceau lumineux, réfléchi à 45° sur une lame de verre, avec le faisceau incident, polarisé perpendiculairement au plan d'incidence, il doit se produire des franges, alternativement claires et obscures, parallèles à la surface réfléchissante ; il a réalisé les conditions dans lesquelles ces franges devaient se produire et montré que le phénomène prévu ne se manifestait pas ; il en a conclu que la proposition de F.-E. Neumann était fausse ; que, dans un rayon polarisé, la vibration n'était pas parallèle au plan de polarisation.

Un pareil mode de démonstration semble aussi convaincant, aussi irréfutable que la réduction à l'absurde, usuelle aux géomètres ; c'est, du reste, sur la réduction à l'absurde que cette démonstration est calquée, la contradiction expérimentale jouant dans l'une le rôle que la contradiction logique joue dans l'autre.

En réalité, il s'en faut bien que la valeur démonstrative de la méthode expérimentale soit aussi rigoureuse, aussi absolue ; les conditions dans lesquelles elle fonctionne sont beaucoup plus compliquées qu'il n'est supposé dans ce que nous venons de dire ; l'appréciation des résultats est beaucoup plus délicate et sujette à caution.

Un physicien se propose de démontrer l'inexactitude d'une proposition ; pour déduire de cette proposition la prévision d'un phénomène, pour instituer l'expérience qui doit montrer si ce phénomène se produit ou ne se produit pas, pour interpréter les résultats de cette expérience et constater que le phénomène prévu ne s'est pas produit, il ne se borne pas à faire usage de la proposition en litige ; il emploie encore tout un ensemble de théories, admises par lui sans conteste ; la prévision du phénomène dont la non-production doit trancher le débat ne découle pas de la proposition litigieuse prise isolément, mais de la proposition litigieuse jointe à tout cet ensemble de théories ; si le phénomène prévu ne se produit pas, ce n'est pas la proposition litigieuse seule qui est mise en défaut, c'est tout l'échafaudage théorique dont le physicien a fait usage ; la seule chose que nous apprenne l'expérience, c'est que parmi toutes les propositions qui ont servi à prévoir ce phénomène et à constater qu'il ne se produisait pas, il y a au moins une erreur ; mais où gît cette erreur, c'est ce qu'elle ne nous dit pas. Le physicien déclare-t-il que cette erreur est précisément contenue dans la proposition qu'il voulait réfuter et non pas ailleurs ? C'est qu'il admet implicitement l'exactitude de toutes les autres propositions dont il a fait usage ; tant vaut cette confiance, tant vaut sa conclusion.

Prenons, par exemple, l'expérience imaginée par Zenker et réalisée par M. O. Wiener ; pour prévoir la formation de franges dans certaines circonstances, montrer que ces franges ne se produisaient pas, M. O. Wiener n'a pas fait usage seulement de la proposition célèbre de F.-E. Neumann, de la proposition qu'il voulait réfuter ; il n'a pas seulement admis que, dans un rayon polarisé, les vibrations étaient parallèles au plan de polarisation ; il s'est servi, en outre, des propositions, des lois, des hypothèses, qui constituent l'Optique communément acceptée ; il a admis que la lumière consistait en vibrations périodiques simples ; que ces vibrations étaient normales au rayon lumineux ; qu'en chaque point, la force vive moyenne du mouvement vibratoire mesurait l'intensité lumineuse ; que l'attaque plus ou moins complète d'une pellicule photographique marquait les divers degrés de cette intensité ; c'est en joignant ces diverses propositions, et bien d'autres qu'il serait trop long d'énumérer, à celle de Neumann, qu'il a pu formuler une prévision et reconnaître que l'expérience démentait cette prévision ; si, selon M. Wiener, le démenti s'adresse à la seule proposition de Neumann, si, seule, elle doit porter la responsabilité de l'erreur que ce démenti a mise en évidence, c'est que M. Wiener regarde comme hors de doute les autres propositions par lui invoquées. Mais cette confiance ne s'impose pas de nécessité logique ; rien n'empêche de regarder comme exacte la proposition de F.-E. Neumann et de faire porter le poids de la contradiction expérimentale à quelque autre proposition de l'Optique communément admise ; on peut fort bien, comme l'a montré M. H. Poincaré, arracher l'hypothèse de Neumann aux prises de l'expérience de M. O. Wiener, mais à la condition de lui abandonner en échange l'hypothèse qui prend la force vive moyenne du mouvement vibratoire pour mesure de l'intensité lumineuse ; on peut, sans être contredit par l'expérience, laisser la vibration parallèle au plan de polarisation, pourvu que l'on mesure l'intensité lumineuse par l'énergie potentielle moyenne du milieu que déforme le mouvement vibratoire.

Ces principes ont une telle importance qu'il ne sera peut-être pas inutile de les appliquer à un second exemple ; choisissons encore une expérience regardée comme une des plus décisives de l'Optique.

On sait que Newton a imaginé une théorie des phénomènes optiques, la théorie de l'émission. La théorie de l'émission suppose la lumière formée de projectiles excessivement ténus, lancés avec une extrême vitesse par le Soleil et les autres sources lumineuses ; ces projectiles pénètrent tous les corps transparents ; de la part des diverses portions des milieux au sein desquels ils se meuvent, ils subissent des actions attractives ou répulsives ; très puissantes lorsque la distance qui sépare les particules agissantes est toute petite, ces actions s'évanouissent lorsque les masses entre lesquelles elles s'exercent s'écartent sensiblement. Ces hypothèses essentielles, jointes à plusieurs autres que nous passons sous silence, conduisent à formuler une théorie complète de la réflexion et de la réfraction de la lumière; en particulier, elles entraînent cette conséquence : l'indice de réfraction de la lumière passant d'un milieu dans un autre est égal à la vitesse du projectile lumineux au sein du milieu où il pénètre, divisée par la vitesse du même projectile au sein du milieu qu'il abandonne.

C'est cette conséquence qu'Arago a choisie pour mettre la théorie de l'émission en contradiction avec les faits; de cette proposition, en effet, découle cette autre : la lumière marche plus vite dans l'eau que dans l'air; or, Arago avait indiqué un procédé propre à comparer la vitesse de la lumière dans l'air à la vitesse de la lumière dans l'eau; le procédé, il est vrai, était inapplicable, mais Foucault modifia l'expérience de telle manière qu'elle pût être exécutée, et il l'exécuta; il trouva que la lumière se propageait moins vite dans l'eau que dans l'air; on en peut conclure avec Foucault que le système de l'émission est incompatible avec les faits.

Je dis le *système* de l'émission et non l'*hypothèse* de l'émission; en effet, ce que l'expérience déclare entaché d'erreur, c'est tout l'ensemble des propositions admises par Newton, et, après lui, par Laplace et par Biot; c'est la théorie tout entière dont se déduit la relation entre l'indice de réfraction et la vitesse de la lumière dans les divers milieux ; mais en condamnant en bloc ce système, en déclarant qu'il est entaché d'erreur, l'expérience ne nous dit pas où gît cette erreur; est-ce en l'hypothèse fondamentale que la lumière consiste en projectiles lancés avec une grande vitesse par les corps lumineux? Est-ce en quelque autre supposition touchant les actions que les corpuscules lumineux subissent de la part des milieux au sein desquels ils se meuvent? Nous n'en savons rien. Il serait téméraire de croire, comme Arago semble l'avoir pensé, que l'expérience de Foucault condamne sans retour l'hypothèse même de l'émission, l'assimilation d'un rayon de lumière à une rafale de projectiles; si les physiciens eussent attaché quelque prix à ce labeur, ils fussent sans doute parvenus à fonder sur cette supposition un système optique qui s'accordât avec l'expérience de Foucault.

En résumé, le physicien ne peut jamais soumettre au contrôle de l'expérience une hypothèse isolée, mais seulement tout un ensemble d'hypothèses; lorsque l'expérience est en désaccord avec ses prévisions, elle lui apprend que l'une au moins des hypothèses qui constituent cet ensemble est inacceptable et doit être modifiée; mais elle ne lui désigne pas celle qui doit être changée.

Nous voici bien loin de la méthode expérimentale telle que la conçoivent volontiers les personnes étrangères à son fonctionnement. On pense communément que chacune des hypothèses dont la Physique fait usage peut être prise isolément, soumise au contrôle de l'expérience; puis, lorsque des épreuves variées et multipliées en ont constaté la valeur, mise en place d'une manière définitive dans le système de la Physique. En réalité, il n'en est pas ainsi; la Physique n'est pas une machine qui se laisse démonter; on ne peut pas essayer chaque pièce isolément et attendre, pour l'ajuster, que la solidité en ait été minutieusement contrôlée ; la science physique, c'est un système que l'on doit prendre tout entier ; c'est un organisme dont on ne peut faire fonctionner une partie sans que les parties les plus éloignées de celle-là entrent en jeu, les unes plus, les autres moins, toutes à quelque degré ; si quelque gêne, quelque malaise se révèle dans son fonctionnement, c'est par l'effet produit sur le système tout entier que le physicien devra deviner l'organe qui a besoin d'être redressé ou modifié, sans qu'il lui soit possible d'isoler cet organe et de l'examiner à part. L'horloger auquel on donne une montre qui ne marche pas en sépare tous les rouages et les examine un à un jusqu'à ce qu'il ait trouvé celui qui est faussé ou brisé ; le médecin auquel on présente un malade ne peut le disséquer pour établir son diagnostic ; il doit deviner le siège et la cause du mal par la seule inspection des désordres qui affectent le corps entier ; c'est à celui-ci, non à celui-là, que ressemble le physicien chargé de redresser une théorie boiteuse.

§ III. — *L'* « *Experimentum crucis* » *est impossible en Physique.*

Insistons encore, car nous touchons à l'un des points essentiels de la méthode expérimentale telle qu'elle est employée en Physique.

La réduction à l'absurde, qui semble n'être qu'un moyen de réfutation, peut devenir une méthode de démonstration ; pour démontrer qu'une proposition est vraie, il suffit d'acculer à une conséquence absurde celui qui admettrait la proposition contradictoire de celle-là; on sait quel parti les géomètres grecs ont tiré de ce mode de démonstration.

Ceux qui assimilent la contradiction expérimentale à la réduction à l'absurde pensent que l'on peut, en Physique, user d'un argument semblable à celui dont Euclide a fait un si fréquent usage en Géométrie. Voulez-vous obtenir d'un groupe de phénomènes une explication théorique certaine, incontestable? Énumérez toutes les hypothèses que l'on peut faire pour rendre compte de ce groupe de phénomènes; puis, par la contradiction expérimentale, éliminez-les toutes, sauf une; cette dernière cessera d'être une hypothèse pour devenir une certitude.

Supposez, en particulier, que deux hypothèses seulement soient en présence; cherchez des conditions expérimentales telles que l'une des hypothèses annonce la production d'un phénomène et l'autre la production d'un phénomène tout différent; réalisez ces conditions et observez ce qui se passe; selon que vous observerez le premier des phénomènes prévus ou le second, vous condamnerez la seconde hypothèse ou la première; celle qui ne sera pas condamnée sera désormais incontestable; le débat sera tranché, une vérité nouvelle sera acquise à la Science. Telle est la preuve expérimentale que l'auteur du *Novum Organum* a nommée « *fait de la croix,* en empruntant cette expression aux croix qui, au coin des routes, indiquent les divers chemins ».

Deux hypothèses sont en présence touchant la nature de la lumière: pour Newton, pour Laplace, pour Biot, la lumière consiste en projectiles lancés avec une extrême vitesse ; pour Huygens, pour Young, pour Fresnel, la lumière consiste en vibrations dont les ondes se propagent au sein d'un éther; ces deux hypothèses sont les seules dont on entrevoie la possibilité; ou bien le mouvement est emporté par le corps qu'il anime et auquel il demeure lié, ou bien il passe d'un corps à un autre. Suivons la première hypothèse; elle nous annonce que la lumière marche plus vite dans l'eau que dans l'air; suivons la seconde; elle nous annonce que la lumière marche plus vite dans l'air que dans l'eau. Montons l'appareil de Foucault; mettons en mouvement le miroir tournant; sous nos yeux, deux taches lumineuses vont se former, l'une incolore, l'autre verdâtre. La bande verdâtre est-elle à gauche de la bande incolore? c'est que la lumière marche plus vite dans l'eau que dans l'air; c'est que l'hypothèse des ondulations est fausse. La bande verdâtre, au contraire, est-elle à droite de la bande incolore? C'est que la lumière marche plus vite dans l'air que dans l'eau; c'est que l'hypothèse des ondulations est condamnée. Nous plaçons l'œil derrière la loupe qui sert à examiner les deux taches lumineuses, nous constatons que la tache verdâtre est à droite de la tache incolore; le débat est jugé; la lumière n'est pas un corps; c'est un mouvement vibratoire propagé par l'éther; l'hypothèse de l'émission a vécu; l'hypothèse des ondulations ne peut être mise en doute; l'expérience cruciale en a fait un nouvel article du *Credo* scientifique.

Ce que nous avons dit au paragraphe précédent montre combien on se tromperait en attribuant à l'expérience de Foucault une signification aussi simple et une portée aussi décisive ; ce n'est pas entre deux hypothèses, l'hypothèse de l'émission et l'hypothèse des ondulations, que tranche l'expérience de Foucault ; c'est entre deux ensembles théoriques, dont chacun doit être pris en bloc, entre deux systèmes complets, l'Optique de Newton et l'Optique d'Huygens.

Mais admettons, pour un instant, que, dans chacun de ces systèmes, tout soit forcé, tout soit nécessaire de nécessité logique, sauf une seule hypothèse ; admettons, par conséquent, que les faits, en condamnant l'un des deux systèmes, condamnent à coup sûr la seule supposition douteuse qu'il renferme. En résulte-t-il que l'on puisse trouver dans l'*experimentum crucis* un procédé irréfutable pour transformer en vérité démontrée l'une des deux hypothèses en présence, de même que la réduction à l'absurde d'une proposition géométrique confère la certitude à la proposition contradictoire ? Entre deux théorèmes de Géométrie qui sont contradictoires entre eux, il n'y a pas place pour un troisième jugement ; si l'un est faux, l'autre est nécessairement vrai. Deux hypothèses de Physique constituent-elles jamais un dilemme aussi rigoureux ? Oserons-nous jamais affirmer qu'aucune autre hypothèse n'est imaginable ? La lumière peut être une rafale de projectiles ; elle peut être un mouvement vibratoire dont un milieu élastique propage les ondes ; lui est-il interdit d'être quoi que ce soit d'autre ? Arago le pensait sans doute, lorsqu'il formulait cette tranchante alternative : La lumière se meut-elle plus vite dans l'eau que dans l'air ? « La lumière est un corps. Le contraire a-t-il lieu ? La lumière est une ondulation. » Mais il nous serait difficile de nous exprimer sous une forme aussi décisive ; Maxwell. en effet, nous a appris que l'on pouvait tout aussi bien attribuer la lumière à une perturbation électrique périodique qui se propagerait au sein d'un milieu diélectrique.

La contradiction expérimentale n'a pas, comme la réduction à l'absurde employée par les géomètres, le pouvoir de transformer une hypothèse physique en une vérité incontestable ; pour le lui conférer, il faudrait énumérer complètement les diverses hypothèses auxquelles un groupe déterminé de phénomènes peut donner lieu ; or, le physicien n'est jamais sûr d'avoir épuisé toutes les suppositions imaginables ; la vérité d'une théorie physique ne se décide pas à croix ou pile.

IV. — *Critique de la méthode newtonienne. — Premier exemple : La Mécanique céleste.*

Il est illusoire de chercher à construire, au moyen de la contradiction expérimentale, une argumentation imitée de la réduction à l'absurde ; mais la Géométrie connaît, pour parvenir à la certitude, d'autres moyens que le procédé *per absurdum ;* la démonstration directe, où la vérité d'une proposition est établie par elle-même, et non par la réfutation de la proposition contradictoire, lui semble le plus parfait des raisonnements. Peut-être la théorie physique serait-elle plus heureuse dans ses tentatives si elle cherchait à imiter la démonstration directe. Les hypothèses à partir desquelles elle déroulera ses conclusions devraient alors être éprouvées une à une ; chacune d'elles ne devrait être acceptée que si elle présentait toute la certitude que la méthode expérimentale peut conférer à une proposition abstraite et générale ; c'est-à-dire qu'elle serait nécessairement, ou bien une loi tirée de l'observation par le seul usage de ces deux opérations intellectuelles que l'on nomme l'induction et la généralisation, ou bien un corollaire mathématiquement déduit de telles lois ; une théorie fondée sur de telles hypothèses ne présenterait plus rien d'arbitraire ni de douteux ; elle mériterait toute la confiance dont sont dignes les facultés qui nous servent à formuler les lois naturelles.

C'est une telle théorie physique que préconisait Newton, lorsqu'au *Scholium generale* qui couronne le livre des *Principes,* il rejetait si résolument hors de la Philosophie naturelle toute hypothèse que l'induction n'a point extraite de l'expérience ; lorsqu'il affirmait qu'en la saine Physique toute proposition doit être tirée des phénomènes et généralisée par induction.

La méthode idéale que nous venons de décrire mérite donc très justement d'être nommée méthode newtonienne. Newton, d'ailleurs, ne l'a-t-il pas suivie lorsqu'il a établi le système de l'attraction universelle, joignant ainsi à ses préceptes le plus grandiose des exemples ? Sa théorie de la gravitation ne se tire-t-elle pas tout entière des lois que l'observation a révélées à Képler, lois que le raisonnement problématique transforme et dont l'induction généralise les conséquences ?

Cette première loi de Képler : « Le rayon vecteur qui va du Soleil à une planète balaye une aire proportionnelle au temps pendant lequel on observe le mouvement de la planète », a, en effet, appris à Newton que chaque planète est constamment soumise à une force dirigée vers le Soleil.

La deuxième loi de Képler : « L'orbite de chaque planète est une ellipse dont le Soleil est un foyer », lui a enseigné que la force sollicitant une planète déterminée varie avec la distance de cette planète au Soleil et est en raison inverse du carré de cette distance.

La troisième loi de Képler : « Les carrés des durées de révolution des diverses planètes sont proportionnels aux cubes des grands axes de leurs orbites », lui a montré que diverses planètes, ramenées à une même distance du Soleil, subiraient de la part de cet astre des attractions proportionnelles à leurs masses respectives.

Les lois expérimentales établies par Képler, transformées par le raisonnement géométrique, font connaître tous les caractères que présente l'action exercée par le Soleil sur une planète ; par induction, Newton généralise le résultat obtenu ; il admet que ce résultat exprime la loi suivant laquelle n'importe quelle portion de la matière agit sur n'importe quelle autre portion, et il formule ce grand principe : « Deux corps quelconques s'attirent mutuellement par une force qui est proportionnelle au produit de leurs masses et en raison inverse du carré de la distance qui les sépare. » Le principe de l'universelle gravitation est trouvé ; il a été obtenu, sans qu'il soit fait usage d'aucune hypothèse fictive, par la méthode inductive dont Newton a tracé le plan.

Reprenons de plus près cette application de la méthode newtonienne ; voyons si une analyse logique un peu sévère laissera subsister l'apparence de rigueur et de simplicité que lui attribue cet exposé trop sommaire.

Pour assurer à cette discussion toute la clarté nécessaire, commençons par rappeler ce principe, familier à tous ceux qui traitent de la Mécanique : On ne saurait parler de la force qui sollicite un corps dans des circonstances données avant d'avoir désigné le terme, supposé fixe, auquel on rapporte le mouvement de corps ; lorsqu'on change ce terme de comparaison, la force qui représente l'effet produit, sur le corps observé, par les autres corps dont il est environné change de direction et de grandeur suivant des règles que la Mécanique énonce avec précision.

Cela posé, suivons les raisonnements de Newton.

Newton prend d'abord le Soleil pour terme de comparaison immobile ; il considère les mouvements qui animent les diverses planètes par rapport à ce terme ; il admet que ces mouvements sont régis par les lois de Képler ; il en tire cette proposition : « Si le Soleil est le terme de comparaison auquel toutes les forces sont rapportées, chaque planète est soumise à une force dirigée vers le Soleil, proportionnelle à la masse de la planète et à l'inverse du carré de sa distance au Soleil. Quant à cet astre, étant pris pour terme de comparaison, il n'est soumis à aucune force. »

Newton étudie d'une manière analogue le mouvement des satellites et, pour chacun d'eux, il choisit comme terme de comparaison immobile la planète que le satellite accompagne, la Terre s'il s'agit d'étudier le mouvement de la Lune, Jupiter si l'on s'occupe des masses périjoviales. Des lois toutes semblables aux lois de Képler sont prises pour règles de ces mouvements ; il en résulte que l'on peut formuler cette nouvelle proposition : « Si l'on prend comme terme de comparaison immobile la planète qu'accompagne un satellite, ce satellite est soumis à une force dirigée vers la planète et en raison inverse du carré de sa distance à la planète. Si, comme il arrive pour Jupiter, une même planète possède plusieurs satellites, ces satellites, ramenés à une même distance de la planète, éprouveraient de sa part des forces proportionnelles à leurs masses respectives. Quant à la planète, elle n'éprouve aucune action de la part du satellite. »

Telles sont, sous une forme très précise, les propositions que les lois de Képler relatives aux mouvements des planètes, que l'extension de ces lois aux mouvements des satellites, autorisent à formuler. A ces propositions, Newton en substitue une autre qui peut s'énoncer ainsi : « Deux corps célestes quelconques exercent l'un sur l'autre une action attractive, dirigée suivant la droite qui les joint, proportionnelle au produit de leur masse et en raison inverse du carré de la distance qui les sépare ; cet énoncé suppose tous les mouvements et toutes les forces rapportées à un même terme de comparaison ; ce terme est un repère idéal que le géomètre peut bien concevoir, mais dont aucun corps ne marque d'une manière exacte et concrète la position dans le ciel. »

Ce principe de la gravitation universelle est-il une simple généralisation des deux énoncés qu'ont fournis les lois de Képler et leur extension aux mouvements des satellites? L'induction peut-elle le tirer de ces deux énoncés? Nullement. En effet, il n'est pas seulement plus général que ces deux énoncés; il ne leur est pas seulement hétérogène; il est en contradiction avec eux. S'il admet le principe de l'attraction universelle, le mécanicien peut calculer la grandeur et la direction des forces qui sollicitent les diverses planètes et le Soleil lorsqu'on prend ce dernier pour terme de comparaison, et il trouve que ces forces ne sont point telles que l'exigerait notre premier énoncé. Il peut déterminer la grandeur et la direction de chacune des forces qui sollicitent Jupiter et ses satellites lorsque l'on rapporte tous les mouvements à la planète, supposée immobile, et il constate que ces forces ne sont point telles que l'exigerait notre second énoncé.

Bien loin donc que le principe de la gravité universelle puisse se tirer, par la généralisation et l'induction, des lois d'observation que Képler a formulées, il contredit formellement à ces lois. Si la théorie de Newton est exacte, les lois de Képler sont nécessairement fausses.

Ce ne sont donc pas les lois tirées par Képler de l'observation des mouvements célestes qui transfèrent leur certitude expérimentale immédiate au principe de la pesanteur universelle, puisqu'au contraire, si l'on admettait l'exactitude absolue des lois de Képler, on serait contraint de rejeter la proposition sur laquelle Newton fonde la Mécanique céleste. Bien loin de se réclamer des lois de Képler, le physicien qui prétend justifier la théorie de la gravitation universelle trouve, tout d'abord, dans ces lois, une objection à résoudre;

il lui faut prouver que sa théorie, incompatible avec l'exactitude de ces lois, soumet les mouvements des planètes et des satellites à d'autres lois assez peu différentes des premières pour que Tycho-Brahé, Képler et leurs contemporains n'aient pu discerner les écarts qui distinguent les orbites képlériennes des orbites newtoniennes ; cette preuve se tire de ces circonstances que la masse du Soleil est très considérable par rapport aux masses des diverses planètes, que la masse d'une planète est très considérable par rapport aux masses de ses satellites.

Si donc la certitude de la théorie de Newton n'est pas une émanation de la certitude des lois de Képler, comment cette théorie prouvera-t-elle qu'elle est valable? Elle calculera, avec toute l'approximation que comportent des méthodes algébriques sans cesse perfectionnées, les *perturbations* qui écartent, à chaque instant, chacun des astres de l'orbite que lui assigneraient les lois de Képler ; puis elle comparera les perturbations calculées aux perturbations qui ont été observées au moyen des instruments les plus précis et les méthodes les plus minutieuses. Une telle comparaison ne portera point seulement sur telle ou telle partie du principe newtonien ; elle en invoquera toutes les parties à la fois ; avec lui, elle invoquera aussi tous les principes de la Dynamique ; en outre, elle appellera à son aide toutes les propositions d'Optique, de Statique des gaz, de Théorie de la chaleur, qui sont nécessaires pour justifier les propriétés des télescopes, pour les construire, pour les régler, pour les corriger, pour éliminer les erreurs causées par l'aberration diurne ou annuelle et par la réfraction atmosphérique. Il ne s'agit plus de prendre une à une des lois justifiées par l'observation et d'élever chacune d'elles, par l'induction et la généralisation, au rang de principe ; il s'agit de comparer les corollaires de tout un ensemble d'hypothèses à tout un ensemble de faits.

Si, maintenant, nous recherchons les causes qui ont fait échouer la méthode newtonienne, en ce cas pour lequel elle avait été imaginée et qui en semblait l'application la plus parfaite, nous les trouverons dans ce double caractère de toute loi mise en œuvre par la Physique théorique : cette loi est symbolique et elle est approchée.

Sans doute, les lois de Képler portent très directement sur les objets mêmes de l'observation astronomique ; elles sont aussi peu symboliques que possible. Mais, sous cette forme purement expérimentale, elles restent impropres à suggérer le principe de la pesanteur universelle ; pour qu'elles acquièrent cette fécondité, il faut qu'elles soient transformées, qu'elles fassent connaître les caractères des forces par lesquelles le Soleil attire les diverses planètes.

Or, cette nouvelle forme des lois de Képler est une forme symbolique ; seule, la Dynamique donne un sens aux mots *force* et *masse* qui servent à l'énoncer ; seule, la Dynamique permet de substituer les nouvelles formules symboliques aux anciennes formules réalistes, les énoncés relatifs aux *forces* et aux *masses* aux lois relatives aux orbites. La légitimité d'une telle substitution implique pleine confiance aux lois de la Dynamique.

Et, pour justifier cette confiance, n'allons pas prétendre que les lois de la Dynamique étaient hors de doute au moment où Newton en faisait usage pour traduire symboliquement les lois de Képler; qu'elles avaient reçu de l'expérience des confirmations suffisantes pour entraîner l'adhésion de la raison. En réalité, elles n'avaient été soumises jusque-là qu'à des épreuves bien particulières et bien grossières; leurs énoncés mêmes étaient demeurés bien vagues et bien enveloppés; c'est seulement au livre des *Principes* qu'elles se sont trouvées, pour la première fois, formulées d'une manière précise; c'est en l'accord des faits avec la Mécanique céleste, issue des travaux de Newton, qu'elles ont rencontré leurs premières vérifications convainquantes.

Ainsi la traduction des lois de Képler en lois symboliques, seules utiles à la théorie, supposait l'adhésion préalable du physicien à tout un ensemble d'hypothèses. Mais, de plus, les lois de Képler étant seulement des lois approchées, la Dynamique permettait d'en donner une infinité de traductions symboliques différentes. Parmi ces formes diverses, en nombre infini, il en est une, et une seule, qui s'accorde avec le principe de Newton. Les observations de Tycho-Brahé, si heureusement réduites en lois par Képler, permettent au théoricien de choisir cette forme; mais elles ne l'y contraignent pas; elles lui auraient également permis d'en choisir une infinité d'autres.

Le théoricien ne peut donc se contenter, pour justifier son choix, d'invoquer les lois de Képler. S'il veut prouver que le principe qu'il a adopté est vraiment un principe de classification naturelle pour les mouvements célestes, il lui faut montrer que les perturbations observées s'accordent avec celles qui avaient été calculées d'avance ; il lui faut, de la marche d'Uranus, conclure l'existence et la position d'une planète nouvelle et, dans la direction assignée, trouver Neptune au bout de son télescope.

§ V. — *Critique de la méthode newtonienne (suite).* — *Second exemple : L'Électrodynamique.*

Personne, après Newton, n'a, plus nettement qu'Ampère, déclaré que toute théorie physique se devait tirer de l'expérience par la seule induction; aucune œuvre ne s'est plus exactement moulée sur les *Philosophiæ naturalis Principia mathematica* que la *Théorie mathématique des Phénomènes électrodynamiques uniquement déduite de l'expérience.*

« L'époque que les travaux de Newton ont marquée dans l'histoire des Sciences n'est pas seulement celle de la plus importante des découvertes que l'homme ait faites sur les causes des grands phénomènes de la nature; c'est aussi l'époque où l'esprit humain s'est ouvert une nouvelle route dans les sciences qui ont pour objet l'étude de ces phénomènes. » C'est par ces lignes qu'Ampère commence l'exposé de sa *Théorie mathématique ;* il continue en ces termes :

« Newton fut loin de penser » que la loi de la pesanteur universelle « pût être inventée en partant de considérations abstraites plus ou moins plausibles. Il établit qu'elle devait être déduite des faits observés, ou plutôt de ces lois empiriques qui, comme celles de Képler, ne sont que des résultats généralisés d'un grand nombre de faits. »

« Observer d'abord les faits, en varier les circonstances autant qu'il est possible, accompagner ce premier travail de mesures précises pour en déduire des lois générales, uniquement fondées sur l'expérience, et déduire de ces lois, indépendamment de toute hypothèse sur la nature des forces qui produisent les phénomènes, la valeur mathématique de ces forces, c'est-à-dire la formule qui les représente, telle est la marche qu'a suivie Newton. Elle a été, en général, adoptée en France par les savants auxquels la Physique doit les immenses progrès qu'elle a faits dans ces derniers temps, et c'est elle qui m'a servi de guide dans toutes mes recherches sur les phénomènes électrodynamiques. J'ai consulté uniquement l'expérience pour établir les lois de ces phénomènes, et j'en ai déduit la formule qui peut seule représenter les forces auxquelles ils sont dus; je n'ai fait aucune recherche sur la cause même qu'on peut assigner à ces forces, bien convaincu que toute recherche de ce genre doit être précédée de la connaissance purement expérimentale des lois, et de la détermination, uniquement déduite de ces lois, de la valeur de la force élémentaire. »

Il n'est pas besoin d'une critique bien attentive ni bien perspicace pour reconnaître que la *Théorie mathématique des phénomènes électrodynamiques* ne procède nullement suivant la méthode qu'Ampère lui assigne, qu'elle n'est pas *uniquement déduite de l'expérience*. Les faits d'expérience, pris dans leur brutalité native, ne sauraient servir au raisonnement mathématique; pour alimenter ce raisonnement, ils doivent être transformés et mis sous forme symbolique. Cette transformation, Ampère la leur fait subir. Il ne se contente pas de réduire les appareils en métal dans lesquels circulent les courants à de simples figures géométriques; une telle assimilation s'impose trop naturellement pour donner prise à un doute sérieux. Il ne se contente pas, non plus, d'user de la notion de *force,* empruntée à la Mécanique, et des divers théorèmes qui constituent cette science ; à l'époque où il écrit, ces théorèmes peuvent être considérés comme hors de contestation. Il fait appel, en outre, à tout un ensemble d'hypothèses entièrement nouvelles, entièrement gratuites, parfois même quelque peu surprenantes. Au premier rang de ces hypothèses, il convient de mentionner l'opération intellectuelle par laquelle il décompose en éléments infiniment petits le courant électrique qui, en réalité, ne peut être brisé sans cesser d'être ; puis, la supposition que toutes les actions électrodynamiques réelles se résolvent en actions fictives, sollicitant les paires que les éléments de courant forment deux à deux ; puis, le postulat que les actions mutuelles de deux éléments se réduisent à deux forces appliquées aux éléments, dirigées suivant la droite qui les joint, égales entre elles et directement opposées; puis, cet autre postulat que la distance de deux éléments entre simplement dans la formule de leur action mutuelle par l'inverse d'une certaine puissance.

Ces diverses suppositions sont si peu évidentes, si peu forcées, que plusieurs d'entre elles ont été critiquées ou rejetées par des successeurs d'Ampère; d'autres hypothèses, également propres à traduire symboliquement les expériences fondamentales de l'Électrodynamique, ont été proposées par d'autres physiciens; mais nul d'entre eux n'est parvenu à donner cette traduction sans formuler aucun postulat nouveau, et il serait absurde d'y prétendre.

La nécessité où se trouve le physicien de traduire symboliquement les faits d'expérience avant de les introduire dans ses raisonnements lui rend impraticable la voie purement inductive qu'Ampère a tracée ; cette voie lui est également interdite parce que chacune des lois observées n'est point exacte, mais simplement approchée.

L'approximation des expériences d'Ampère est des plus grossières. Des faits observés il donne une traduction symbolique propre au progrès de sa théorie ; mais combien il lui eût été facile de profiter de l'incertitude des observations pour en donner une traduction toute différente ! Écoutons Wilhelm Weber (1) :

« Ampère a tenu à indiquer expressément, dans le titre de son Mémoire, que sa théorie mathématique des phénomènes électrodynamiques est *uniquement déduite de l'expérience,* et l'on y trouve, en effet, exposée en détail, la méthode, aussi simple qu'ingénieuse, qui l'a conduit à son but. On y trouve, avec toute l'étendue et la précision désirables, l'exposé de ses expériences, les déductions qu'il en tire pour la théorie et la description des instruments qu'il emploie. Mais, dans des expériences fondamentales, comme celles dont il est question ici, il ne suffit pas d'indiquer le sens général d'une expérience, de décrire les instruments qui ont servi à l'exécuter et de dire, d'une

(1) Wilhelm Weber : *Elektrodynamische Maassbestimmungen*, Leipzig, 1846. — Traduit dans la *Collection de Mémoires relatifs à la Physique,* publiés par la Société française de Physique ; tome III : *Mémoires sur l'Électrodynamique*.

manière générale, qu'elle a donné le résultat qu'on en attendait; il est indispensable d'entrer dans les détails de l'expérience elle-même, de dire combien de fois elle a été répétée, comment on en a modifié les conditions et quel a été l'effet de ces modifications; en un mot, de livrer une espèce de procès-verbal de toutes les circonstances permettant au lecteur d'asseoir un jugement sur le degré de sûreté et de certitude du résultat. Ampère ne donne point ces détails précis sur ses expériences, et la démonstration de la loi fondamentale de l'Électrodynamique attend encore ce complément indispensable. Le fait de l'attraction mutuelle de deux fils conducteurs a été vérifié maintes et maintes fois et est hors de tout conteste; mais ces vérifications ont toujours été faites dans des conditions et avec des moyens tels qu'aucune mesure *quantitative* n'était possible, et il s'en faut que ces mesures aient jamais atteint le degré de précision qui était nécessaire pour qu'on pût considérer la loi de ces phénomènes comme démontrée. »

« Plus d'une fois, Ampère a tiré de l'*absence* de toute action électrodynamique les mêmes conséquences que d'une mesure qui lui aurait donné un résultat égal à *zéro* et, par cet artifice, avec une grande sagacité et une habileté plus grande encore, il est parvenu à réunir les données nécessaires à l'établissement et à la démonstration de sa théorie; mais ces expériences *négatives*, dont il faut se contenter en l'absence de mesures *positives* directes », ces expériences où toutes les résistances passives, tous les frottements, toutes les causes d'erreur, tendent précisément à produire l'effet que l'on souhaite d'observer, « ne peuvent avoir toute la valeur ni la force démonstrative de ces mesures positives, surtout quand elles ne sont pas obtenues avec les procédés et dans les conditions de véritables mesures, ce qu'il était d'ailleurs impossible de faire avec les instruments qu'employait Ampère ».

Des expériences aussi peu précises laissent au physicien le soin de choisir entre une infinité de traductions symboliques également possibles ; elles ne confèrent aucune certitude à un choix qu'elles n'imposent nullement ; seule, l'intuition, qui devine la forme de la théorie à établir, dirige ce choix. Ce rôle de l'intuition est particulièrement important dans l'œuvre d'Ampère ; il suffit de parcourir les écrits de ce grand géomètre pour reconnaître que sa formule fondamentale de l'Électrodynamique a été trouvée tout entière par une sorte de divination ; que les expériences invoquées par lui ont été imaginées après coup, et combinées tout exprès, afin qu'il pût exposer selon la méthode newtonienne une théorie qu'il avait construite par une série de postulats.

Ampère avait d'ailleurs trop de candeur pour dissimuler bien savamment ce que son exposition *entièrement déduite de l'expérience* avait d'artificiel ; à la fin de sa *Théorie mathématique des phénomènes électrodynamiques*, il écrit les lignes suivantes : « Je crois devoir observer, en finissant ce Mémoire, que je n'ai pas encore eu le temps de faire construire les instruments représentés dans la figure 4 de la planche première et dans la figure 20 de la seconde planche. Les expériences auxquelles ils sont destinés n'ont donc pas encore été faites. » Or, le premier des deux appareils dont il est ici question avait pour objet de réaliser le dernier des quatre cas d'équilibre fondamentaux qui sont comme les colonnes de l'édifice construit par Ampère ; c'est à l'aide de l'expérience à laquelle cet appareil était destiné que se devait déterminer la puissance de la distance selon laquelle procèdent les actions électrodynamiques. Bien loin donc que la théorie électrodynamique d'Ampère ait été *entièrement déduite de l'expérience,* l'expérience n'a eu qu'une part très faible à sa formation ; elle a été simplement l'occasion qui a éveillé l'intuition du physicien de génie, et cette intuition a fait le reste.

C'est par les recherches de Wilhelm Weber que la théorie tout intuitive d'Ampère a été pour la première fois soumise à une comparaison minutieuse avec les faits ; mais cette comparaison n'a point été menée par la méthode newtonienne ; de la théorie d'Ampère prise dans son ensemble, Weber a déduit certains effets susceptibles d'être calculés ; les théorèmes de la Statique et de la Dynamique, voire même certaines propositions d'Optique, lui ont permis d'imaginer un appareil, l'*électrodynamomètre,* par lequel ces mêmes effets peuvent être soumis à des mesures précises; l'accord des prévisions du calcul avec les résultats des mesures confirme alors, non telle ou telle proposition isolée de la théorie d'Ampère, mais tout l'ensemble d'hypothèses électrodynamiques, mécaniques et optiques qu'il faut invoquer pour interpréter chacune des expériences de Weber.

Là donc où Newton avait échoué, Ampère, à son tour, et plus rudement encore, a achoppé. C'est que deux écueils inévitables rendent impraticable au physicien la voie purement inductive. En premier lieu, nulle loi expérimentale ne peut servir au théoricien avant d'avoir subi une interprétation qui la transforme en loi symbolique; et cette interprétation implique adhésion à tout un ensemble de théories. En second lieu, aucune loi expérimentale n'est exacte; elle est seulement approchée; elle est donc susceptible d'une infinité de traductions symboliques distinctes; et parmi toutes ces traductions, le physicien doit choisir celle qui fournira à la théorie une hypothèse féconde, sans que l'expérience guide aucunement son choix.

Cette critique de la méthode newtonienne nous ramène aux conclusions auxquelles nous avait déjà conduits la critique de la contradiction expérimentale et de l'*experimentum crucis*. Ces conclusions méritent que nous les formulions avec netteté. Les voici :

Chercher à séparer chacune des hypothèses de la Physique théorique des autres suppositions sur lesquelles repose cette science, afin de la soumettre isolément au contrôle de l'observation, c'est poursuivre une chimère; car la réalisation et l'interprétation de n'importe quelle expérience de Physique impliquent adhésion à tout un ensemble de propositions théoriques.

Le seul contrôle expérimental de la théorie physique qui ne soit pas illogique consiste à comparer le SYSTÈME ENTIER DE LA THÉORIE PHYSIQUE A TOUT L'ENSEMBLE DES LOIS EXPÉRIMENTALES *et à apprécier si celui-ci est représenté par celui-là d'une manière satisfaisante.*

§ VI. — *Conséquences relatives à l'enseignement de la Physique.*

Contrairement à ce que nous nous sommes efforcés d'établir, on admet, en général, que chaque hypothèse de Physique peut être séparée de l'ensemble et soumise isolément au contrôle de l'expérience; naturellement, de ce principe erroné on déduit des conséquences fausses touchant la méthode suivant laquelle la Physique doit être enseignée. On voudrait que le professeur rangeât toutes les hypothèses de la Physique dans un certain ordre; qu'il prît la première, qu'il en donnât l'énoncé, qu'il en exposât les vérifications expérimentales, puis, lorsque ces vérifications auront été reconnues suffisantes, qu'il déclarât l'hypothèse acceptée; mieux encore, on voudrait qu'il formulât cette première hypothèse en généralisant par induction une loi purement expérimentale; il recommencerait cette opération sur la seconde hypothèse, sur la troisième, et ainsi de suite jusqu'à ce que la Physique fût entièrement constituée; la Physique s'enseignerait comme s'enseigne la Géométrie; les hypothèses se suivraient comme se suivent les théorèmes; la preuve expérimentale de chaque supposition remplacerait la démonstration de chaque proposition; on n'avancerait rien qui ne soit tiré des faits ou qui ne soit aussitôt justifié par les faits.

Tel est l'idéal que se proposent beaucoup de professeurs, que plusieurs, peut-être, pensent avoir atteint. Pour les convier à la poursuite de cet idéal, les voix autorisées ne manquent pas. « Il importe, dit M. H. Poincaré (1), de ne pas multiplier les hypothèses outre mesure et de ne les faire que l'une après l'autre. Si nous construisons une théorie fondée sur des hypothèses multiples et si l'expérience la condamne, quelle est, parmi nos prémisses, celle qu'il est nécessaire de

(1) H. Poincaré : *Science et Hypothèse*, p. 179.

changer? Il sera impossible de le savoir. Et inversement, si l'expérience réussit, croira-t-on avoir vérifié toutes ces hypothèses à la fois? Croira-t-on, avec une seule équation, avoir déterminé plusieurs inconnues? »

En particulier, la méthode purement inductive dont Newton a formulé les lois est donnée par beaucoup de physiciens comme la seule méthode qui permette d'exposer rationnellement la Science de la Nature : « La Science que nous ferons, dit Gustave Robin (1), ne sera qu'une combinaison d'inductions simples suggérées par l'expérience. Quant à ces inductions, nous les formulerons toujours en énoncés faciles à retenir, *susceptibles de vérifications directes,* ne perdant jamais de vue *qu'une hypothèse ne peut pas être vérifiée par ses conséquences.* » C'est cette méthode newtonienne qui est recommandée, sinon prescrite, à ceux qui ont mission d'exposer la Physique dans l'Enseignement secondaire. « Les procédés de la Physique mathématique, leur est-il dit (2), sont défectueux dans l'enseignement secondaire; ils consistent à partir d'hypothèses ou de définitions posées *a priori* pour en tirer des déductions qui seront soumises au contrôle de l'expérience. Cette méthode peut convenir à la classe de Mathématiques spéciales; on a le tort de l'appliquer actuellement dans les cours élémentaires, à la Mécanique, à l'Hydrostatique, à l'Optique. Remplaçons-la par la méthode inductive. »

Les discussions que nous avons développées ont éta-

(1) G. Robin : *Œuvres scientifiques. Thermodynamique générale.* Introduction, p. xii. Paris, 1901.

(2) Note sur une conférence de M. Joubert, inspecteur général de l'Enseignement secondaire. (*L'Enseignement secondaire,* 15 avril 1903.)

bli, et de reste, cette vérité : La méthode inductive, dont on recommande l'usage au physicien, lui est aussi impraticable que l'est, au mathématicien, cette méthode déductive parfaite, qui consisterait à tout définir et à tout démontrer, cette méthode à la recherche de laquelle certains géomètres semblent s'acharner, bien que Pascal en ait fait, dès longtemps, bonne et rigoureuse justice. Il est donc bien clair que ceux qui prétendent dérouler, selon cette méthode, la suite des principes de la Physique en donneront forcément un exposé qui sera fautif en quelque point.

Parmi les tares qui marquent un tel exposé, la plus fréquente et, en même temps, la plus grave par les idées fausses qu'elle dépose dans l'intelligence des élèves, c'est l'*expérience fictive*. Obligé d'invoquer un principe qui, en réalité, n'a point été tiré des faits, qui n'a point été engendré par l'induction ; répugnant, d'ailleurs, à donner ce principe pour ce qu'il est, c'est-à-dire pour un postulat, le physicien imagine une expérience qui, si elle était exécutée et si elle réussissait, pourrait conduire au principe que l'on souhaite de justifier.

Invoquer une telle expérience fictive, c'est donner une expérience à faire pour une expérience faite ; c'est justifier un principe non pas au moyen de faits observés, mais de faits dont on prédit la réalisation ; et cette prédiction n'a d'autre fondement que la croyance au principe à l'appui duquel on l'invoque ; un tel procédé de démonstration entraîne celui qui s'y fie dans un cercle vicieux ; et celui qui l'enseigne sans préciser que l'expérience citée n'a pas été faite commet un acte de mauvaise foi.

Parfois, l'expérience fictive décrite par le physicien ne saurait, si l'on tentait de la réaliser, donner aucun résultat de quelque précision; les effets, fort indécis et grossiers, qu'elle produirait pourraient, sans doute, être mis d'accord avec la proposition que l'on prétend justifier; mais ils s'accorderaient tout aussi bien avec certaines propositions fort différentes; la valeur démonstrative d'une telle expérience serait donc bien faible et sujette à caution. L'expérience qu'Ampère a imaginée pour prouver que les actions électrodynamiques procèdent selon l'inverse du carré de la distance, et qu'il n'a point réalisée, nous donne un frappant exemple d'une telle expérience fictive.

Mais il y a pis. Bien souvent, l'expérience fictive que l'on invoque est non seulement irréalisée, mais irréalisable; elle suppose l'existence de corps que l'on ne rencontre pas dans la nature, de propriétés physiques qui n'ont jamais été observées; ainsi Gustave Robin (1), pour donner des principes de la Mécanique chimique l'exposé purement inductif qu'il souhaite, crée de toutes pièces, sous le nom de *corps témoins,* des corps qui, par leur seule présence, soient capables de mettre en branle ou d'arrêter une réaction chimique ; jamais l'observation n'a révélé aux chimistes de semblables corps.

L'expérience irréalisée, l'expérience qui ne serait point réalisable avec précision, l'expérience absolument irréalisable, n'épuisent pas les formes diverses prises par l'expérience fictive dans les écrits des physi-

(1) Gustave Robin : *Œuvres scientifiques. Thermodynamique générale*, p. II. Paris, 1901.

ciens qui prétendent suivre la méthode inductive; il reste à signaler une forme plus illogique que toutes les autres, l'*expérience absurde. Celle-ci prétend prouver une proposition qu'il est contradictoire de regarder comme l'énoncé d'un fait d'expérience.*

Les physiciens les plus subtils n'ont pas toujours su se tenir en garde contre l'intervention, dans leurs exposés, de l'expérience absurde. Citons, par exemple, ces lignes empruntées à J. Bertrand (1) : « Si l'on admet, comme un fait d'expérience, que l'électricité se porte à la surface des corps, et comme un principe nécessaire que l'action de l'électricité libre sur les points des masses conductrices doit être nulle, on peut, de ces deux conditions supposées rigoureusement satisfaites, déduire que les attractions et les répulsions électriques sont inversement proportionnelles au carré de la distance. »

Prenons cette proposition : « Il n'y a aucune électricité à l'intérieur d'un corps conducteur lorsque l'équilibre électrique y est établi », et demandons-nous s'il est possible de la regarder comme l'énoncé d'un fait d'expérience. Pesons exactement le sens des mots qui y figurent et, particulièrement, le sens du mot *intérieur*. Au sens où il faut entendre ce mot en cette proposition, un point intérieur à un morceau de cuivre électrisé, c'est un point pris au sein de la masse de cuivre. Dès lors, comment pourrait-on constater s'il y a ou s'il n'y a pas d'électricité en ce point? Il faudrait y placer un corps d'épreuve ; pour cela, il fau-

(1) J. Bertrand : *Leçons sur la Théorie mathématique de l'Électricité*, p. 71. Paris, 1890.

drait enlever auparavant le cuivre qui s'y trouve ; mais alors ce point ne serait plus au sein de la masse de cuivre ; il serait en dehors de cette masse. On ne peut, sans tomber dans une contradiction logique, prendre notre proposition pour un résultat de l'observation.

Que signifient donc les expériences par lesquelles on prétend prouver cette proposition ? Assurément, tout autre chose que ce qu'on leur fait dire. On creuse une masse conductrice d'une cavité et l'on constate que les parois de cette cavité ne sont pas électrisées. Cette observation ne prouve rien touchant la présence ou l'absence d'électricité aux points qui se trouvent plongés au sein de la masse conductrice. Pour passer de la loi expérimentalement constatée à la loi énoncée, on joue sur le sens du mot *intérieur*. De peur de fonder l'Électrostatique sur un postulat, on la fonde sur un calembour.

Il nous suffirait de feuilleter les traités et les manuels de Physique pour y relever une foule d'expériences fictives ; nous y trouverions à foison des exemples des diverses formes que peut revêtir une telle expérience, depuis l'expérience simplement irréalisée jusqu'à l'expérience absurde. Ne nous attardons pas à cette fastidieuse besogne. Ce que nous avons dit suffit à justifier cette conclusion : L'enseignement de la Physique par la méthode purement inductive, telle que l'a définie Newton, est une chimère. Celui qui prétend saisir cette chimère se leurre et leurre ses élèves. Il leur donne pour faits vus des faits simplement prévus ; pour observations précises, des constatations grossières ; pour procédés réalisables, des expériences purement idéales; pour lois expérimentales, des propositions dont les termes ne peuvent, sans contradiction, être pris comme exprimant des réalités. La Physique qu'il expose est une Physique faussée et falsifiée.

Que le professeur de Physique renonce donc à cette méthode inductive idéale, qui procède d'une idée fausse ; qu'il repousse cette manière de concevoir l'enseignement de la Science expérimentale, qui en dissimule et en torture le caractère essentiel. Si l'interprétation de la moindre expérience de Physique suppose l'emploi de tout un ensemble de théories, si la description même de cette expérience exige une foule d'expressions abstraites, symboliques, dont les théories seules fixent le sens et marquent la correspondance avec les faits, il faudra bien que le physicien se résolve à développer une longue chaîne d'hypothèses et de déductions avant de tenter la moindre comparaison entre l'édifice théorique et la réalité concrète ; encore devra-t-il bien souvent, en décrivant les expériences qui vérifient les théories déjà développées, anticiper sur les théories à venir. Il ne pourra, par exemple, tenter la moindre vérification expérimentale des principes de la Dynamique avant d'avoir non seulement développé l'enchaînement des propositions de la Mécanique générale, mais aussi jeté les bases de la Mécanique céleste ; encore devra-t-il, en rapportant les observations qui vérifient cet ensemble de théories, supposer connues les lois de l'Optique qui, seules, justifient l'emploi des instruments astronomiques.

Que le professeur développe donc, en premier lieu, les théories essentielles de la Science ; sans doute, en présentant les hypothèses sur lesquelles reposent ces théories, il est nécessaire qu'il en prépare l'acceptation ; il est bon qu'il signale les données du sens commun, les faits recueillis par l'observation vulgaire, les expériences simples ou encore peu analysées qui ont conduit à formuler ces hypothèses ; sur ce point, d'ailleurs, nous reviendrons avec insistance au prochain Chapitre ; mais il doit proclamer bien haut que ces faits, suffisants pour suggérer les hypothèses, ne le sont pas pour les vérifier ; c'est seulement après qu'il aura constitué un corps étendu de doctrine, après qu'il aura construit une théorie complète, qu'il pourra comparer à l'expérience les conséquences de cette théorie.

L'enseignement doit faire saisir à l'élève cette vérité capitale : Les vérifications expérimentales ne sont pas la base de la théorie ; elles en sont le couronnement; la Physique ne progresse pas comme la Géométrie ; celle-ci grandit par le continuel apport d'un nouveau théorème, démontré une fois pour toutes, qui s'ajoute à des théorèmes déjà démontrés ; celle-là est un tableau symbolique auquel de continuelles retouches donnent de plus en plus d'étendue et d'unité ; dont l'*ensemble* donne une image de plus en plus ressemblante de l'*ensemble* des faits d'expérience, tandis que chaque détail de cette image, découpé et isolé du tout, perd toute signification et ne représente plus rien.

A l'élève qui n'aura pas aperçu cette vérité, la Physique apparaîtra comme un monstrueux fatras de pétitions de principes et de cercles vicieux ; si son esprit est doué d'une grande justesse, il repoussera avec horreur ces perpétuels défis à la logique ; si la justesse de son intelligence est moindre, il apprendra par cœur ces mots au sens imprécis, ces descriptions d'expériences irréalisées et irréalisables, ces raisonnements qui sont des tours de passe-passe, perdant à ce travail de mémoire irraisonnée le peu de sens droit et d'esprit critique qu'il possédait.

L'élève, au contraire, qui aura saisi d'une vue claire les idées que nous venons de formuler aura fait plus que d'apprendre un certain nombre de propositions de Physique ; il aura compris quelle est la nature et quelle est la véritable méthode de la Science expérimentale (1).

§ VII. — *Conséquences relatives au développement mathématique de la Théorie physique.*

Par les précédentes discussions, l'exacte nature de la théorie physique et des liens qu'elle a avec l'expérience nous apparaît de plus en plus nette et précise.

Les matériaux avec lesquels cette théorie se construit sont, d'un côté, les symboles mathématiques qui lui servent à représenter les diverses quantités et les diverses qualités du monde physique ; de l'autre côté, les postulats généraux qui lui servent de principes. Avec ces matériaux, elle doit bâtir un édifice logique ; elle est donc tenue, en traçant le plan de cet édifice,

(1) On objectera sans doute qu'un tel enseignement de la Physique serait difficilement accessible à de jeunes intelligences ; la réponse est simple : que l'on n'expose pas la Physique aux esprits qui ne sont point encore prêts à l'assimiler. Mme de Sévigné disait, en parlant des jeunes enfants : « Avant de leur donner une nourriture de charretier, informez-vous donc s'ils ont un estomac de charretier. »

de respecter scrupuleusement les lois que la Logique impose à tout raisonnement déductif, les règles que l'Algèbre prescrit à toute opération mathématique.

Les symboles mathématiques dont use la théorie n'ont de sens que dans des conditions bien déterminées ; définir ces symboles, c'est énumérer ces conditions. Hors de ces conditions, la théorie s'interdira de faire usage de ces signes. Ainsi, par définition, une température absolue ne peut être que positive, la masse d'un corps est invariable ; jamais, dans ses formules, la théorie ne donnera à la température absolue une valeur nulle ou négative ; jamais, dans ses calculs, elle ne fera varier la masse d'un corps déterminé.

La théorie a pour principe des *postulats,* c'est-à-dire des propositions qu'il lui est loisible d'énoncer comme il lui plaît, pourvu qu'il n'y ait contradiction ni entre les termes d'un même postulat, ni entre deux postulats distincts. Mais une fois ces postulats posés, elle est tenue de les garder avec une jalouse rigueur. Si, par exemple, elle a placé le principe de la conservation de l'énergie à la base de son système, elle doit s'interdire toute affirmation en désaccord avec ce principe.

Ces règles s'imposent de tout leur poids à une théorie physique qui se construit ; un seul manquement rendrait le système illogique et nous obligerait à le renverser pour en rebâtir un autre ; mais elles s'imposent seules. AU COURS DE SON DÉVELOPPEMENT, *une théorie physique est libre de choisir la voie qui lui plaît, pourvu qu'elle évite toute contradiction logique ; en particulier, elle est libre de ne tenir aucun compte des faits d'expérience.*

Il n'en est plus de même LORSQUE LA THÉORIE A ATTEINT SON ENTIER DÉVELOPPEMENT. Lorsque l'édifice logique est parvenu au faîte, il devient nécessaire de comparer l'ensemble des propositions mathématiques, obtenues comme conclusions de ces longues déductions, à l'ensemble des faits d'expérience ; moyennant l'emploi des procédés de mesure adoptés, il faut s'assurer que le second ensemble trouve, dans le premier, une image suffisamment ressemblante, un symbole suffisamment précis et complet. Si cet accord entre les conclusions de la théorie et les faits d'expérience ne se manifestait pas avec une approximation satisfaisante, la théorie pourrait bien être logiquement construite ; elle n'en devrait pas moins être rejetée, parce qu'elle serait contredite par l'observation, parce qu'elle serait *physiquement* fausse.

Cette comparaison entre les conclusions de la théorie et les vérités d'expérience est donc indispensable, puisque, seul, le contrôle des faits peut donner à la théorie une valeur physique ; mais ce contrôle des faits doit frapper exclusivement les conclusions de la théorie, car, seules, elles se donnent pour une image de la réalité ; les postulats qui servent de point de départ à la théorie, les intermédiaires par lesquels on passe des postulats aux conclusions n'ont pas à lui être soumis.

Très complètement, dans ce qui précède, nous avons analysé l'erreur de ceux qui prétendent soumettre directement un des postulats fondamentaux de la Physique à l'épreuve des faits par un procédé tel que l'*experimentum crucis ;* et surtout l'erreur de ceux qui n'acceptent comme principes que « des inductions (1) consistant exclusivement à ériger en lois géné rales non pas l'interprétation, mais *le résultat mêm d'un très grand nombre d'expériences* ».

De cette erreur, une autre est bien voisine; ell consiste à exiger que toutes les opérations faites par l mathématicien au cours des déductions qui relient le postulats aux conclusions aient *un sens physique ;* à n vouloir « raisonner (2) que sur des *opérations réalisa bles* » ; à « n'introduire que des *grandeurs accessible à l'expérience* ».

Selon cette exigence, toute grandeur introduite pai le physicien dans ses formules devrait être reliée, pai l'intermédiaire d'un procédé de mesure, à une propriété d'un corps ; toute opération algébrique effectuée sur ces grandeurs devrait, par l'emploi de ces procédés de mesure, se traduire en langage concret ; ainsi traduite, elle devrait exprimer un fait réel ou possible.

Semblable exigence, légitime lorsqu'il s'agit des formules finales auxquelles aboutit la théorie, n'a aucune raison d'être en ce qui concerne les formules et les opérations intermédiaires qui établissent le passage des postulats aux conclusions.

Prenons un exemple :

J. Willard Gibbs a étudié théoriquement la dissociation d'un composé gazeux parfait en ses éléments, regardés également comme des gaz parfaits. Une formule a été obtenue, qui exprime la loi de l'équilibre chimique au sein d'un tel système. Je me propose de discuter cette formule. Dans ce but, laissant inva-

(1) Gustave Robin : *Œuvres scientifiques. Thermodynamique générale.* Introduction, p. XIV.

(2) G. Robin, *loc. cit.*

riable la pression que supporte le mélange gazeux, je considère la température absolue qui figure dans la formule et je la fais varier de 0 à $+\infty$.

Si, à cette opération mathématique, on veut attribuer un sens physique, on verra se dresser en foule les objections et les difficultés. Aucun thermomètre ne peut faire connaître les températures inférieures à une certaine limite, aucun ne peut déterminer les températures suffisamment élevées ; ce symbole que nous nommons *température absolue* ne peut, par les procédés de mesure dont nous disposons, être traduit en quelque chose qui ait un sens concret, à moins que sa valeur numérique ne demeure comprise entre un certain minimum et un certain maximum. D'ailleurs, aux températures suffisamment basses, cet autre symbole que la Thermodynamique nomme *gaz parfait* n'est plus l'image, même approchée, d'aucun gaz réel.

Ces difficultés, et bien d'autres qu'il serait trop long d'énumérer, s'évanouissent si l'on prend garde aux remarques que nous avons formulées. Dans la construction de la théorie, la discussion dont nous venons de parler n'est qu'un intermédiaire ; il n'est point juste de lui chercher un sens physique. C'est seulement lorsque cette discussion nous aura conduits à une série de propositions, que nous aurons à soumettre ces propositions au contrôle des faits ; alors, nous examinerons si, entre les limites où la température absolue peut se traduire en indications thermométriques concrètes, où l'idée de gaz parfait est à peu près réalisée par les fluides que nous observons, les conclusions de notre discussion s'accordent avec les résultats de l'expérience.

En exigeant que les opérations mathématiques par lesquelles les postulats produisent leurs conséquences aient toujours un sens physique, on impose au géomètre d'insupportables entraves qui paralysent toutes ses démarches ; il en arrive, avec G. Robin, à redouter l'emploi du calcul différentiel ; en fait, s'il se piquait de satisfaire sans cesse et scrupuleusement à cette exigence, il ne pourrait presque plus développer aucun calcul ; dès ses premiers pas, la déduction théorique se trouverait arrêtée. Une idée plus exacte de la méthode physique, une plus juste démarcation entre les propositions qui ont à se soumettre au contrôle des faits et celles qui en sont dispensées, rendront au géomètre toute sa liberté et lui permettront d'user, pour le plus grand développement des théories physiques, de toutes les ressources de l'Algèbre.

§ VIII. — *Certains postulats de la théorie physique sont-ils inaccessibles aux démentis de l'expérience ?*

On reconnaît qu'un principe est exact à la facilité avec laquelle il démêle les embarras compliqués où nous engageait l'emploi de principes erronés.

Si donc l'idée que nous avons émise est exacte, si la comparaison s'établit forcément entre l'*ensemble* de la théorie et l'*ensemble* des faits d'expérience, nous devons voir s'évanouir, à la lumière de ce principe, les obscurités où nous nous égarerions en prétendant soumettre isolément chaque hypothèse théorique au contrôle des faits.

Au premier rang des affirmations dont nous cher-

cherons à dissiper l'apparence paradoxale, nous en placerons une qui, en ces dernières années, a été souvent formulée et commentée. Énoncée d'abord par M. G. Milhaud (1) au sujet du *corps pur* de la Chimie, elle a été longuement et fortement développée par M. H. Poincaré (2) à propos de principes de la Mécanique; M. Édouard Le Roy l'a également formulée (3) avec une grande netteté.

Cette affirmation est la suivante :

Certaines hypothèses fondamentales de la théorie physique ne sauraient être contredites par aucune expérience, parce qu'elles constituent en réalité des *définitions,* et que certaines expressions, usitées du physicien, ne prennent leur sens que par elles.

Prenons un des exemples cités par M. Ed. Le Roy : Lorsqu'un corps grave tombe librement, l'accélération de sa chute est constante. Une telle loi peut-elle être contredite par l'expérience? Non, car elle constitue la définition même de ce qu'il faut entendre par *chute libre.* Si, en étudiant la chute d'un corps grave, nous trouvions que ce corps ne tombe pas d'un mouvement uniformément accéléré, nous en conclurions non pas que la loi énoncée est fausse, mais que le corps ne tombe pas librement, que quelque cause en entrave le mouvement, et les écarts entre la loi énoncée

(1) G. Milhaud : *La Science rationnelle* (*Revue de Métaphysique et de Morale,* 4e année, 1896, p. 280). — *Le Rationnel,* Paris, 1898, p. 45.

(2) H. Poincaré : *Sur les Principes de la Mécanique* (Bibliothèque du Congrès international de Philosophie. III. Logique et Histoire des Sciences. Paris, 1901 ; p. 457). — *Sur la valeur objective des théories physiques* (*Revue de Métaphysique et de Morale,* 10e année, 1902, p. 263). — *La Science et l'Hypothèse,* p. 110.

(3) Édouard Le Roy : *Un positivisme nouveau* (*Revue de Métaphysique et de Morale,* 9e année, 1901, p. 143-144).

et les faits observés nous serviraient à découvrir cette cause et à en analyser les effets.

Ainsi, conclut M. Ed. Le Roy, « les lois sont invérifiables, à prendre les choses en toute rigueur..., parce qu'elles constituent le critère même auquel on juge les apparences et les méthodes qu'il faudrait utiliser pour les soumettre à un examen dont la précision soit susceptible de dépasser toute limite assignable ».

Reprenons plus en détail, à la lumière des principes précédemment posés, cette comparaison entre la loi de la chute des corps et l'expérience.

Nos observations quotidiennes nous ont fait connaître toute une catégorie de mouvements que nous avons rapprochés les uns des autres sous le nom de mouvements des corps graves ; parmi ces mouvements se trouve la chute qu'éprouve un corps grave lorsqu'il n'est gêné par aucun obstacle. Il en résulte que ces mots : « chute libre d'un corps grave » ont un sens pour l'homme qui fait appel aux seules connaissances du sens commun, qui n'a aucune notion des théories physiques.

D'autre part, pour classer les lois des mouvements dont il s'agit, le physicien a créé une théorie, la théorie de la pesanteur, application importante de la Mécanique rationnelle ; en cette théorie, destinée à fournir une représentation symbolique de la réalité, il est également question de « chute libre d'un corps grave » ; par suite des hypothèses qui supportent tout ce schéma, une chute libre doit être nécessairement une chute uniformément accélérée.

Les mots « chute libre d'un corps grave » ont maintenant deux sens distincts. Pour l'homme ignorant des théories physiques, ils ont leur signification *réelle*, ils signifient ce que le sens commun entend en les prononçant ; pour le physicien, ils ont un sens *symbolique*, ils signifient « chute uniformément accélérée ». La théorie n'aurait pas rempli son but si le second sens n'était point le signe du premier, si une chute, regardée comme libre par le sens commun, n'était pas également une chute d'accélération uniforme, ou *à peu près* uniforme, les constatations du sens commun étant essentiellement, nous l'avons dit, des constatations dénuées de précision.

Cet accord, faute duquel la théorie eût été rejetée sans plus ample informé, se produit ; une chute que le sens commun déclare à peu près libre est aussi une chute dont l'accélération est à peu près constante. Mais la constatation de cet accord, grossièrement approximatif, ne nous contente pas ; nous voulons pousser plus loin et dépasser le degré de précision auquel peut prétendre le sens commun. A l'aide de la théorie que nous avons imaginée, nous combinons des appareils propres à reconnaître avec sensibilité si la chute d'un corps est ou n'est pas uniformément accélérée ; ces appareils nous montrent qu'une certaine chute, regardée par le sens commun comme une chute libre, a une accélération légèrement variable. La proposition qui, dans notre théorie, donne son sens symbolique au mot « chute libre » ne représente pas avec une exactitude suffisante les propriétés de la chute réelle et concrète que nous avons observée.

Deux partis s'offrent alors à nous.

En premier lieu, nous pouvons déclarer que nous

avons eu raison de regarder la chute étudiée comme une chute libre, d'exiger que la définition théorique de ces mots s'accorde avec nos observations; dans ce cas, puisque notre définition théorique ne satisfait pas à cette exigence, elle doit être rejetée ; il nous faut construire une autre Mécanique sur des hypothèses nouvelles, Mécanique en laquelle les mots « chute libre » signifieront non plus « chute uniformément accélérée », mais « chute dont l'accélération varie suivant une certaine loi ».

En second lieu, nous pouvons déclarer que nous avons eu tort d'établir un rapprochement entre la chute concrète que nous avons observée et la chute libre symbolique définie par notre théorie ; que celle-ci était un schéma trop simplifié de celle-là ; que, pour représenter convenablement la chute sur laquelle nos expériences ont porté, le théoricien doit imaginer non plus un grave tombant librement, mais un grave gêné par certains obstacles tels que la résistance de l'air; qu'en figurant l'action de ces obstacles au moyen d'hypothèses appropriées, il composera un schéma plus compliqué que le grave libre, mais plus apte à reproduire les détails de l'expérience ; en résumé, selon le langage que nous avons précédemment fixé (ch. IV, § 3), nous pouvons chercher à éliminer, au moyen de *corrections* convenables, les *causes d'erreur,* telles que la résistance de l'air, qui influaient sur notre expérience.

M. Le Roy affirme que nous prendrons le second parti et non le premier ; en quoi il a assurément raison. Les causes qui nous dicteront cette détermination sont aisées à apercevoir. En prenant le premier parti, nous serions obligés de détruire de fond en comble un très vaste système théorique, qui représente d'une manière très satisfaisante un ensemble très étendu et très complexe de lois expérimentales. Le second parti, au contraire, ne fait rien perdre du terrain déjà conquis à la théorie physique ; de plus, il a réussi dans un si grand nombre de cas que nous sommes fondés à escompter un nouveau succès. Mais dans cette confiance accordée à la loi de la chute des graves, nous ne voyons rien d'analogue à la certitude que la définition géométrique tire de son essence même, à cette certitude par laquelle on serait insensé si l'on allait douter que les divers points d'une circonférence ne fussent tous équidistants du centre.

Nous ne trouvons ici qu'une application particulière du principe posé au § 2. Un désaccord entre les faits concrets qui composent une expérience, et la représentation symbolique que la théorie substitue à cette expérience, nous prouve que quelque partie de ce symbole est à rejeter. Mais quelle partie? C'est ce que l'expérience ne nous dit pas, ce qu'elle laisse à notre sagacité le soin de deviner. Or, parmi les éléments théoriques qui entrent dans la composition de ce symbole, il en est toujours un certain nombre que les physiciens d'une certaine époque s'accordent à accepter sans contrôle, qu'ils regardent comme hors de conteste. Dès lors, le physicien qui doit modifier ce symbole fera sûrement porter sa modification sur des éléments autres que ceux-là.

Mais ce qui pousse le physicien à agir ainsi, ce n'est point une nécessité logique ; en agissant autrement il pourrait être maladroit et mal inspiré ; il ne marcherait pas, pour cela, sur les traces du géomètre assez insensé pour contredire à ses propres définitions; il ne ferait rien d'absurde. Il y a plus; un jour peut-être, en agissant autrement, en refusant d'invoquer des causes d'erreur et de recourir à des corrections pour rétablir l'accord entre le schéma théorique et le fait, en portant résolument la réforme parmi les propositions qu'un commun accord déclarait intangibles, il accomplira l'œuvre de génie qui ouvre à la théorie une carrière nouvelle.

En effet, ces hypothèses, qui sont devenues des conventions universellement acceptées, dont la certitude semble briser la contradiction expérimentale et la rejeter sur d'autres suppositions plus douteuses, il faudrait bien se garder de les croire à tout jamais assurées. L'histoire de la Physique nous montre que, bien souvent, l'esprit humain a été amené à renverser de fond en comble de tels principes, regardés d'un commun accord, pendant des siècles, comme des axiomes inviolables, et à rebâtir ses théories physiques sur de nouvelles hypothèses.

Fut-il, par exemple, pendant des millénaires, principe plus clair et plus assuré que celui-ci : Dans un milieu homogène, la lumière se propage en ligne droite? Non seulement cette hypothèse portait toute l'Optique ancienne, Catoptrique et Dioptrique, dont les élégantes déductions géométriques représentaient à souhait un nombre immense de faits, mais encore elle était devenue, pour ainsi dire, la définition physique de la ligne droite; c'est à cette hypothèse que devait faire appel tout homme désireux de réaliser une droite, le charpentier qui vérifie la rectitude d'une pièce de bois, l'arpenteur qui jalonne un alignement, le géodésien qui relève une direction au moyen des pinnules de son alidade, l'astronome qui définit l'orientation des étoiles sur lesquelles il raisonne par l'axe optique de sa lunette. Cependant, un jour vint où l'on se lassa d'attribuer à quelque cause d'erreur les effets de diffraction observés par Grimaldi, où l'on se résolut à rejeter la loi de la propagation rectiligne de la lumière, à donner à l'Optique des fondements entièrement nouveaux ; et cette audacieuse résolution fut, pour la théorie physique, le signal de progrès merveilleux.

§ IX. — *Des hypothèses dont l'énoncé n'a aucun sens expérimental.*

Cet exemple, et ceux que l'histoire de la Science nous permettrait d'y joindre, nous montrent que nous serions fort imprudents de dire, au sujet d'une hypothèse communément admise aujourd'hui : « Nous sommes certains que jamais nous ne serons conduits à l'abandonner par une expérience nouvelle, quelque précise qu'elle soit. » Cependant, cette affirmation, M. H. Poincaré n'hésite pas à l'émettre (1) au sujet des principes de la Mécanique.

Aux raisons déjà invoquées pour prouver que ces principes ne peuvent être atteints par un démenti expérimental, M. H. Poincaré en joint une qui paraît encore plus convaincante : non seulement ces principes

(1) H. Poincaré : *Sur les principes de la Mécanique* (Bibliothèque du Congrès international de Philosophie. III. *Logique et Histoire des Sciences.* Paris, 1901 ; pp. 475, 491).

ne peuvent être démentis par l'expérience, parce qu'ils sont les règles, universellement acceptées, qui nous servent à découvrir, dans nos théories, les tares signalées par ces démentis; mais encore ils ne peuvent être démentis par l'expérience parce que l'*opération qui prétendrait les comparer aux faits n'aurait aucun sens.*

Expliquons cela par un exemple.

Le principe de l'inertie nous enseigne qu'un point matériel soustrait à l'action de tout autre corps se meut en ligne droite d'un mouvement uniforme. Or, on ne peut observer que des mouvements relatifs; on ne peut donc donner un sens expérimental à ce principe que si l'on suppose choisi un certain terme, un certain solide géométrique pris comme repère fixe, auquel le mouvement du point matériel soit rapporté. La fixation de ce repère fait partie intégrante de l'énoncé de la loi; si l'on omettait cette fixation, cet énoncé serait dénué de signification. Autant de repères distincts, autant de lois différentes. On énoncera une loi de l'inertie, si l'on dit que le mouvement d'un point isolé, supposé vu de la terre, est rectiligne et uniforme, une autre si l'on répète la même phrase en rapportant le mouvement au Soleil, une autre encore si le repère choisi est l'ensemble des étoiles fixes. Mais alors, une chose est bien certaine : c'est que, quel que soit le mouvement d'un point matériel vu d'un premier repère, l'on peut toujours, et d'une infinité de manières, choisir un second repère de telle sorte que, vu de là, notre point matériel paraisse se mouvoir en ligne droite d'un mouvement uniforme. On ne saurait donc tenter une vérification expérimentale du principe de l'inertie; faux si l'on rapporte les mouvements à un certain repère, il deviendra vrai si l'on fait choix d'un autre terme de comparaison, et l'on sera toujours libre de choisir ce dernier. Si la loi de l'inertie énoncée en prenant la Terre pour repère est contredite par une observation, on lui substituera la loi de l'inertie dont l'énoncé rapporte les mouvements au Soleil; si celle-ci à son tour est controuvée, on remplacera dans l'énoncé le Soleil par le système des étoiles fixes, et ainsi de suite. Il est impossible de fermer cette échappatoire.

Le principe de l'égalité entre l'action et la réaction, longuement analysé par M. Poincaré (1), donne lieu à des remarques analogues. Ce principe peut s'énoncer ainsi :

« Le centre de gravité d'un système isolé ne peut avoir qu'un mouvement rectiligne et uniforme. »

C'est ce principe que nous nous proposons de vérifier par l'expérience. « Pouvons-nous faire cette vérification? Pour cela, il faudrait qu'il existât des systèmes isolés; or, ces systèmes n'existent pas; le seul système isolé, c'est l'Univers entier. »

« Mais nous ne pouvons observer que des mouvements relatifs; le mouvement absolu du centre de gravité de l'Univers nous sera donc à tout jamais inconnu; nous ne pourrons jamais savoir s'il est rectiligne et uniforme, ou, pour mieux dire, la question n'a aucun sens. Quels que soient les faits que nous observions, nous resterons donc toujours libres de supposer que notre principe est vrai. »

Ainsi maint principe de la Mécanique a une forme telle qu'il est absurde de se demander : Ce principe

(1) H. Poincaré, *loc. cit.*, pp. 472 et seqq.

est-il ou n'est-il pas d'accord avec l'expérience? Ce caractère étrange n'est pas particulier aux principes de la Mécanique; il marque également certaines hypothèses fondamentales de nos théories physiques ou chimiques (1).

La théorie chimique, par exemple, repose tout entière sur la *loi des proportions multiples;* voici l'énoncé précis de cette loi :

Des corps simples A, B, C peuvent, en s'unissant en diverses proportions, former divers composés M, M'... Les masses des corps A, B, C qui se combinent pour former le composé M sont entre elles comme les trois nombres *a, b, c.* Alors les masses des éléments A, B, C qui se combinent pour former le composé M' seront entre elles comme les nombres αa, βb, γc, α, β, γ, *étant trois nombres entiers.*

Cette loi peut-elle être soumise au contrôle de l'expérience? L'analyse chimique nous fera connaître la composition chimique du corps M' non pas exactement, mais avec une certaine approximation; l'incertitude des résultats obtenus pourra être extrêmement petite; elle ne sera jamais rigoureusement nulle. Or, en quelques rapports que les éléments A, B, C se trouvent combinés au sein du composé M', on pourra toujours représenter ces rapports, avec une approximation aussi grande que l'on voudra, par les rapports mutuels de trois produits αa, βb, γc, où α, β, γ seront des nombres entiers; en d'autres termes, quels que soient les résultats donnés par l'analyse chimique

(1) P. Duhem : *Le Mixte et la combinaison chimique; Essai sur l'Évolution d'une idée,* Paris, 1902 ; p. 159-161.

du composé M', on est toujours assuré de trouver trois nombres entiers α, β, γ, grâce auxquels la loi des proportions multiples se trouvera vérifiée avec une précision supérieure à celle des expériences. Donc aucune analyse chimique, si fine soit-elle, ne pourra jamais mettre en défaut la loi des proportions multiples.

D'une manière semblable, la Cristallographie tout entière repose sur la *loi des indices rationnels,* qui se formule de la manière suivante :

Un trièdre étant formé par trois faces d'un cristal, une quatrième face coupe les trois arêtes de ce trièdre à des distances du sommet qui sont entre elles comme trois certains nombres a, b, c, les *paramètres* du cristal. Une autre face quelconque doit couper ces mêmes arêtes à des distances du sommet qui soient entre elles comme αa, βb, γc, où α, β, γ sont trois nombres entiers, les *indices* de la nouvelle face cristalline.

Le goniomètre le plus parfait ne détermine l'orientation d'une face cristalline qu'avec une certaine approximation ; les rapports entre les trois segments qu'une telle face détermine sur les arêtes du trièdre fondamental sont toujours passibles d'une certaine erreur ; or, quelque petite que soit cette erreur, on peut toujours choisir les trois nombres α, β, γ de telle sorte que les rapports mutuels de ces segments soient représentés, avec une erreur moindre, par les rapports mutuels des trois nombres αa, βb, γc ; le cristallographe qui prétendrait rendre la loi des indices rationnels justiciable de son goniomètre n'aurait assurément pas compris le sens même des mots qu'il emploie.

La loi des proportions multiples, la loi des indices rationnels, sont des énoncés mathématiques dépourvus de tout sens physique. Un énoncé mathématique n'a de sens physique que s'il garde une signification lorsqu'on y introduit le mot *à peu près*. Ce n'est pas le cas des énoncés que nous venons de rappeler. Ils ont, en effet, pour objet d'affirmer que certains rapports sont des nombres *commensurables*. Ils dégénéreraient en simples truismes si on leur faisait déclarer que ces rapports sont *à peu près commensurables ;* car un rapport incommensurable quelconque est toujours à peu près commensurable ; il est même aussi près que l'on veut d'être commensurable.

Il serait donc absurde de vouloir soumettre au contrôle *direct* de l'expérience certains principes de la Mécanique ; il serait absurde de vouloir soumettre à ce contrôle direct la loi des proportions multiples ou la loi des indices rationnels.

En résulte-t-il que ces hypothèses, placées hors de l'atteinte du démenti expérimental direct, n'aient plus rien à redouter de l'expérience ? Qu'elles soient assurées de demeurer immuables quelles que soient les découvertes que l'observation des faits nous réserve ? Le prétendre serait commettre une grave erreur.

Prises isolément, ces diverses hypothèses n'ont aucun sens expérimental ; il ne peut être question ni de les confirmer, ni de les contredire par l'expérience. Mais ces hypothèses entrent comme fondements essentiels dans la construction de certaines théories, de la Mécanique rationnelle, de la théorie chimique, de la Cristallographie ; l'objet de ces théories est de représenter des lois expérimentales ; ce sont des schémas essentiellement destinés à être comparés aux faits.

Or, cette comparaison pourrait fort bien, quelque jour, faire reconnaître qu'une de nos représentations s'ajuste mal aux réalités qu'elle doit figurer ; que les corrections qui viennent compliquer notre schéma ne suffisent pas à assurer une concordance suffisante entre ce schéma et les faits ; que la théorie, longtemps admise sans conteste, doit être rejetée ; qu'une théorie toute différente doit être construite sur des hypothèses entièrement nouvelles. Ce jour-là, quelqu'une de nos hypothèses qui, prise isolément, défiait le démenti direct de l'expérience, s'écroulera, avec le système qu'elle portait, sous le poids des contradictions que la réalité aura infligées aux conséquences de ce système pris dans son ensemble (1).

En réalité, les hypothèses qui n'ont par elles-mêmes aucun sens physique subissent le contrôle de l'expérience exactement de la même manière que les autres hypothèses. Quelle que soit la nature d'une hypothèse, jamais, nous l'avons vu au début de ce Chapitre, elle ne peut être isolément contredite par l'expérience ; la contradiction expérimentale porte toujours, en bloc, sur tout un ensemble théorique, sans que rien puisse désigner quelle est, dans cet ensemble, la proposition qui doit être rejetée.

Ainsi s'évanouit ce qui aurait pu sembler paradoxal en cette affirmation : Certaines théories physiques reposent sur des hypothèses qui n'ont aucun sens physique.

(1) Au Congrès international de Philosophie, tenu à Paris en 1900, M. Poincaré avait développé cette conclusion : « Ainsi s'explique que l'expérience ait pu édifier (ou suggérer) les principes de la Mécanique, mais qu'elle ne pourra jamais les renverser. » A cette conclusion, M. Hadamard avait opposé diverses observations, entre autres celle-ci : « D'ailleurs, conformément à une remarque de M. Duhem, ce n'est pas *une* hypothèse isolée, mais l'ensemble des hypothèses de la Mécanique que l'on peut essayer de vérifier expérimentalement. » (*Revue de Métaphysique et de Morale,* 8e année, 1900, p. 559.)

§ X. — *Le bon sens est juge des hypothèses qui doivent être abandonnées.*

Lorsque l'expérience frappe de contradiction certaines conséquences d'une théorie, elle nous enseigne que cette théorie doit être modifiée, mais elle ne nous dit pas ce qu'il y faut changer. Elle laisse à la sagacité du physicien le soin de rechercher la tare qui rend boiteux tout le système. Aucun principe absolu ne guide cette recherche que des physiciens différents peuvent mener de manières fort diverses, sans avoir le droit de s'accuser réciproquement d'illogisme. L'un, par exemple, peut s'obliger à sauvegarder certaines hypothèses fondamentales, tandis qu'il s'efforce, en compliquant le schéma auquel ces hypothèses s'appliquent, en invoquant des causes d'erreur variées, en multipliant les corrections, de rétablir l'accord entre les conséquences de la théorie et les faits. L'autre, dédaignant ces chicanes compliquées, peut se résoudre à changer quelqu'une des suppositions essentielles qui portent le système entier. Le premier n'a point le droit de condamner d'avance l'audace du second, ni le second de traiter d'absurde la timidité du premier. Les méthodes qu'ils suivent ne sont justiciables que de l'expérience et, s'ils parviennent tous deux à satisfaire aux exigences de l'expérience, il est *logiquement* permis à l'un comme à l'autre de se déclarer content de l'œuvre qu'il a accomplie.

Cela ne veut point dire que l'on ne puisse très justement préférer l'œuvre de l'un à l'œuvre de l'autre;

la pure logique n'est point la seule règle de nos jugements ; certaines opinions, qui ne tombent point sous le coup du principe de contradiction, sont, toutefois, parfaitement déraisonnables ; ces motifs qui ne découlent pas de la logique et qui, cependant, dirigent notre choix, ces « raisons que la raison ne connaît pas », qui parlent à l'esprit de finesse et non à l'esprit géométrique, constituent ce que l'on appelle proprement le *bon sens*.

Or, il se peut que le *bon sens* nous permette de décider entre nos deux physiciens. Il se peut que nous ne trouvions point sensée la hâte avec laquelle le second a bouleversé les principes d'une théorie vaste et harmonieusement construite, alors qu'une modification de détail, une légère correction, auraient suffi à mettre cette théorie d'accord avec les faits. Il se peut, au contraire, que nous trouvions puérile et déraisonnable l'obstination avec laquelle le premier physicien maintient coûte que coûte, au prix de continuelles réparations et d'un fouillis d'étais enchevêtrés, les colonnes vermoulues d'un édifice qui branle de toutes parts, alors qu'en jetant bas ces colonnes, il serait possible de construire sur de nouvelles hypothèses un système simple, élégant et solide.

Mais ces raisons de bon sens ne s'imposent pas avec la même implacable rigueur que les prescriptions de la logique ; elles ont quelque chose de vague et de flottant ; elles ne se manifestent pas en même temps, avec la même clarté, à tous les esprits. De là, la possibilité de longues querelles entre les tenants d'un ancien système et les partisans d'une doctrine nouvelle, chaque camp prétendant avoir le bon sens pour lui, chaque parti trouvant insuffisantes les raisons de l'adversaire. De ces querelles, l'histoire de la Physique nous fournirait d'innombrables exemples, à toutes les époques, dans tous les domaines. Bornons-nous à rappeler la ténacité et l'ingéniosité avec lesquelles Biot, par un continuel apport de corrections et d'hypothèses accessoires, maintenait en Optique la doctrine émissioniste, tandis que Fresnel opposait sans cesse à cette doctrine de nouvelles expériences favorables à la théorie ondulatoire.

Toutefois, cet état d'indécision n'a jamais qu'un temps. Un jour vient où le bon sens se déclare si clairement en faveur d'un des deux partis que l'autre parti renonce à la lutte, alors même que la pure logique n'en interdirait pas la continuation. Après que l'expérience de Foucault eut montré que la lumière se propageait plus vite dans l'air que dans l'eau, Biot renonça à soutenir l'hypothèse de l'émission ; en toute rigueur, la pure logique ne l'eût point contraint à cet abandon, car l'expérience de Foucault n'était point l'*experimentum crucis* qu'Arago y croyait reconnaître ; mais en résistant plus longtemps à l'Optique vibratoire, Biot aurait *manqué de bon sens*.

Puisque le moment où une hypothèse insuffisante doit céder la place à une supposition plus féconde n'est pas marqué avec une rigoureuse précision par la logique, puisqu'il appartient au bon sens de reconnaître ce moment, les physiciens peuvent hâter ce jugement et accroître la rapidité du progrès scientifique en s'efforçant de rendre en eux-mêmes le bon sens plus lucide et plus vigilant. Or, rien ne contribue davantage à entraver le bon sens, à en troubler la clairvoyance, que les passions et les intérêts. Rien donc ne retardera la décision qui doit, en une théorie physique, déterminer une heureuse réforme comme la vanité qui rend le physicien trop indulgent à son propre système, trop sévère au système d'autrui. Nous sommes ainsi ramenés à cette conclusion, si clairement formulée par Claude Bernard : La saine critique expérimentale d'une hypothèse est subordonnée à certaines conditions morales ; pour apprécier exactement l'accord d'une théorie physique avec les faits, il ne suffit pas d'être bon géomètre et expérimentateur habile, il faut encore être juge impartial et loyal.

CHAPITRE VII

LE CHOIX DES HYPOTHÈSES

§ 1. — *A quoi se réduisent les conditions imposées par la logique au choix des hypothèses.*

Nous avons soigneusement analysé les diverses opérations par lesquelles se construit une théorie physique; nous avons, en particulier, soumis à une sévère critique les règles qui permettent de comparer les conclusions de la théorie aux lois expérimentales ; il nous est loisible maintenant de revenir aux fondements mêmes de la théorie et, sachant ce qu'ils doivent porter, de dire ce qu'ils doivent être. Nous allons donc donner réponse à cette question : Quelles conditions la logique impose-t-elle au choix des hypothèses sur lesquelles doit reposer une théorie physique ?

D'ailleurs, les divers problèmes que nous avons examinés dans nos précédentes études, les solutions que nous en avons données, nous dictent, pour ainsi dire, cette réponse.

La logique exige-t-elle que nos hypothèses soient les conséquences de quelque système cosmologique ou, du moins, qu'elles s'accordent avec les conséquences d'un tel système ? Nullement. Nos théories physiques ne se piquent point d'être des explications ; nos hypothèses ne sont point des suppositions sur la nature même des choses matérielles. Nos théories ont pour seul objet la condensation économique et la classification des lois expérimentales ; elles sont autonomes et indépendantes de tout système métaphysique. Les hypothèses sur lesquelles nous les bâtissons n'ont donc pas besoin d'emprunter leurs matériaux à telle ou telle doctrine philosophique ; elles ne se réclament point de l'autorité d'une École métaphysique et ne craignent rien de ses critiques.

La logique veut-elle que nos hypothèses soient simplement des lois expérimentales généralisées par induction ? La logique ne saurait avoir des exigences auxquelles il est impossible de satisfaire. Or, nous l'avons reconnu, il est impossible de construire une théorie par la méthode purement inductive. Newton et Ampère y ont échoué, et, cependant, ces deux génies s'étaient vantés de ne rien admettre dans leurs systèmes qui ne fût entièrement tiré de l'expérience. Nous ne répugnerons donc point à accueillir, au nombre des fondements sur lesquels reposera notre Physique, des postulats que l'expérience n'a pas fournis.

La logique nous impose-t-elle de ne point introduire nos hypothèses, si ce n'est une à une, et de soumettre chacune d'elles, avant de la déclarer recevable, à un contrôle minutieux qui en éprouve la solidité ? Ce serait encore une exigence absurde. Tout contrôle expérimental met en œuvre les parties les plus diverses de la Physique, fait appel à des hypothèses innombrables ; jamais il n'éprouve une hypothèse déterminée en l'isolant de toutes les autres ; la logique ne peut réclamer que l'on essaye à tour de rôle chacune des hypothèses que l'on compte employer, car un tel essai est impossible.

Quelles sont donc les conditions qui s'imposent logiquement au choix des hypothèses sur lesquelles doit reposer la théorie physique ? Ces conditions sont de trois sortes.

En premier lieu, une hypothèse ne sera pas une proposition contradictoire en soi, car le physicien entend ne pas énoncer des non-sens.

En second lieu, les diverses hypothèses qui doivent porter la Physique ne se contrediront pas les unes les autres ; la théorie physique, en effet, ne doit pas se résoudre en un amas de modèles disparates et incompatibles ; elle entend garder, avec un soin jaloux, l'unité logique, car une intuition que nous sommes impuissants à justifier, mais qu'il nous est impossible d'aveugler, nous montre qu'à cette condition seulement la théorie tendra à sa forme idéale, à la forme de classification naturelle.

En troisième lieu, les hypothèses seront choisies de telle manière que, de *leur ensemble*, la déduction mathématique puisse tirer des conséquences qui représentent, avec une approximation suffisante, *l'ensemble* des lois expérimentales. La représentation schématique, au moyen des symboles mathématiques, des lois établies par l'expérimentateur, est, en effet, le but propre de la théorie physique ; toute théorie dont une conséquence serait en contradiction manifeste avec une loi observée devrait être impitoyablement rejetée. Mais il n'est point possible de comparer une conséquence isolée de la théorie à une loi expérimentale isolée. Ce sont les deux systèmes pris dans leur intégrité, le système entier des représentations théoriques, d'une part, le système entier des données d'observation, d'autre part, qui doivent être comparés l'un à l'autre et dont la ressemblance doit être appréciée.

§ 2. — *Les hypothèses ne sont point le produit d'une création soudaine, mais le résultat d'une évolution progressive. — Exemple tiré de l'attraction universelle.*

A ces trois conditions se réduisent les exigences imposées par la logique aux hypothèses qui doivent porter une théorie physique ; pourvu qu'il les respecte, le théoricien jouit d'une entière liberté ; il peut jeter comme bon lui semblera les fondations du système qu'il va construire.

Pareille liberté ne sera-t-elle pas la plus embarrassante de toutes les gênes ?

Eh quoi ! Devant les yeux du physicien s'étend à perte de vue la foule innombrable, la cohue désordonnée des lois expérimentales, que rien encore ne résume, ne classe et ne coordonne ; il lui faut formuler des principes dont les conséquences donneront une représentation simple, claire, ordonnée, de cet effrayant ensemble de données de l'observation ; mais avant de pouvoir apprécier si les conséquences de ses hypothèses atteignent leur objet, avant de pouvoir reconnaître si elles donnent des lois expérimentales une image ressemblante et une classification méthodique, il lui faut constituer le système entier de ses suppositions ; et lorsqu'il demande à la logique de le guider en cette difficile besogne, de lui désigner quelles hypothèses il doit choisir, quelles il doit rejeter, il reçoit cette simple prescription d'éviter la contradiction, prescription désespérante par l'extrême latitude qu'elle laisse à ses hésitations. L'homme peut-il user utilement d'une liberté à ce point illimitée ? Son intelligence est-elle assez puissante pour créer de toutes pièces une théorie physique ?

Assurément non. Aussi l'histoire nous montre-t-elle qu'aucune théorie physique n'a jamais été créée de toutes pièces. La formation de toute théorie physique a toujours procédé par une suite de retouches qui, graduellement, à partir des premières ébauches presque informes, ont conduit le système à des états plus achevés ; et, en chacune de ces retouches, la libre initiative du physicien a été conseillée, soutenue, guidée, parfois impérieusement commandée par les circonstances les plus diverses, par les opinions des hommes comme par les enseignements des faits. Une théorie physique n'est point le produit soudain d'une création ; elle est le résultat lent et progressif d'une évolution.

Lorsque quelques coups de bec brisent la coquille de l'œuf et que le poussin s'échappe de sa prison, l'enfant peut s'imaginer que cette masse rigide et immobile, semblable aux cailloux blancs qu'il ramasse au bord du ruisseau, a soudainement pris vie et produit l'oiseau qui court et piaille ; mais là où son imagination puérile voit une soudaine création, le naturaliste reconnaît la dernière phase d'un long développement ; il remonte, par la pensée, à la fusion première de deux microscopiques noyaux pour redescendre, ensuite, la série des divisions, des différenciations, des résorptions qui, cellule par cellule, ont construit le corps du jeune poulet.

Le profane vulgaire juge de la naissance des théories physiques comme l'enfant juge de l'éclosion du poulet. Il croit que cette fée à laquelle il donne le nom de Science a touché de sa baguette magique le front d'un homme de génie et que la théorie s'est aussitôt manifestée, vivante et achevée : telle Pallas Athena sortant tout armée du front de Zeus. Il pense qu'il a suffi à Newton de voir une pomme tomber dans un pré pour que, soudainement, les effets de la chute des graves, les mouvements de la Terre, de la Lune, des planètes et de leurs satellites, les voyages des comètes, le flux et le reflux de l'Océan, se vinssent résumer et classer en cette unique proposition : Deux corps quelconques s'attirent proportionnellement au produit de leurs masses et en raison inverse du carré de leur mutuelle distance.

Ceux qui ont de la nature et de l'histoire des théories physiques une vue plus profonde savent que, pour trouver le germe de cette doctrine de la gravitation universelle, il le faut chercher parmi les systèmes de la science hellène ; ils connaissent les lentes métamorphoses de ce germe au cours de son évolution millénaire ; ils énumèrent les apports de chaque siècle à l'œuvre qui recevra de Newton sa forme viable ; ils n'oublient point les hésitations et les tâtonnements par lesquels Newton même a passé avant de produire un système achevé ; et, à aucun moment, dans l'histoire de l'attraction universelle, ils n'aperçoivent un phénomène qui ressemble à une soudaine création ; un instant où l'esprit humain, soustrait à l'impulsion de tout mobile, étranger aux sollicitations des doctrines passées et aux contradictions des expériences présentes, aurait usé, pour formuler ses hypothèses, de toute la liberté que la logique lui concède.

Nous ne saurions exposer ici, avec quelque détail, l'histoire des efforts par lesquels l'humanité a préparé la mémorable découverte de l'attraction universelle ; un volume y suffirait à peine ; du moins voudrions-nous l'esquisser à grands traits, afin de montrer par quelles vicissitudes cette hypothèse fondamentale a passé avant de se formuler clairement.

Aussitôt que l'homme a songé à étudier le monde physique, une classe de phénomènes a dû, par sa généralité et son importance, solliciter son attention ; la *pesanteur* a dû être l'objet des premières méditations des physiciens.

Ne nous attardons point à rappeler ce que les philosophes de l'antique Hellade ont pu dire du grave et du léger ; prenons comme point de départ de l'histoire que nous voulons parcourir la Physique enseignée par Aristote ; d'ailleurs, de l'évolution, depuis longtemps ébauchée, mais que nous suivons seulement à partir de ce point, ne retenons que ce qui prépare la théorie newtonienne, en négligeant systématiquement tout ce qui ne tend point à ce but.

Pour Aristote, tous les corps sont des *mixtes* que composent, en proportions diverses, les quatre *éléments,* la terre, l'eau, l'air et le feu ; de ces quatre éléments, les trois premiers sont *lourds ;* la terre est plus lourde que l'eau, qui l'est plus que l'air ; le feu seul est léger; les mixtes sont plus ou moins lourds ou légers selon la proportion des éléments qui les forment.

Qu'est-ce à dire? Un corps lourd est un corps doué d'une telle *forme substantielle* qu'il se meut, de lui-même, vers un point mathématique, le *centre de l'Univers*, toutes les fois qu'il n'en est pas empêché ; et pour qu'il en soit empêché, il faut qu'il trouve au-dessous de lui soit un support solide, soit un fluide plus lourd que lui ; un fluide moins lourd n'empêcherait pas son mouvement, car *le plus lourd tend à se placer au-dessous du moins lourd.* Un corps léger est de même un corps dont la forme substantielle est telle que, de lui-même, il se meut en s'écartant du centre du Monde.

Si les corps sont doués de telles formes substantielles, c'est que chacun d'eux tend à occuper son *lieu naturel,* lieu d'autant plus rapproché du centre du Monde que le corps est plus riche en éléments lourds, d'autant plus éloigné de ce point que le mixte est plus imprégné d'éléments légers. La situation de chaque élément en son lieu naturel réaliserait dans le monde un ordre où chaque élément aurait atteint la perfection de sa forme ; si donc la forme substantielle de tout élément et de tout mixte a été douée de l'une de ces qualités que l'on nomme gravité ou légèreté, c'est afin que l'ordre du Monde retourne par un *mouvement naturel* à sa perfection toutes les fois qu'un *mouvement violent* l'a momentanément troublé. C'est, en particulier, cette tendance de tout grave vers son lieu naturel, vers le centre de l'univers, qui explique la rotondité de la terre, la sphéricité parfaite de la surface des mers ; Aristote, déjà, en a ébauché une démonstration mathématique qu'Adraste, que Pline l'Ancien, que Théon de Smyrne, que Simplicius, que saint Thomas d'Aquin et toute la Scolastique ont reproduite et développée. Ainsi, conformément au grand principe de la Métaphysique péripatéticienne, la *cause efficiente* du mouvement des graves en est, en même temps, la cause finale ; elle s'identifie non avec une attraction violente exercée par le centre de l'Univers, mais avec une tendance naturelle qu'éprouve chaque corps vers le lieu le plus favorable à sa propre conservation et à l'harmonieuse disposition du Monde.

Telles sont les hypothèses sur lesquelles repose la théorie de la pesanteur qu'Aristote formule, que les commentateurs de l'École d'Alexandrie, que les Arabes et les philosophes du moyen âge occidental développent et précisent, que Jules-César Scaliger expose avec ampleur (1), à laquelle Jean-Baptiste Benedetti donne une forme particulière nette (2), reprise par Galilée même en ses premiers écrits (3).

Cette doctrine, d'ailleurs, s'est précisée au cours des méditations des philosophes scolastiques. La pesanteur n'est point, en un corps, une tendance à se placer tout entier au centre de l'Univers, ce qui serait absurde, ni à y placer n'importe lequel de ses points ; en tout grave, il y a un point bien déterminé qui souhaite de s'unir au centre de l'Univers, et ce point est le *centre de gravité* du corps ; ce n'est point n'importe quel point

(1) Julii Cæsaris Scaligeri *Exotericarum exercitationum liber* XV : *De subtilitate adversus Cardanum,* exercitatio IV ; Lutetiæ, 1557.

(2) J.-Baptistæ Benedicti *Diversarum speculationum liber. Disputationes de quibusdam placitis Aristotelis,* c. xxxv, p. 191 ; Taurini, MDLXXXV.

(3) *Le Opere di* Galileo Galilei, ristampate fedelmente sopra la edizione nazionale ; vol. I, Firenze, 1890 *De motu,* p. 252. (Cet écrit, composé par Galilée vers 1590, n'a été publié que de nos jours par M. Favaro.)

de la Terre, mais le centre de gravité de toute la masse terrestre, qui doit se trouver au centre du Monde pour que la Terre demeure immobile. La gravité s'exerce entre deux points, ressemblant ainsi aux actions de pôle à pôle par lesquelles on a si longtemps représenté les propriétés des aimants.

Contenue en germe dans un passage de Simplicius, commentant le *De Cœlo* d'Aristote, cette doctrine est formulée avec ampleur, au milieu du XIVe siècle, par un des docteurs qui illustrent, à cette époque, l'École nominaliste de la Sorbonne, par Albert de Saxe; après Albert de Saxe, et selon son enseignement, elle est adoptée et exposée par les plus puissants esprits de l'École, par Thimon le Juif, par Marsile d'Inghen, par Pierre d'Ailly, par Nipho (1).

Après avoir suggéré à Léonard de Vinci quelques-unes de ses pensées les plus originales (2), la doctrine d'Albert de Saxe prolonge bien au-delà du moyen âge sa puissante influence. Guido-Ubaldo del Monte la formule clairement (3) : « Lorsque nous disons qu'un grave désire par une propension naturelle se placer au centre de l'Univers, nous voulons exprimer que le propre centre de gravité de ce corps pesant désire s'unir au centre de l'Univers. » Cette doctrine d'Albert de

(1) On trouvera l'histoire détaillée de cette doctrine en notre écrit sur *Les origines de la Statique*, au chapitre XV intitulé : *Les propriétés mécaniques du centre de gravité. — D'Albert de Saxe à Torricelli.* Ce chapitre sera prochainement publié dans la *Revue des Questions scientifiques.*

(2) Cf. P. DUHEM : *Albert de Saxe et Léonard de Vinci.* (*Bulletin italien*, t. V, p. 1, et p. 113; 1905.)

(3) GUIDI UBALDI e MARCHIONIBUS MONTIS *In duos Archimedis æquiponderantium libros paraphrasis, scholiis illustrata*, Pisauri, 1588, p. 10.

Saxe règne encore, en plein XVIIe siècle, sur l'esprit de maint physicien. Elle inspire tous les raisonnements, bien étranges pour qui ne connaîtrait pas cette doctrine, par lesquels Fermat soutient sa *proposition géostatique* (1). En 1636, Fermat écrit (2) à Roberval, qui conteste la légitimité de ses arguments : « La première objection consiste en ce que vous ne voulez pas accorder que le mitan d'une ligne, qui conjoint deux poids égaux descendant librement, s'aille unir au centre du Monde. En quoi certes il me semble que vous faites tort à la lumière naturelle et aux premiers principes. » Les propositions formulées par Albert de Saxe avaient fini par prendre rang au nombre des vérités évidentes de soi.

La révolution copernicaine, en ruinant le système géocentrique, renverse les bases mêmes sur lesquelles reposait cette théorie de la pesanteur.

Le corps lourd par excellence, la terre, ne tend plus à se placer au centre de l'Univers; les physiciens doivent fonder sur des hypothèses nouvelles la théorie de la gravité; quelles considérations vont leur suggérer ces hypothèses? Des considérations d'analogie; ils vont comparer la chute des graves vers la Terre au mouvement du fer vers l'aimant.

L'ordre veut qu'un corps homogène tende à conserver son intégrité; les diverses parties de ce corps doivent donc être douées d'une telle forme substantielle qu'elles résistent à tout mouvement qui aurait pour

(1) Cf. P. DUHEM : *Les origines de la Statique*, c. XVI : *La doctrine d'Albert de Saxe et les Géostaticiens*. Ce chapitre paraîtra prochainement dans la *Revue des Questions scientifiques*.

(2) FERMAT : *Œuvres*, publiées par les soins de MM. Paul TANNERY et Ch. HENRY, t. II, *Correspondance*, p. 31.

effet de les séparer, qu'elles tendent à se réunir lorsque quelque violence les a disjointes. Le semblable attire donc son semblable. Voilà pourquoi l'aimant attire l'aimant.

Le fer, d'ailleurs, et ses minerais sont parents de l'aimant ; aussi, lorsqu'on les place au voisinage d'un aimant, la perfection de l'Univers veut qu'ils aillent se joindre à ce corps; voilà pourquoi leur forme substantielle se trouve *altérée* au voisinage de l'aimant, pourquoi ils acquièrent la *vertu magnétique,* par laquelle ils se précipitent vers l'aimant.

Tel est, au sujet des actions magnétiques, l'enseignement unanime de l'École péripatéticienne et, particulièrement, d'Averroës et de saint Thomas.

Au XIIIe siècle, ces actions sont étudiées de plus près ; on constate que tout aimant possède deux pôles, que les pôles de noms contraires s'attirent, mais que les pôles de même nom se repoussent; en 1269, Pierre de Maricourt, plus connu sous le nom de Petrus Peregrinus, donne de ces actions une description (1) qui est une merveille de clarté et de sagacité expérimentale.

Mais ces nouvelles découvertes ne font que confirmer, en la précisant, la doctrine péripatéticienne ; si l'on brise une pierre d'aimant, les deux faces de la cassure ont des pôles de noms contraires; les formes substantielles des deux fragments sont telles que ces fragments

(1) *Epistola* PETRI PEREGRINI MARICURTENSIS *ad Sygerum de Foucaucourt militem, de magnete;* actum in castris, in obsidione Luceræ, anno Domini MCCLXIX, VIII die Augusti. — Imprimé par P. Gasser à Augsbourg en 1558. Réimprimé dans *Neudrucke von Schriften und Karten über Meteorologie und Erdmagnetismus,* herausgegeben von Professor Dr G. HELLMANN. N° 10, *Rara Magnetica* (Berlin, ASHER, 1896).

marchent l'un vers l'autre et tendent à se ressouder. La vertu magnétique est donc telle qu'elle tende à conserver l'intégrité de l'aimant ou bien, lorsque cet aimant a été rompu, à reconstituer un aimant unique ayant ses pôles disposés comme l'aimant primitif (1).

La gravité a une raison d'être analogue. Les éléments terrestres sont doués d'une forme substantielle telle qu'ils restent unis à l'astre dont ils font partie et lui conservent la figure sphérique. Précurseur de Copernic, Léonard de Vinci proclame déjà (2) « comment la Terre n'est pas au milieu du cercle du Soleil, ni au milieu du Monde, mais est bien au milieu de ses éléments qui l'accompagnent et lui sont unis ». Toutes les parties de la Terre tendent au centre de gravité de la Terre, et, par là, est assurée la forme sphérique de la surface des eaux, forme dont la goutte de rosée donne l'image.

Copernic, au début du Ier livre de son traité sur les révolutions célestes (3), s'exprime presque dans les mêmes termes que Léonard de Vinci et se sert des mêmes comparaisons. « La Terre est sphérique, car toutes ses parties s'efforcent vers son centre de gravité. » L'eau et la terre y tendent toutes deux, ce qui donne à la surface des eaux la forme d'une portion de sphère; la sphère serait parfaite si les eaux étaient en quantité suffisante. D'ailleurs, le Soleil, la Lune, les planètes ont aussi la forme sphérique qui, en chacun de ces

(1) PETRUS PEREGRINUS : *Loc. cit.*, Ire part., c. IX.

(2) *Les Manuscrits* de LÉONARD DE VINCI, publiés par Ch. RAVAISSON-MOLLIEN, Ms. F. de la Bibliothèque de l'Institut, fol. 41, verso. — Ce cahier porte la mention : Commencé à Milan, le 12 septembre 1508.

(3) Nicolai COPERNICI *De revolutionibus orbium cœlestium libri sex ;* l. I, cc. I, II, III, Norimbergæ, 1543.

corps célestes, doit s'expliquer comme elle s'explique en la Terre :

« Je pense (1) que la gravité n'est pas autre chose qu'une certaine appétence naturelle donnée aux parties de la Terre par la divine Providence de l'Architecte de l'Univers, afin qu'elles soient ramenées à leur unité et à leur intégrité en se réunissant sous la forme d'une sphère. Il est croyable que la même affection se trouve dans le Soleil, la Lune et les autres clartés errantes, afin que, par l'efficace de cette affection, elles persistent dans la rotondité sous laquelle elles se présentent à nous. »

Cette pesanteur est-elle une pesanteur universelle? Une masse appartenant à un corps céleste est-elle sollicitée à la fois par le centre de gravité de ce corps et par les centres de gravité des autres astres? Rien, dans les écrits de Copernic, n'indique qu'il ait admis une semblable tendance; tout, dans les écrits de ses disciples, montre que la tendance vers le centre d'un astre est propre, à leur avis, aux parties de cet astre. En 1626, Mersenne résumait (2) leur enseignement, lorsqu'après avoir donné cette définition : « Le centre de l'Univers est ce point vers lequel tous les graves tendent en ligne droite et qui est le centre commun des graves », il ajoutait : « On le suppose, mais on ne peut le démontrer; car il existe probablement un centre particulier de gravité en chacun des systèmes particnliers qui forment l'Univers ou, en d'autres termes, dans chacun des grands corps célestes. »

(1) Nicolai Copernici *De revolutionibus orbium cœlestium libri sex;* l. I, c. ix ; Norimbergæ, 1543

(2) Mersenne : *Synopsis mathematica;* Lutetiæ, ex officina Rob. Stephani, MDCXXVI. *Mechanicorum libri* p. 7.

Mersenne, toutefois, émettait, au sujet de cet enseignement, un doute en faveur de l'hypothèse d'une gravité universelle ; un peu plus loin, en effet, il écrivait (1) : « Nous supposons que tous les graves désirent le centre du Monde, et se portent vers lui, en ligne droite, de mouvement naturel. C'est une proposition que presque tout le monde accorde, bien qu'elle ne soit nullement démontrée ; qui sait si les parties d'un astre, arrachées à cet astre, ne gravitent pas vers cet astre et n'y retournent pas, comme les pierres détachées de la Terre et portées en cet astre reviendraient vers la Terre? Qui sait si des pierres terrestres, plus voisines de la Lune que de la Terre, ne descendraient pas vers la Lune plutôt que vers la Terre? » En cette dernière phrase, Mersenne se montrait tenté, comme nous le verrons, de suivre plutôt la doctrine de Képler que celle de Copernic.

Plus fidèlement et plus étroitement, Galilée tient pour la théorie copernicaine de la gravité particulière à chaque astre. Dès la première journée du célèbre *Dialogue sur les deux systèmes du Monde,* il professe, par la bouche de l'interlocuteur Salviati, que « les parties de la Terre se meuvent non pour aller au centre du Monde, mais pour se réunir à leur tout ; c'est pour cela qu'elles ont une inclination naturelle vers le centre du globe terrestre, inclination par laquelle elles conspirent à le former et à le conserver... »

« Comme les parties de la Terre conspirent toutes, d'un commun accord, à former leur tout, il en résulte qu'elles concourent de toute part avec une égale inclination ; et afin de s'unir entre elles le plus possible,

(1) MERSENNE : *Loc. cit.*, p. 8.

elles prennent la figure sphérique. Dès lors, ne devons-nous pas croire que si la Lune, le Soleil et les autres grands corps qui composent le Monde sont également de figure ronde, ce n'est pas par une autre raison qu'un instinct concordant et qu'un concours naturel de toutes leurs parties ? De sorte que si l'une de ces parties se trouvait, par quelque violence, séparée de son tout, n'est-il pas raisonnable de croire qu'elle y retournerait spontanément et par instinct naturel ? »

Certes, entre une telle doctrine et la théorie d'Aristote, la divergence est profonde ; Aristote repoussait avec force la doctrine des anciens physiologues qui, comme Empédocle, voyaient dans la pesanteur une sympathie du semblable pour son semblable ; au IVe livre du *De Cœlo,* il affirmait que les graves tombent non pour s'unir à la Terre, mais pour s'unir au centre de l'Univers ; que si la Terre, arrachée de son lieu, se trouvait retenue en l'orbite de la Lune, les pierres tomberaient non sur la Terre, mais au centre du Monde.

Et cependant, de la doctrine d'Aristote, les Copernicains gardent tout ce qu'ils peuvent conserver ; pour eux, comme pour le Stagirite, la gravité est une tendance innée dans le corps grave, et non une attraction violente exercée par un corps étranger ; pour eux, comme pour le Stagirite, cette tendance désire un point mathématique, centre de la Terre ou centre de l'astre auquel appartient le corps étudié ; pour eux, comme pour le Stagirite, cette tendance de toutes les parties vers un point est la raison de la figure sphérique de chacun des corps célestes.

Galilée va plus loin encore et, au système copernicain, transporte la doctrine d'Albert de Saxe. Définissant, en son célèbre écrit : *Della Scienza meccanica,* le centre de gravité d'un corps, il dit : « C'est aussi ce point qui tend à s'unir au centre universel des choses graves, c'est-à-dire à celui de la Terre » ; et cette pensée le guide lorsqu'il formule ce principe : Un ensemble de corps pesants se trouve en équilibre lorsque le centre de gravité de cet ensemble se trouve le plus près possible du centre de la Terre.

La Physique copernicaine consistait donc essentiellement à nier la tendance de chaque élément vers son lieu naturel et à substituer à cette tendance la sympathic mutuelle des parties d'un même tout, cherchant à reconstituer ce tout. Vers le temps où Copernic invoquait cette sympathie pour expliquer la gravité particulière à chaque astre, Fracastor en formulait la théorie générale (1) : Lorsque deux parties d'un même tout se trouvent séparées l'une de l'autre, chacune d'elles envoie vers l'autre une émanation de sa forme substantielle, une *species* qui se propage dans l'espace intermédiaire ; par le contact de cette *species,* chacune des parties tend vers l'autre partie, afin qu'elles se réunissent en un seul tout ; ainsi s'expliquent les attractions mutuelles des semblables, dont la sympathie du fer pour l'aimant est le type.

A l'exemple de Fracastor, la plupart des médecins et la plupart des astrologues (il était bien rare qu'on ne fût pas à la fois l'un et l'autre) invoquaient volontiers

(1) Hieronymi FRACASTORII *De sympathia et antipathia rerum, liber unus* (Hieronymi FRACASTORII *Opera omnia* ; Venetiis, MDLV).

de telles sympathies ; nous verrons, d'ailleurs, que le rôle des médecins et des astrologues ne fut pas de minime importance dans le développement de la doctrine de l'attraction universelle.

Nul n'a donné à cette doctrine des sympathies de plus amples développements que Guillaume Gilbert. Dans l'ouvrage, capital pour la théorie du magnétisme, par lequel il termine l'œuvre scientifique du XVIe siècle, Gilbert exprime, au sujet de la gravité, des idées semblables à celles que Copernic avait émises : « Le mouvement simple et droit vers le bas considéré par les péripatéticiens, le mouvement du grave, dit-il (1), est un mouvement de réunion (*coacervatio*) des parties disjointes qui, à cause de la matière qui les forme, se dirigent en lignes droites vers le corps de la Terre, ces lignes menant au centre par le plus court chemin. Les mouvements des parties magnétiques isolées de la Terre sont, outre le mouvement qui les réunit au tout, les mouvements qui les unissent entre elles, et ceux qui les font tourner et les dirigent vers le tout, en vue de la symphonie et de la concordance de la forme. » — « Ce mouvement rectiligne (2), qui n'est que l'inclination vers son principe, n'appartient pas seulement aux parties de la Terre, mais aussi aux parties du Soleil, à celles de la Lune, à celles des autres globes célestes. » Non point, d'ailleurs, que cette vertu attractive soit une gravité universelle ; c'est une vertu propre à chaque astre, comme le magnétisme l'est à la Terre ou

(1) Gulielmi GILBERTI Colcestrensis, medici Londinensis, *De magnete, magneticis corporibus, et de magno magnete Tellure, physiologia nova ;* Londini, 1600, p. 225.

(2) GILBERT : *Loc. cit.*, p. 227.

à l'aimant : « Donnons maintenant, dit Gilbert (1), la raison de cette coïtion et de ce mouvement qui émeut toute la nature... C'est une forme substantielle spéciale, particulière, appartenant aux globes primaires et principaux ; c'est une entité propre et une essence de leurs parties homogènes et non corrompues, que nous pouvons appeler forme primaire, radicale et astrale ; ce n'est pas la forme première d'Aristote, mais cette forme spéciale par laquelle le globe conserve et dispose ce qui lui est propre. Dans chacun des globes, dans le Soleil, dans la Lune, dans les astres, il y a une telle forme ; il y en a une aussi dans la Terre ; elle constitue cette véritable puissance magnétique que nous appelons la vigueur primaire. Il y a donc une nature magnétique qui est propre à la Terre, et qui, par une raison première et bien digne d'exciter notre étonnement, réside en chacune de ses parties véritables... Il y a dans la Terre une vigueur magnétique qui lui est propre, comme il y a une forme substantielle dans le Soleil et une dans la Lune ; la Lune dispose les fragments qui s'en détacheraient, d'une manière lunatique, d'accord avec sa forme et les limites qui lui sont imposées ; un fragment du Soleil se porte vers le Soleil, comme l'aimant à la Terre ou à un autre aimant, par son inclination naturelle et comme s'il était alléché. »

Ces pensées sont éparses dans le livre de Gilbert sur l'aimant ; amplement développées, elles prennent une importance dominante dans l'écrit sur le système du Monde qu'il avait composé et que son frère publia

(1) GILBERT : *Loc. cit.*, p. 65.

après sa mort (1). L'idée maîtresse de cet écrit est condensée en ce passage (2) : « Tout ce qui est terrestre se réunit au globe de la Terre; de même, tout ce qui est homogène au Soleil tend vers le Soleil, toutes les choses lunaires vers la Lune, et de même pour les autres corps qui forment l'Univers. Chacune des parties d'un tel corps adhère à son tout et elle ne s'en détache point spontanément; si elle en a été arrachée, non seulement elle s'efforce d'y revenir, mais elle est appelée et alléchée par les vertus du globe. S'il n'en était pas ainsi, si les parties pouvaient se séparer spontanément, si elles ne revenaient point à leur principe, le monde entier serait bientôt dissipé et dans la confusion. Il ne s'agit point d'un appétit qui porte les parties vers un certain lieu, un certain espace, un certain terme, mais d'une tendance vers le corps, vers la source commune, vers la mère d'où elles sont issues, vers leur principe, où toutes ces parties se trouveront unies, conservées, et où elles demeureront en repos, sauves de tout péril. »

La *philosophie aimantiste* de Gilbert fit, parmi les physiciens, de nombreux adeptes; contentons-nous de citer François Bacon (3), dont les opinions sont le reflet confus des doctrines de son savant contemporain, et venons de suite au véritable créateur de la gravitation universelle, à Képler.

(1) Gulielmi GILBERTI Colcestrensis, medici Regii, *De mundo nostro sublunari philosophia nova ;* Opus posthumum, ab authoris fratre collectum pridem et dispositum. Amstelodami, MDCLI. — Gilbert est mort en 1603.

(2) GILBERT : *Loc. cit.*, p. 115.

(3) BACON : *Novum Organum*, l. II, c. XLVIII, artt. 7, 8, 9.

Tout en proclamant à maintes reprises son admiration pour Gilbert, tout en se déclarant en faveur de la philosophie aimantique, Képler va en changer tous les principes ; il va remplacer les tendances des parties d'un astre vers le centre de cet astre par des attractions mutuelles de partie à partie ; il va proclamer que cette attraction découle d'une seule et même vertu, qu'il s'agisse de parties de la Lune ou de parties de la Terre ; il va laisser de côté toute considération relative aux causes finales qui rattachent cette vertu à la conservation de la forme de chaque astre ; il va, en un mot, frayer toutes les voies que suivra la doctrine de la gravité universelle.

Tout d'abord, Képler dénie à tout point mathématique, aussi bien au centre de la Terre, considéré par Copernic, qu'au centre de l'Univers, considéré par Aristote, tout pouvoir attractif ou répulsif : « L'action du feu (1) consiste non à gagner la surface qui termine le Monde, mais à fuir le centre ; non pas le centre de l'Univers, mais le centre de la Terre ; et ce centre non pas en tant que point, mais en tant qu'il est au milieu d'un corps, lequel corps est très opposé à la nature du feu, qui désire se dilater ; je dirai plus, la flamme ne fuit pas, mais elle est chassée par l'air plus lourd, comme une vessie gonflée le serait par l'eau... Si l'on plaçait la Terre immobile en quelque lieu et qu'on approchât une Terre plus grande, la première deviendrait grave par rapport à la seconde et serait tirée par elle, comme la pierre est attirée par la Terre.

(1) Jo. Kepleri *Littera ad Herwartum*, 28 mars 1605. — Joannis Kepleri astronomi *Opera omnia*, édit. Ch. Frisch, t. II, p. 87.

La gravité n'est pas une action, c'est une passion de la pierre qui est tirée. »

« Un point mathématique (1), que ce soit le centre du Monde ou que ce soit un autre point, ne saurait mouvoir effectivement les graves ; il ne saurait non plus être l'objet vers lequel ils tendent. Que les physiciens prouvent donc qu'une telle force peut appartenir à un point, qui n'est pas un corps, et qui n'est conçu que d'une manière toute relative ! »

« Il est impossible que la forme substantielle de la pierre, mettant en mouvement le corps de cette pierre, cherche un point mathématique, le centre du Monde, par exemple, sans souci du corps dans lequel se trouve ce point. Que les physiciens démontrent donc que les choses naturelles ont de la sympathie pour ce qui n'existe pas ! »

« ...Voici la *vraie doctrine de la gravité :* La gravité est une affection mutuelle entre corps parents, qui tend à les unir et à les conjoindre ; la faculté magnétique est une propriété du même ordre ; c'est la Terre qui attire la pierre, bien plutôt que la pierre ne tend vers la Terre. Même si nous placions le centre de la Terre au centre du Monde, ce n'est pas vers ce centre du Monde que les graves se porteraient, mais vers le centre du corps rond auquel ils sont apparentés, c'est-à-dire vers le centre de la Terre. Aussi, en quelque lieu que l'on transporte la Terre, c'est toujours vers elle que les graves seront portés, grâce à la faculté qui l'anime. Si la Terre n'était point ronde, les graves

(1) Joannis Kepleri *De motibus stellæ Martis commentarii*, Pragæ, 1609. — Kepleri *Opera omnia*, t. III, p. 151.

ne seraient pas, de toute part, portés droitement au centre de la Terre ; mais, selon qu'ils viendraient d'une place ou d'une autre, ils se porteraient vers des points différents. Si, en un certain lieu du Monde, on plaçait deux pierres, proches l'une de l'autre et hors de la sphère de vertu de tout corps qui leur soit apparenté, ces pierres, à la manière de deux aimants, viendraient se joindre en un lieu intermédiaire, et les chemins qu'elles feraient pour se rejoindre seraient en raison inverse de leurs masses. »

Cette *vraie doctrine de la gravité* se répandit bientôt en Europe et trouva faveur auprès de maint géomètre. Dès 1626, Mersenne y faisait allusion dans son *Synopsis mathematica*. Le 16 août 1636, Étienne Pascal et Roberval écrivent à Fermat une lettre (1) dont le principal objet est de contester l'antique principe d'Albert de Saxe, jalousement gardé par le géomètre toulousain, « que si deux poids égaux sont joints par une ligne droite, ferme et sans poids, et, qu'étant ainsi disposés, ils puissent descendre librement, ils ne reposeront jamais jusqu'à ce que le milieu de la ligne (qui est le centre de pesanteur des anciens) s'unisse au centre commun des choses pesantes ». A ce principe, ils objectent ceci : « Il peut se faire aussi et il est fort vraisemblable que la gravité est une attraction mutuelle ou un désir naturel que les corps ont de s'unir ensemble, comme il est clair au fer et à l'aimant, lesquels sont tels que, si l'aimant est arrêté, le fer n'étant point empêché l'ira trouver ; si le fer est arrêté, l'ai-

(1) FERMAT : *Œuvres*, publiées par les soins de MM. Paul TANNERY et Ch. HENRY ; t. II, *Correspondance*, p. 35.

mant ira vers lui ; et si tous deux sont libres, ils s'approcheront réciproquement, en sorte toutefois que le plus fort des deux fera le moins de chemin. »

Les corps qui sont sur la Terre n'ont-ils point d'autre *faculté magnétique* que celle qui les ramène au sol d'où ils ont été tirés et qui constitue leur gravité ?

Le mouvement qui enfle les eaux de la mer et produit le flux suit si exactement le passage de la Lune au méridien que l'on dut regarder la Lune comme la cause de ce phénomène, aussitôt que les lois en eurent été reconnues avec quelque exactitude ; les observations (1) d'Ératosthène, de Seleucus, d'Hipparque et, surtout, de Posidonius assurèrent aux philosophes antiques une connaissance de ces lois assez complète pour que Cicéron, Pline l'Ancien, Strabon et Ptolémée n'aient pas hésité à affirmer que le phénomène des marées dépendait du cours de la Lune. Mais cette dépendance se trouva surtout établie par la description détaillée des diverses vicissitudes du flux que l'astronome arabe Albumasar donna, au IXe siècle, dans son *Introductorium magnum ad Astronomiam*.

La Lune détermine donc le gonflement des eaux de l'Océan ; mais de quelle manière le détermine-t-elle ?

Ptolémée, Albumasar, n'hésitent pas à invoquer une vertu particulière, une influence spéciale de la Lune sur les eaux de la mer. Une telle explication n'était point pour plaire aux vrais disciples d'Aristote ; quoi qu'on ait dit à cet égard, les fidèles péripatéticiens, qu'ils fussent Arabes ou maîtres de la

(1) Cf. : Roberto ALMAGIA : *Sulla dottrina della marea nell' antichità classica e nel medio evo* (*Atti del Congresso internazionale di Scienze toriche*, Roma, 1-9 aprile 1903 ; vol. XII, p. 151).

Scolastique occidentale, répugnaient fort aux explications où l'on invoquait des puissances occultes, inaccessibles aux sens ; l'action de l'aimant sur le fer était à peu près la seule de ces vertus mystérieuses qu'ils consentissent à accueillir; ils n'admettaient point que les astres pussent exercer quelque influence qui ne découlât de leur mouvement ou de leur lumière. C'est donc à la lumière de la Lune, à la chaleur que cette lumière peut engendrer, aux courants que cette chaleur peut déterminer dans l'atmosphère, à l'ébullition qu'elle peut produire au sein des eaux marines qu'Avicenne, Averroës, Robert Grosse-Teste, Albert le Grand, Roger Bacon, demandent l'explication du flux et du reflux.

Explication bien caduque et que ruinaient d'avance de trop palpables objections. Déjà Albumasar avait observé que la lumière de la Lune n'était pour rien dans le flux de l'Océan, puisque ce flux se produit aussi bien en la nouvelle Lune qu'en la pleine Lune, puisqu'il a lieu également que la Lune soit au zénith ou au nadir. L'explication, quelque peu puérile, que Robert Grosse-Teste avait proposée pour lever cette dernière objection, ne pouvait, malgré le suffrage enthousiaste de Roger Bacon, ruiner l'argumentation d'Albumasar. Dès le XIIIe siècle, les meilleurs parmi les Scolastiques, saint Thomas d'Aquin entre autres, admettaient la possibilité d'influences astrales distinctes de la lumière; dès ce moment, Guillaume d'Auvergne, en son écrit *De Universo,* comparait l'action de la Lune sur les eaux de la mer à l'action de l'aimant sur le fer.

La *théorie aimantique* des marées est connue des grands physiciens qui, au milieu du XIVe siècle, illustrent l'École nominaliste de la Sorbonne; Albert de Saxe, Thimon le Juif, l'exposent en leurs *Questions* sur le *De Cœlo* et sur les *Météores* d'Aristote ; mais ils hésitent à lui accorder pleine et entière adhésion ; ils connaissent trop bien la valeur des objections d'Albumasar pour acquiescer sans réserve aux explications d'Albert le Grand et de Roger Bacon ; et cependant, cette attraction magnétique occulte exercée par la Lune sur les eaux marines contrarie leur rationalisme de péripatéticiens.

La vertu que les marées manifestent était bien faite, au contraire, pour plaire aux astrologues; ils y trouvaient la preuve indéniable des influences que les astres exercent sur les choses sublunaires. Cette hypothèse n'était pas moins en faveur auprès des médecins; ils comparaient le rôle que les astres jouent dans le phénomène des marées à celui qu'ils leur attribuaient dans les crises des maladies; Galien ne rattachait-il pas aux phases de la Lune les *jours critiques* des *maladies pituitaires?*

A la fin du XVe siècle, Jean Pic de La Mirandole reprend avec intransigeance la thèse péripatéticienne d'Avicenne et d'Averroës (1); il dénie aux astres tout pouvoir d'agir ici-bas autrement que par leur lumière; il rejette comme illusoire toute Astrologie judiciaire; il repousse la doctrine médicale des jours critiques; et, en même temps, il déclare erronée la théorie aimantique des marées.

Le défi jeté aux astrologues et aux médecins par Jean Pic de La Mirandole est aussitôt relevé par un

(1) Joannis Pici Mirandulæ *Adversus astrologos;* Bononiæ, 1495.

médecin de Sienne, Lucius Bellantius, en un écrit (1) dont les éditions se succèdent incessamment ; au IIIe livre de cet ouvrage, l'auteur, examinant ce que Pic de La Mirandole avait dit des marées, écrit ces lignes : « Les rayons par lesquels la Lune agit, principalement lorsqu'elle attire et gonfle les eaux de la mer, ne sont pas les rayons de la lumière lunaire; car, au moment des conjonctions, il n'y aurait pas de flux et de reflux, alors que nous les pouvons constater; ce sont des rayons virtuels par lesquels la Lune attire la mer comme l'aimant attire le fer. A l'aide de ces rayons, on résout facilement tout ce que l'on peut objecter sur cette matière. »

Le livre de Lucius Bellantius fut sans doute, pour la *théorie aimantique* des marées, le signal d'un redoublement de faveur; dès le milieu du XVIe siècle, cette théorie est très communément acceptée.

Cardan (2) classe au nombre des sept mouvements simples : « ... derechef, un autre naturel qui est fait par quelque obédience des choses, comme de l'eau pour cause de la Lune, comme du fer pour cause de l'aimant, dite pierre d'Hercules. »

Jules-César Scaliger adopte (3) la même opinion : « Le fer, dit-il, est mu par l'aimant sans être à son contact; pourquoi la mer ne suivrait-elle pas de même le corps d'un astre très noble? »

(1) Lucii BELLANTII SENENSIS : *Liber de astrologica veritate et in disputationes Joannis Pici adversus astrologos responsiones;* Bononiæ, 1495; Florentiæ, 1498; Venetiis, 1502; Basileæ, 1504.

(2) *Les livres* d'Hiérome CARDANUS, médecin milanois, *intitulés de la subtilité et subtiles inventions,* traduis de latin en françois par Richard LE BLANC, Paris, 1556, p. 35.

(3) Julii Cæsaris SCALIGERI *Exercitationes exotericæ de subtilitate adversus Cardanum,* Exercitatio LII.

Duret mentionne (1), sans d'ailleurs l'adopter, l'opinion de Lucius Bellantius : « Cest aucteur asseure que la Lune attire les eaux de la mer, non par les rayons de sa lumière, mais par la vertu et puissance de certaines siennes propriétés occultes ; ainsi comme l'aymant faict le fer. »

Gilbert, enfin, professe (2) que « la Lune n'agit point sur la mer par ses rayons, par sa lumière. Comment donc agit-elle ? Par la conspiration des deux corps, et, pour expliquer ma pensée à l'aide d'une analogie, par attraction magnétique. »

Cette action de la Lune sur les eaux de la mer appartient, d'ailleurs, à ces tendances sympathiques du semblable vers le semblable, auxquelles les Copernicains ont demandé la raison d'être de la gravité. Tout corps a une forme substantielle telle qu'il tend à s'unir à un autre corps de même nature ; il est donc naturel que l'eau de la mer s'efforce de rejoindre la Lune qui, pour les astrologues comme pour les médecins, est l'astre humide par excellence.

Ptolémée, dans son *Opus quadripartitum*, Albumasar, dans son *Introductorium magnum*, attribuent à Saturne la propriété d'engendrer le froid ; à Jupiter, le tempéré ; à Mars, la chaleur ardente ; à la Lune, l'humidité ; son action sur les eaux de la mer est donc une sympathie entre deux corps de même famille, une *cognata virtus*, comme dit l'auteur arabe.

Ces doctrines sont conservées par les médecins et les

(1) Claude Duret : *Discours de la vérite des causes et effects de divers cours, mouvemens, flux et reflux de la mer océane, mer méditerannée et autres mers de la Terre.* Paris, 1600, p. 204.

(2) Gulielmi Gilberti *De mundo nostro philosophia nova*, p. 307.

astrologues du moyen âge et de la Renaissance : « On ne saurait douter, dit Cardan (1), de l'influence exercée par les astres ; c'est une action occulte qui régit toutes les choses périssables ; et cependant certains esprits malhonnêtes et ambitieux, bien plus impies qu'Erostrate, osent la nier... Ne voyons-nous pas que, même parmi les substances terrestres, il en est, comme l'aimant, dont les qualités exercent des actions manifestes ?... Pourquoi refuserions-nous de telles actions au Ciel, corps éternel et très noble ?... Par sa grandeur, par la quantité de lumière qu'il répand, le Soleil est le principal dominateur de toutes choses. La Lune vient après, pour les mêmes raisons, car elle nous paraît le plus grand astre après le Soleil, bien qu'il n'en soit pas réellement ainsi. Elle domine surtout les choses humides, les poissons, les eaux, les moelles et le cerveau des animaux ; et, parmi les racines, l'ail et l'oignon qui renferment surtout de l'humide. »

Képler même, qui s'élève avec tant de force contre les prétentions injustifiées de l'Astrologie judiciaire, ne craint pas d'écrire (2) : « L'expérience prouve que tout ce qui contient de l'humidité se gonfle quand la Lune croît et s'affaisse quand la Lune décroît. »

Képler se vante (3) d'être le premier qui ait renversé cette opinion selon laquelle le flux serait l'effort des eaux de la mer pour s'unir aux humeurs de la

(1) Hieronymi CARDANI *De rerum varietate libri XVII*, l. II, c. XIII ; Basileæ, 1557.

(2) Joannis KEPLERI *De fundamentis Astrologiæ*, Pragæ, 1602 ; thesis XV — J. KEPLERI *Opera omnia*, t. I, p. 422.

(3) J. KEPLERI *Notæ in librum Plutarchi de facie in orbe Lunæ*, Francofurti, 1634. — J. KEPLERI *Opera omnia*, t. VIII, p. 118.

Lune. « Autant le flux et le reflux de la mer sont choses certaines, autant il est certain que l'humidité lunaire est étrangère à la cause de ce phénomène. Je suis le premier, que je sache, à avoir dévoilé, dans mes prolégomènes aux *Commentaires sur les mouvements de Mars,* le procédé par lequel la Lune cause le flux et le reflux de la mer. Il consiste en ceci : La Lune agit non comme astre humide ou humectant, mais comme masse apparentée à la masse de la Terre ; elle attire les eaux de la mer par une action magnétique, non parce qu'elles sont des humeurs, mais parce qu'elles sont douées de la substance terrestre, substance à laquelle elles doivent également leur gravité. »

Le flux est bien une tendance du semblable à s'unir à son semblable ; mais les corps qui tendent à s'unir se ressemblent non en ce qu'ils participent tous deux de la nature de l'eau, mais en ce qu'il participent tous deux de la nature des masses qui composent notre globe. Aussi l'attraction de la Lune ne s'exerce-t-elle pas seulement sur les eaux qui recouvrent la Terre, mais encore sur les parties solides et sur la Terre tout entière ; et, réciproquement, la Terre exerce une attraction magnétique sur les graves lunaires. « Si la Lune et la Terre (1) n'étaient point retenues, par une force animale ou par quelque force équivalente, chacune en son orbite, la Terre monterait vers la Lune et la Lune descendrait vers la Terre jusqu'à ce que ces deux astres se joignissent. Si la Terre cessait

(1) Joannis KEPLERI *De motibus stellæ Martis*, 1609. — J. KEPLERI *Opera omnia,* t. III, p. 151.

d'attirer à elle les eaux qui la recouvrent, les ondes marines s'élèveraient toutes et s'écouleraient vers le corps de la Lune. »

Ces opinions ont séduit plus d'un physicien ; le 1er septembre 1631, Mersenne écrivait (1) à Jean Rey : « Je ne doubte nullement que les pierres qu'un homme jetterait en haut estant sur la Lune, ne retombassent sur la dite Lune, bien qu'il eust la teste de nostre costé ; car elles retombent à Terre, parce qu'elles en sont plus proches que des autres systèmes. » Mais Jean Rey n'accueille point favorablement cette manière de voir, empruntée à Képler ; le premier de l'an 1632, il répond (2) à Mersenne : « Vous ne doubtez nullement, dites vous, que les pierres qu'un homme jetterait en haut estant sur la Lune, ne retombassent sur ladite Lune, bien qu'il eust la teste de nostre costé. Je ne vois pas que cela me choque en rien ; si faut il que je vous dise franchement, que je croi tout le contraire ; car je présuppose que vous entendés parler des pierres prinses d'ici (peut-être aussi ne s'en trouverait il pas dans la Lune). Or, telles pierres n'ont point d'autre inclination que de se porter à leur centre, qui est celui de la Terre ; elles viendront vers nous avecques l'homme qui les jetteroit, s'il estoit de nos conterranés, justifiant en cela la vérité de ce dire : *Nescio qua natale solum dulcedine cunctos allicit.* Et s'il arrivait qu'elle fussent attirées par la Lune, comme par un aimant (de quoi vous devez aussi bien doubter que de la Terre),

(1) *Essays* de Jean Rey, Docteur en médecine, *sur la recherche de la cause pour laquelle l'estain et le plomb augmentent de poids quand on les calcine.* Nouvelle édition (augmentée de la correspondance de Mersenne et de Jean Rey), Paris, 1777, p. 109.

(2) Jean Rey : *Loc. cit.*, p. 122.

voilà en ce cas la Terre et la Lune, douées d'une mesme faculté aimantine, attirantes un mesme corps, et convenantes en iceluy dont il faudra qu'elles conviennent entre elles, qu'elles s'attirent mutuellement, ou, pour mieux parler, qu'elles concourent et se joignent ensemble, comme je vois s'approcher et se joindre deux boules d'aimant que je mets en nage dans un bassin plein d'eau. Car d'objecter la trop grande distance, il n'y a point lieu : les influences que la Lune jette sur la Terre, et celles que la Terre doibt jetter sur la Lune, puisqu'elle lui sert de Lune selon vostre advis, nous font voir clairement qu'elles sont dans la sphère de l'activité l'une de l'autre. »

C'est cependant l'objection qu'émet Descartes ; questionné par Mersenne sur le point de « *sçavoir si un corps pèse plus ou moins, estant proche du centre de la Terre qu'en estant éloigné* », il invoque (1) cet argument, bien propre à prouver que les corps éloignés de la Terre pèsent moins que ceux qui en sont proches : « Les planètes qui n'ont pas en soy de lumière, comme la Lune, Vénus, Mercure, etc., estant, comme il est probable, des cors de mesme matière que la Terre..., il semble que ces planètes devraient donc estre pesantes et tomber vers la Terre, si ce n'estoit que leur grand éloignement leur en oste l'inclination. »

Malgré les difficultés que rencontraient les physiciens, en la première partie du XVIIe siècle, à expliquer comment la gravité mutuelle de la Terre et de la Lune ne les fait pas choir l'une vers l'autre, la croyance en

(1) DESCARTES : *Correspondance*, Édition P. TANNERY et Ch. ADAM, N° CXXIX. 13 juillet 1638 ; t. II, p. 225.

une telle gravité allait se répandant et se fortifiant de plus en plus. Descartes, nous l'avons vu, pensait qu'une semblable gravité pouvait exister entre la Terre et les autres planètes, comme Vénus et Mercure. François Bacon avait poussé plus loin ; il avait imaginé que le Soleil pouvait exercer sur les diverses planètes une action de même nature. Au *Novum Organum* (1), l'illustre chancelier met dans une catégorie spéciale « le mouvement *magnétique* qui, appartenant à la classe des mouvements d'*agrégation mineure,* mais opérant quelquefois à de grandes distances et sur des masses considérables, mérite à ce titre une investigation spéciale, surtout quand il ne commence pas par un contact, comme la plupart des autres mouvements d'agrégation, et se borne à élever les corps ou à les enfler, sans rien produire de plus. S'il est vrai que la Lune attire les eaux et que, sous son influence, la nature voie se gonfler les masses humides... ; si le Soleil enchaîne les astres de Vénus et de Mercure et ne leur permet pas de s'éloigner au-delà d'une certaine distance, il semble bien que ces mouvements n'appartiennent ni à l'espèce de l'*agrégation majeure,* ni à l'espèce de l'*agrégation mineure,* mais que, tendant à une agrégation moyenne et imparfaite, ils doivent constituer une espèce à part. »

L'hypothèse que le Soleil pût exercer sur les planètes une action analogue à celle que la Terre et les planètes exercent chacune sur ses propres parties, voire à celle que la Terre et les planètes peuvent échanger entre elles, devait paraître une supposition

(1) F. Baconis *Novum Organum* ; Londini, 1620, l. II, c. xxviii, art. 9.

bien osée ; elle impliquait, en effet, qu'il existât une analogie de nature entre le Soleil et les planètes, et maint physicien devait se refuser à ce postulat ; nous trouvons dans les écrits de Gassendi le témoignage de la répugnance que plus d'un esprit éprouvait à l'admettre. Voici en quelles circonstances se manifesta cette répugnance de Gassendi :

Les Copernicains, qui avaient si volontiers attribué la gravité à une sympathie mutuelle des corps terrestres, qui avaient invoqué une sympathie analogue entre les diverses parties d'un même astre pour expliquer la forme sphérique de cet astre, se refusaient, en général, à reconnaître l'attraction aimantique exercée par la Lune sur les eaux de la mer. Ils tenaient pour une tout autre théorie des marées, dont la source se trouvait à l'origine de leur système et qui leur en semblait être une preuve particulièrement convaincante.

En 1544, paraissaient à Bâle les œuvres de Cælio Calcagnini (1) ; l'auteur était mort trois ans auparavant, au moment même où Joachim Rethicus, dans sa *Narratio prima,* faisait connaître le système de Copernic, avant que le grand astronome polonais n'eût fait imprimer ses *De revolutionibus orbium cœlestium libri sex*. Les œuvres de Calcagnini renfermaient une dissertation, déjà ancienne (2), intitulée : *Quod Cœlum stet, Terra vero moveatur, vel de perenni motu Terræ.* Sans admettre encore le mouvement annuel de la Terre autour du

(1) Cælii Calcagnini Ferrarensis *Opera aliquot,* Basileæ, MDXLIV.

(2) Cette dissertation, adressée à Bonaventure Pistophile, n'est pas datée ; elle est suivie, dans les *Opera* de Calcagnini, d'une autre dissertation, adressée au même personnage, et datée de janvier 1525 ; il est vraisemblable que la première dissertation est antérieure à cette date.

Soleil, ce précurseur de Copernic attribuait déjà le mouvement diurne des astres à la rotation de la Terre. En cette dissertation, se lisait le passage suivant (1) : « Nécessairement, plus une chose se trouve loin du centre, plus elle se meut rapidement. Par là se trouve résolue une difficulté immense, objet de recherches longues et nombreuses et qui, dit-on, désespéra Aristote jusqu'à causer sa mort. Il s'agit de la cause qui produit, à des intervalles de temps parfaitement fixes, cette remarquable oscillation de la Mer... La difficulté se résout sans peine si l'on tient compte des impulsions en sens contraire qui animent la Terre, tantôt faisant descendre une partie, tantôt la relevant, ce qui tantôt produit une dépression des eaux, tantôt les projette vers le haut. »

Galilée devait reprendre, préciser, détailler cette théorie qui essaye d'expliquer le flux et le reflux de l'Océan par les actions qu'engendre la rotation de la Terre.

L'explication était insoutenable, car elle voulait que l'intervalle de deux marées hautes fût égal à la moitié d'un jour sidéral, tandis que les observations les plus obvies montrent qu'il est égal à une demi-journée lunaire ; Galilée, cependant, persistait à donner cette explication pour une des meilleures preuves du mouvement de la Terre, et ceux qui admettaient avec lui la réalité de ce mouvement répétaient volontiers cet argument ; tel Gassendi dans l'écrit : *De motu impresso a motore translato,* qu'il publia à Paris en 1641.

Naturellement, les adversaires des Copernicains

(1) CALCAGNINI *Opera*, p. 392.

tenaient pour l'explication des marées par l'attraction lunaire, explication qui n'impliquait point la rotation terrestre.

Parmi les plus bouillants adversaires du système de Copernic, il faut citer Morin, qui employait une égale ardeur à restaurer l'Astrologie judiciaire et à tirer des horoscopes. A l'écrit de Gassendi, où il croit voir une attaque personnelle, Morin riposte par un libelle intitulé : *Alæ telluris fractæ;* à la théorie de Galilée, il oppose en cet écrit la théorie aimantique des marées.

La différence de niveau entre la haute mer et la basse mer est très grande à l'époque de la pleine lune ou de la nouvelle lune ; elle est beaucoup plus faible lorsque la lune est au premier ou au dernier quartier. Cette alternance des *vives-eaux* et des *mortes-eaux* avait fort embarrassé jusque-là les philosophes aimantiques.

Morin en donne une explication qu'il tire, dit-il, des principes de l'Astrologie ; cette alternance s'explique par le concours du Soleil et de la Lune ; dans leurs conjonctions comme dans leurs oppositions, leurs forces sont dirigées suivant une même droite passant par la Terre, et c'est « un axiome vulgaire que les vertus unies sont plus fortes que les vertus dispersées ».

Morin se réclamait, pour affirmer le rôle joué par le Soleil dans les variations de marée, des principes de l'Astrologie judiciaire ; et c'est, en effet, l'honneur incontestable des astrologues d'avoir préparé de toutes pièces la théorie newtonienne des marées, tandis que les défenseurs des méthodes scientifiques rationnelles péripatéticiens, copernicains, atomistes, cartésiens, en ont à l'envi combattu l'avènement.

Les principes invoqués par Morin étaient, d'ailleurs

fort anciens ; déjà Ptolémée, dans son *Opus quadripartitum,* admettait que la position du Soleil par rapport à la Lune pouvait soit fortifier, soit affaiblir les influences de cet astre ; et cette opinion s'était transmise de génération en génération, jusqu'à Gaspard Contarini qui enseignait que « le Soleil exerce quelque action propre à soulever ou à apaiser les eaux de la mer (1) » ; jusqu'à Duret (2), selon qui « c'est chose tout apparente que le Soleil et la Lune besognent puissamment en cette émotion et agitation des vages de la mer » ; jusqu'à Gilbert (3), qui appelait au secours de la Lune « les troupes auxiliaires du Soleil », qui déclarait le Soleil capable « d'accroître les puissances lunaires au moment de la nouvelle lune et de la pleine lune ».

Fidèles à leur rationalisme, les péripatéticiens de l'École s'efforçaient d'expliquer l'alternance des vives-eaux et des mortes-eaux sans attribuer au Soleil aucune vertu occulte. Albert le Grand prétendait (4) invoquer seulement la variation de la lumière reçue du Soleil par la Lune selon la position relative de ces deux astres. En un essai d'explication rationnelle du même genre, Thimon le Juif (5) entrevoyait, du moins, une

(1) Gasparis CONTARINI *De elementis eorumque mixtionibus libri* II ; Lutetiæ, MDXLVIII.

(2) Claude DURET : *Discours de la vérité...*; Paris, 1600, p. 236.

(3) Gulielmi GILBERTI *De mundo nostro philosophia nova*, pp. 309 et 313.

(4) ALBERTI MAGNI *De causis proprietatum elementorum liber unus* ; tract. II, c. VI. — B. ALBERTI MAGNI *Opera omnia*, Lugduni, 1651 ; t. V, p. 306.

(5) *Quæstiones super quatuor libros meteorum* compilatæ per doctissimum philosophum professorem THIMONEM, Lutetiæ, 1516 et 1518 ; l. II, quæst. II.

grande vérité, car il admettait la coexistence de deux marées, une marée lunaire et une marée solaire ; il attribuait la première à une génération d'eau causée par le froid de la Lune, la seconde à une ébullition causée par la chaleur du Soleil.

Mais c'est aux médecins et aux astrologues du XVIe siècle qu'il faut attribuer l'idée précise et féconde de décomposer la marée totale en deux marées de même nature, bien que d'inégale intensité, l'une produite par la Lune et l'autre par le Soleil, et d'expliquer les diverses vicissitudes du flux et du reflux par l'accord ou le désaccord de ces deux marées.

Cette idée est formellement énoncée (1) dès 1528 par un noble Dalmate, Frédéric Grisogone de Zara, qu'Annibal Raimondo nous présente comme un « grand médecin, philosophe et astrologue ».

Dans un ouvrage consacré aux jours critiques des maladies, il pose ce principe : « Le Soleil et la Lune tirent vers eux l'enflure de la mer, de telle sorte que, perpendiculairement au-dessous de chacun d'eux, se trouve l'enflure maximum ; il y a donc, pour chacun d'eux, deux maxima d'enflure, l'un au-dessous de l'astre, et l'autre en la partie opposée, que l'on nomme le nadir de cet astre. » Et Frédéric Grisogone circonscrit à la sphère terrestre deux ellipsoïdes de révolution, l'un dont le grand axe s'oriente vers le Soleil, l'autre dont le grand axe se dirige vers la Lune ; chacun de ces deux ellipsoïdes représente la forme que

(1) Federici CHRISOGONI nobilis Jadertini *De artificioso modo collegiandi, pronosticandi et curandi febres et de prognosticis ægritudinum per dies criticos necnon de humana felicitate, ac denique de fluxu et refluxu maris;* Venetiis, impr. a Joan. A. DE SABIO, 1528.

prendrait la mer si elle était soumise à l'action d'un seul astre ; en les composant, on expliquera les diverses particularités de la marée.

La théorie de Frédéric Grisogone le Zaratin ne tarde pas à se répandre. En 1557, l'illustre mathématicien, médecin et astrologue Jérôme Cardan l'expose sommairement (1). Vers le même temps, Federico Delfino enseigne à Padoue une théorie des marées qui dérive du même principe (2). Trente ans plus tard, Paolo Gallucci reproduit la théorie de Frédéric Grisogone (3), tandis qu'Annibale Raimondo (4) expose et commente les deux doctrines de Grisogone et de Delfino. Enfin, au moment où s'achève le XVIe siècle, Claude Duret reproduit (5) impudemment sous son nom la doctrine de Delfino.

L'hypothèse d'une action du Soleil sur les eaux de la mer, action toute semblable à celle qu'exerce la Lune, avait déjà fait ses preuves, elle avait déjà fourni une théorie très satisfaisante du flux et du reflux, lorsque Morin se prit à l'invoquer dans son libelle contre Gassendi.

Gassendi s'élève avec force contre la vertu magnétique par laquelle la Lune attirerait les eaux terres-

(1) Hieronymi CARDANI *De rerum varietate libri XVII ;* Basileæ, MDLVII, l. II, cap. XIII.

(2) Federici DELPHINI *De fluxu et refluxu aquæ maris;* Venetiis MDLIX ; deuxième édition, Basileæ, MDLXXVII.

(3) Pauli GALLUCII *Theatrum mundi et temporis*, MDLXXXVIII, p. 70.

(4) Annibale RAIMONDO : *Trattato del flusso e reflusso del mare*, in Venetia, 1589.

(5) *Discours de la vérité des causes et effects, des divers cours, mouvements, flux, reflux et saleure de la mer Océane, mer Méditerrannée et autres mers de la Terre*, par M. Claude DURET, conseiller du Roy, et premier juge au siège présidial de Moulins en Bourbonnais. A Paris, chez Jacques REZÉ, MDC.

tres ; mais plus violemment encore il repousse (1) l'hypothèse nouvelle formulée par Morin : « Habituellement, l'humidité est tenue pour l'effet propre de la Lune, et il appartient au Soleil non de promouvoir cet effet, mais de l'arrêter. Mais il plaît à Morin que le Soleil seconde l'action de la Lune ; il déclare que les actions du Soleil et de la Lune se corroborent l'une et l'autre ; il suppose donc que les actions du Soleil et celles de la Lune sont de même condition ou, comme l'on dit, de même nature spécifique ; en ce qui concerne le phénomène qui nous occupe, si l'action de la Lune attire les eaux, il en doit être de même de l'action du Soleil. »

En cette année 1643, où Gassendi déclarait insolite l'hypothèse que la Lune et le Soleil pussent exercer des attractions analogues, cette hypothèse était de nouveau formulée, mais généralisée et amplifiée jusqu'à la supposition d'une gravité universelle. Cette supposition grandiose était due à Roberval qui, n'osant la présenter trop ouvertement sous son nom, se donnait seulement pour l'éditeur et l'annotateur d'un écrit (2) qu'il disait composé par Aristarque de Samos.

(1) GASSENDI *Epistolæ tres de motu impresso a motore translato*, Epistola III, art. XVI, Parisiis, 1643. — Petri GASSENDI Diniensis *Opuscula philosophica*, t. III, p. 534. Lugduni, 1658.

(2) ARISTARCHI SAMII *De Mundi systemate, partibus et motibus cujusdem liber singularis*. Addictæ sunt Æ. P. DE ROBERVAL notæ in eundem libellum. Parisiis, 1644. Cet ouvrage fut réimprimé par Mersenne, en 1647, au tome III de ses *Cogitata physico-mathematica*. — Je crois que si l'on interprète exactement la pensée de Roberval, on ne doit pas voir dans son système une théorie de la gravité universelle ; les parties du fluide interplanétaire n'attireraient que les parties du même fluide ; les parties terrestres n'attireraient que les parties terrestres ; les parties du système de Vénus que les parties du même système, etc. Toutefois, il y aurait attraction mutuelle entre le système de la Terre et le système de la Lune, entre le sys-

« A toute la matière fluide qui remplit l'espace compris entre les astres et à chacune de ses parties, affirmait Roberval, une certaine propriété ou un certain accident est inhérent ; par la force de cette propriété, cette matière se trouve réunie en un seul et même corps continu, dont toutes les parties, par un effort incessant, se portent les unes vers les autres, et s'attirent réciproquement, au point d'être étroitement cohérentes et de ne pouvoir être séparées que par une force plus grande. Cela posé, si cette matière était seule, si elle n'était pas jointe au Soleil ou à d'autres corps, elle se concentrerait en un globe parfait, elle prendrait exactement la figure d'une sphère, et ne pourrait jamais demeurer en équilibre qu'elle n'eût pris cette figure. En cette figure, le centre d'action coïnciderait avec le centre de forme ; vers ce centre tendraient toutes les parties de la matière, par leur propre effort ou appétit et par l'attraction réciproque du tout ; ce ne serait point, comme le pensent les ignorants, par la vertu du centre même, mais par la vertu de tout le

tème de Jupiter et les satellites de cet astre. L'application que Roberval fait du principe d'Archimède à l'équilibre d'un système planétaire au sein du fluide interplanétaire serait alors tout à fait erronée ; mais semblable erreur est fréquente dans les travaux des géomètres du XVIe siècle et se trouve même dans les premiers écrits de Galilée. — Descartes (*), en tous cas, dans la critique qu'il a donnée du système de Roberval, l'a compris comme supposant la gravité universelle : « Denique aliam inesse præterea similem proprietatem in omnibus et singulis terræ, aquæ, aerisque partibus, vi cujus ad se invicem ferantur, et se reciproce attrahant ; adeo ut hæ (similique etiam modo aliæ omnes quæ aliquos planetas componunt vel circumdant) singulæ duas ejusmodi habeant vires, unam quæ ipsas cum aliis partibus sui planetæ, aliam quæ easdem cum reliquis partibus Universi conjungat. »

(*) DESCARTES : *Correspondance*, édition P. TANNERY et Ch. ADAM, t. IV, p. 399 lettre de Descartes à Mersenne datée du 20 avril 1646.

système, dont les parties sont également disposées autour de ce centre... »

« Au système entier de la Terre et des éléments terrestres, et à chacune des parties de ce système est inhérent un certain accident ou une certaine propriété semblable à la propriété que nous avons attribuée au système du Monde pris dans son entier ; par la force de cette propriété, toutes les parties de ce système se réunissent en une seule masse, se portent l'une vers l'autre et s'attirent mutuellement; elles sont étroitement cohérentes et ne peuvent être séparées par une force plus grande. Mais les diverses parties des corps terrestres participent inégalement à cette propriété ou à cet accident ; car une partie participe de cet accident ou de cette propriété d'autant plus qu'elle est plus dense... Dans les trois corps appelés terre, eau et air, cette propriété est ce que nous nommons habituellement la gravité ou la légèreté ; car pour nous, la légèreté n'est qu'une gravité moindre comparée à une gravité plus grande. »

Roberval répète des considérations semblables au sujet du Soleil et des autres corps célestes, en sorte que cent ans exactement après la publication des six livres de Copernic sur les Révolutions célestes, l'hypothèse de la gravité universelle était formulée.

Une lacune, cependant, rendait encore cette hypothèse incomplète : Suivant quelle loi l'attraction mutuelle de deux parties matérielles s'atténue-t-elle lorsque vient à croître la distance de ces deux corps? Aucune réponse n'était donnée par Roberval à cette question. Mais cette réponse ne pouvait tarder à être formulée ; ou, pour mieux dire, si elle n'était point encore formulée, c'est qu'elle n'était douteuse pour personne.

L'analogie entre les actions émanées des astres et la lumière émise par eux était, pour les physiciens et les astrologues du moyen âge et de la Renaissance, un véritable lieu commun; la plupart des péripatéticiens de l'École poussaient cette analogie jusqu'à en faire un lien indissoluble ou une identité. Scaliger était déjà obligé de s'élever (1) contre cet excès. « Les astres, dit-il, peuvent agir sans l'aide de la lumière ; l'aimant agit bien sans lumière ; combien plus magnifiquement agiront les astres ! »

Identiques ou non à la lumière, toutes les vertus, toutes les *species* de sa forme substantielle qu'un corps émet autour de lui dans l'espace doivent se propager ou, comme l'on disait au moyen âge, *se multiplier* selon les mêmes lois. Dès le XIIIe siècle, Roger Bacon (2) a entrepris de donner une théorie générale de cette propagation ; en tout milieu homogène, elle se fait suivant des rayons rectilignes (3) et, pour user de l'expression moderne, par *ondes sphériques ;* s'il eût été aussi bon géomètre qu'il demandait aux physiciens de l'être, Bacon eût aisément tiré de ses raisonnements (4) cette conclusion : La force d'une telle *species* est toujours en raison inverse du carré de la distance à la source dont elle émane. Une telle loi était le corollaire naturel de

(1) Julii-Cæsaris SCALIGERI *De subtilitate adversus Cardanum*, Exercitatio LXXXV.

(2) Rogerii BACCONNIS ANGLI *Specula mathematica in qua de specierum multiplicatione, earumdemque in inferioribus virtute agitur;* Francofurti, MDCXIV.

(3) Roger BACON : *Loc. cit.*, dist. II, cc. I, II, III.

(4) Roger BACON : *Loc. cit.*, dist. III, c. II.

l'analogie admise entre la propagation de ces vertus et celle de la lumière.

Nul astronome, peut-être, n'a autant insisté sur cette analogie que Képler. La rotation du Soleil est, pour lui, la cause de la révolution des planètes ; le Soleil envoie à ces astres certaine qualité, certaine ressemblance de son mouvement, certaine *species motus* qui les doit entraîner à leur tour. Cette *species motus*, cette *virtus movens* n'est pas identique à la lumière solaire, mais (1) elle a avec elle une certaine parenté; elle se sert peut-être de la lumière solaire comme d'un instrument ou d'un véhicule.

Or, l'intensité de la lumière émise par un astre varie en raison inverse du carré de la distance à cet astre ; c'est une proposition dont la connaissance paraît remonter à l'antiquité, qui se trouve dans un écrit d'Optique attribué à Euclide, et dont Képler a donné (2) la démonstration. L'analogie voudrait que la *virtus movens* émanée du Soleil variât en raison inverse du carré de la distance à cet astre ; mais la Dynamique dont se sert Képler est encore l'antique Dynamique d'Aristote ; la force qui meut un mobile est proportionnelle à la vitesse de ce mobile ; dès lors, la loi des aires, qu'il a découverte, enseigne à Képler cette proposition : La *virtus movens* à laquelle une planète est soumise varie en raison inverse de la simple distance au Soleil.

(1) Joannis KEPLERI *De motibus stellæ Martis commentarii*, c. XXXIV. — Joannis KEPLERI *Opera omnia*, t. III, p. 302. — *Epitome Astronomiæ Copernicanæ;* l. IV, IIe part., art. 3. — Joannis KEPLERI *Opera omnia*, t. VI, p. 347.

(2) Joannis KEPLERI *Ad Vitellium paralipomena quibus Astronomiæ pars optica traditur;* Francofurti, 1604, c. I, prop. IX. — Joannis KEPLERI *Opera omnia*, t. II, p. 133.

Ce mode de variation, peu conforme à l'analogie entre la *species motus* issue du Soleil et la lumière émise par cet astre, n'est point sans contrarier Képler ; il s'efforce (1) de l'accorder avec cette analogie, en particulier par cette remarque : La lumière se répand de tous côtés dans l'espace, tandis que la *virtus motrix* se propage seulement dans le plan de l'équateur solaire ; l'intensité de la première est inverse au carré de la distance à la source, l'intensité de la seconde est inverse à la simple distance parcourue ; ces deux lois distinctes expriment dans un cas comme dans l'autre la même vérité : la quantité totale de lumière ou de *species motus* qui se propage ne subit aucun déchet au cours de cette propagation.

Les explications mêmes de Képler nous montrent avec quelle force, en son esprit, la loi de la raison inverse du carré des distances s'impose tout d'abord à l'intensité d'une qualité, lorsqu'un corps émet cette qualité en tout sens autour de lui. Cette loi devait paraître douée de la même évidence à ses contemporains. Ismaël Boulliau l'a tout d'abord établie (2) pour la lumière ; il n'hésite pas à l'étendre à la *virtus motrix* que, selon Képler, le Soleil exerce sur les planètes : « Cette vertu, dit-il (3), par laquelle le Soleil saisit ou accroche les planètes, et qui lui tient lieu de mains corporelles, est émise en ligne droite dans tout l'espace qu'occupe le Monde ; c'est comme une *species*

(1) Joannis Kepleri *Commentarii de motibus stellæ Martis*, c. xxxvi. — Kepleri *Opera omnia*, t. III, pp. 302, 309. — *Epitome Astronomiæ Copernicanæ*, l. IV, IIe part., art. 3. — Kepleri *Opera omnia*, t. VI, p. 349.

(2) Ismaelis Bullialdi *De natura lucis;* Parisiis, 1638, prop. XXXVII, p. 41.

(3) Ismaelis Bullialdi *Astronomia Philolaïca;* Parisiis, 1645, p. 23.

du Soleil, qui tourne avec le corps de cet astre ; étant corporelle, elle diminue et s'affaiblit lorsque la distance augmente, et la raison de cette diminution est, comme pour la lumière, en raison inverse du carré de la distance. »

La *virtus motrix* dont parle Boulliau, et qui est celle de Képler, n'est pas dirigée suivant le rayon qui va de la planète au Soleil ; elle est normale à ce rayon ; ce n'est point une attraction semblable à celle qu'admet Roberval, que Newton invoquera ; mais nous voyons clairement que les physiciens du XVIIe siècle, traitant de l'attraction de deux corps, sont, de prime abord, conduits à la supposer inverse au carré de la mutuelle distance des deux corps.

Les travaux du P. Athanase Kircher sur l'aimant nous en offrent un second exemple (1) ; l'analogie entre la lumière qu'émet une source et la vertu qui émane de chacun des deux pôles d'un aimant le presse d'adopter, pour l'intensité de l'une et de l'autre qualité, une loi de décroissement en raison inverse du carré de la distance ; s'il ne se rallie à cette supposition ni pour le magnétisme, ni pour la lumière, c'est qu'elle assure la diffusion à l'infini de ces deux vertus, tandis qu'il admet pour toute vertu une sphère d'action au-delà de laquelle elle est rigoureusement annulée.

Ainsi, dès la première moitié du XVIIe siècle, tous les matériaux qui serviront à construire l'hypothèse de

(1) Athanasii KIRCHERI *Magnes, sive de arte magnetica*; Romæ, 1641 ; l. I, prop. XVII, XIX, XX. En la proposition XX, Kircher parle de décroissance en raison inverse *de la distance;* c'est là un simple lapsus provenant de ce que Kircher, raisonnant sur des aires sphériques, les a représentées par des arcs de cercle. La pensée de l'auteur n'en est pas moins très claire.

l'attraction universelle sont rassemblés, taillés, prêts à être mis en œuvre; mais on ne soupçonne point encore toute l'étendue qu'aura cette œuvre ; la *vertu aimantique* par laquelle les diverses parties de la matière se portent les unes sur les autres est invoquée pour rendre compte de la chute des graves et du flux de la mer ; on ne songe point encore à en tirer la représentation des mouvements des astres ; bien au contraire, lorsque les physiciens abordent le problème de la Mécanique céleste, cette force attractive les gêne singulièrement.

C'est que la science qui doit les aider de ses principes, la Dynamique, est en enfance; soumis encore aux enseignements qu'Aristote a donnés dans le *De Cœlo*, ils imaginent l'action qui fait tourner une planète autour du Soleil à la ressemblance d'un cheval de manège; dirigée à chaque instant comme la vitesse du mobile, elle est proportionnelle à cette vitesse; c'est par ce principe que Cardan compare (1) la puissance du *principe vital* qui meut Saturne à la puissance du *principe vital* qui meut la Lune ; calcul bien naïf encore, mais premier modèle des raisonnements qui serviront à composer la Mécanique céleste.

Imbus des principes qui ont guidé Cardan au cours de ses calculs, les géomètres du XVIe siècle, ceux de la première moitié du XVIIe siècle, ignorent que, pour décrire un cercle d'un mouvement uniforme, un astre, une fois lancé, n'a plus besoin d'être tiré dans la direction de son mouvement ; il exige, au contraire,

(1) Hieronymi CARDANI *Opus novum de proportionibus ;* Basileæ, 1570 ; prop. CLXIII, p. 165.

qu'une traction vers le centre du cercle le retienne sur sa trajectoire et l'empêche de fuir suivant la tangente.

Ces deux préoccupations dominent donc la Mécanique céleste : Appliquer à chaque planète une force perpendiculaire au rayon vecteur issu du Soleil, force qui soit attelée, pour ainsi dire, à ce rayon vecteur comme le cheval de manège au bras de levier qu'il fait tourner ; éviter l'attraction du Soleil sur la planète qui, semble-t-il, précipiterait ces deux astres l'un vers l'autre.

Képler trouve la *virtus motrix* dans une qualité, une *species motus* émanée du Soleil ; quant à l'*attraction aimantique,* si nettement invoquée par lui pour expliquer la gravité et les marées, il la passe sous silence lorsqu'il traite du mouvement des astres. Descartes remplace la *species motus* par l'entraînement qu'exerce le tourbillon éthéré. « Mais Képler (1) avait si bien préparé cette matière que l'accomodement que Mons. Descartes a fait de la philosophie corpusculaire avec l'astronomie de Copernic n'estait pas fort difficile. »

Pour éviter que l'attraction ne précipite les planètes sur le Soleil, Roberval plonge le système du Monde tout entier dans un milieu éthéré, soumis aux mêmes attractions, et plus ou moins dilaté par la chaleur du Soleil ; chaque planète, environnée de ses éléments, occupe au sein de ce milieu la position d'équilibre que lui assigne le principe d'Archimède ; en outre, le mouvement du Soleil engendre par frottement, au sein de cet éther, un tourbillon qui entraîne les planètes, exactement comme la *species motus* invoquée par Képler.

(1) LEIBNIZ : *Lettre à Molanus* (?) (*Œuvres de* LEIBNIZ, Édition Gerhardt, t. IV, p. 301).

Le système de Borelli (1) se ressent à la fois de l'influence de Roberval et de celle de Képler. Comme Képler, Borelli cherche la force qui entraîne chaque planète suivant sa trajectoire dans une vertu émanée du Soleil, transportée par sa lumière et dont l'intensité est inverse de la distance entre les deux astres. Comme Roberval, il suppose (2) qu'il y a « en chaque planète un *instinct naturel* par lequel elle cherche à s'approcher du Soleil en ligne droite. De même voyons-nous que tout grave a l'instinct naturel de se rapprocher de notre Terre, poussé qu'il est par la pesanteur qui l'apparente à la Terre; de même remarquons-nous que le fer se porte en ligne droite vers l'aimant. »

Cette force qui porte la planète vers le Soleil, Borelli la compare à la pesanteur; il ne semble pas qu'il l'identifie à cette dernière ; par là, son système est inférieur à celui de Roberval; il lui est encore inférieur, en ce qu'il suppose l'attraction éprouvée par la planète indépendante de la distance de cet astre au Soleil; mais il le surpasse en un point; pour équilibrer cette force, pour empêcher la planète de se précipiter vers le soleil, il ne fait plus appel aux pressions d'un fluide au sein duquel la planète flotterait en vertu du principe d'Archimède ; il invoque l'exemple de la fronde dont la pierre, mue en cercle, tend fortement la corde; il équilibre (3) l'instinct par lequel la planète se porte vers le Soleil en lui opposant la tendance de tout

(1) Alphonsi BORELLI *Theoriæ Mediceorum planetarum ex causis physicis deductæ*, Florentiæ, 1665. — Cf. Ernst GOLDBECK : *Die Gravitations-hypothese bei Galilei und Borelli*, Berlin, 1897.

(2) BORELLI : *Loc. cit.*, p. 76.

(3) BORELLI : *Loc. cit.*, p. 47.

corps qui tourne à s'éloigner du centre de sa révolution, la *vis repellens,* qu'il suppose inverse du rayon de l'orbite.

L'idée de Borelli diffère profondément des opinions auxquelles ses prédécesseurs immédiats s'étaient arrêtés. La génération, cependant, en fut-elle spontanée ? Borelli n'a-t-il, dans ses lectures, rencontré aucun germe qui l'eût pu produire? Aristote (1) nous rapporte qu'Empédocle expliquait le repos de la Terre par la rotation rapide du Ciel ; « ainsi arrive-t-il à l'eau contenue dans un seau que l'on fait tourner ; lors même que le fond du seau se trouve au-dessus d'elle, l'eau ne tombe pas ; la rotation l'en empêche ». Et Plutarque, en un écrit fort lu des anciens astronomes, en un écrit que Képler a traduit et commenté, s'exprime ainsi (2) : « Pour ne pas tomber sur la Terre, la Lune trouve une aide dans son mouvement même et dans la violence de sa révolution ; de même, la chute des objets placés en une fronde est empêchée par le tournoiement en cercle ; le mouvement selon la nature (la pesanteur) entraîne toutes choses, à l'exception de celles où un autre mouvement le supprime ; donc la pesanteur ne meut pas la Lune, parce que le mouvement circulaire lui fait perdre sa puissance. » Plutarque ne pouvait plus clairement énoncer l'hypothèse que Borelli devait adopter.

Ce recours à la *force centrifuge* n'en est pas moins un trait de génie ; Borelli, malheureusement, ne peut

(1) ARISTOTE : Περὶ οὐρανοῦ, B, αγ.

(2) PLUTARQUE : Περὶ τοῦ ἐμφαινομένου προσώπου τῷ κύκλῳ τῆς σελήνης, Z.

tirer parti de l'idée qui s'est présentée à lui ; cette force centrifuge, il en ignore les lois exactes, même dans le cas où le mobile décrit un cercle d'un mouvement uniforme ; à plus forte raison est-il inhabile à la calculer dans le cas où ce mobile se meut sur une ellipse, conformément aux lois de Képler; aussi ne peut-il, par une déduction concluante, tirer ces lois des hypothèses qu'il a formulées.

En 1674, le secrétaire de la Société Royale de Londres est le physicien Hooke; il aborde (1), à son tour, le problème qui a sollicité les efforts de Képler, de Roberval, de Borelli. Il sait que « tout corps une fois mis en mouvement persiste à se mouvoir indéfiniment en ligne droite d'un mouvement uniforme, jusqu'à ce que d'autres forces viennent plier et fléchir sa route suivant un cercle, une ellipse, ou quelque autre courbe plus composée ». Il sait aussi quelles forces détermineront les trajectoires des divers corps célestes : « Tous les corps célestes, sans exception, exercent un pouvoir d'attraction ou de pesanteur dirigé vers leur centre, en vertu duquel non seulement ils retiennent leurs propres parties et les empêchent de s'échapper dans l'espace, comme nous voyons que le fait la Terre, mais encore ils attirent aussi tous les autres corps célestes qui se trouvent dans la sphère de leur activité. D'où il suit, par exemple, que non seulement le Soleil et la Lune agissent sur la marche et le mouvement de la Terre, comme la Terre agit sur eux, mais que Mercure, Vénus, Mars, Jupiter et Saturne ont

(1) Hooke : *On attempt to prove to annual motion of the* Earth ; London, 1674.

aussi, par leur pouvoir attractif, une influence considérable sur le mouvement de la Terre, de même que la Terre en a une puissante sur le mouvement de ces corps. » Hooke sait enfin que « les pouvoirs attractifs s'exercent avec plus d'énergie à mesure que les corps sur lesquels ils agissent s'approchent du centre dont ils émanent ». Il confesse qu' « il n'a pas encore déterminé par expérience quels sont les degrés successifs de cet accroissement pour des distances diverses ». Mais il supposait dès ce moment que l'intensité de ce pouvoir attractif suivait la raison inverse du carré de la distance, bien qu'il n'ait point énoncé cette loi avant 1678. Son affirmation à cet égard est d'autant moins invraisemblable qu'à la même époque, son confrère de la Société Royale, Wren, était déjà, au témoignage de Newton et de Halley, en possession de cette loi. Hooke et Wren l'avaient sans doute tirée, l'un et l'autre, de la comparaison entre la gravité et la lumière, comparaison qui, vers le même moment, la faisait aussi soupçonner par Halley.

Hooke est donc en possession, dès 1672, de tous les postulats qui serviront à construire le système de l'attraction universelle ; mais de ces postulats, il ne peut tirer parti ; la difficulté qui a arrêté Borelli l'arrête à son tour ; il ne sait point traiter le mouvement curviligne que produit une force variable en grandeur et en direction ; il est contraint de publier ses hypothèses, encore stériles, en souhaitant qu'un géomètre plus habile les fasse fructifier : « C'est une idée qui, étant suivie comme elle mérite de l'être, ne peut manquer d'être fort utile aux astronomes pour réduire tous les mouvements célestes à une règle certaine ; ce qui, je crois, ne pourra jamais s'établir autrement. Ceux qui connaissent la théorie des oscillations du pendule et du mouvement circulaire comprendront aisément sur quel fondement repose le principe général que j'énonce, et ils sauront trouver dans la nature le moyen d'en établir le véritable caràctère physique. »

L'instrument indispensable à l'accomplissement d'une telle œuvre, c'est la connaissance des lois générales qui relient un mouvement curviligne aux forces qui le produisent ; or, au moment où paraît l'essai de Hooke, ces lois viennent d'être formulées, et c'est, en effet, l'étude des oscillations du pendule qui les a fait découvrir. En 1673, Huygens publie (1) son traité de l'horloge à pendule ; les théorèmes qui terminent ce traité donnent le moyen de résoudre, au moins pour les trajectoires circulaires, les problèmes qui n'avaient pu être abordés par Borelli et par Hooke.

Les recherches sur l'explication mécanique du mouvement des corps célestes reçoivent de la publication d'Huygens une nouvelle et féconde impulsion. En 1689, Leibniz (2) reprend une théorie analogue à celle de Borelli ; chaque astre est soumis à une force attractive, dirigée vers le soleil, à une force centrifuge dirigée en sens opposé et dont la grandeur devra être tirée des théorèmes d'Huygens, enfin à une impulsion du fluide éthéré qui le baigne, impulsion que Leibniz suppose normale au rayon vecteur et en raison inverse de la longueur de ce rayon ; cette impulsion joue exactement le rôle de la *virtus motrix* invoquée par Képler

(1) Christiani Hugenii *De horologio oscillatorio;* Parisiis, 1673.

(2) Leibnitii *Tentamen de motuum cœlestium causis (Acta Eruditorum Lipsiæ,* anno 1689).

et par Borelli ; elle n'en est que la traduction dans le système tourbillonnaire de Descartes et de Roberval. Au moyen des règles formulées par Huygens, Leibniz calcule la force par laquelle la planète doit graviter vers le Soleil si son mouvement est régi par les lois de Képler; il la trouve réciproquement proportionnelle au carré du rayon vecteur.

De son côté, dès 1684, Halley applique les théorèmes de Huygens aux hypothèses de Hooke; en supposant circulaires les orbites des diverses planètes, il constate que la proportionnalité, découverte par Képler, entre les carrés des temps des révolutions et les cubes des diamètres suppose les diverses planètes soumises à des forces proportionnelles à leurs masses et aux carrés inverses de leurs distances au Soleil.

Mais au moment même où Halley tente ces essais qu'il ne publiera point, avant que Leibniz ait formulé sa théorie, Newton communique à la Société Royale de Londres les premiers résultats de ses méditations sur la Mécanique céleste ; en 1686, il lui présente ses *Philosophiæ naturalis principia mathematica* où se développe dans toute son ampleur la théorie dont Hooke, Wren, Halley, n'ont aperçu que des lambeaux.

Préparée par les efforts séculaires des physiciens, cette théorie ne s'est point révélée soudainement à Newton. Dès 1665 ou 1666, sept ou huit ans avant que Huygens donne le *De horologio oscillatorio,* Newton a, par ses propres efforts, découvert les lois du mouvement circulaire uniforme ; comme Halley devait le faire en 1684, il a comparé ces lois à la troisième loi de Képler et reconnu par cette comparaison que le Soleil attirait des masses égales des diverses planètes par une force inversement proportionnelle au carré des distances. Mais il a voulu un contrôle plus précis ; il a voulu s'assurer qu'en atténuant dans une telle proportion la pesanteur que nous constatons à la surface de la Terre, on obtenait exactement la force capable d'équilibrer la *vis centrifuga* qui tend à entraîner la Lune. Or, les dimensions de la Terre étaient alors mal connues ; elles donnèrent à Newton pour valeur de la gravité, au lieu qu'occupe la Lune, une valeur supérieure de 1/6 au résultat attendu. Strict observateur de la méthode expérimentale, Newton ne publia point une théorie que l'observation démentait ; des résultats de ses méditations, il ne livra rien à qui que ce fût jusqu'en 1682. A ce moment, Newton connut les résultats des nouvelles mesures géodésiques effectuées par Picard ; il put reprendre son calcul dont, cette fois, le résultat fut pleinement satisfaisant ; les doutes du grand géomètre s'évanouirent, et il put produire son admirable système. Il lui avait fallu vingt ans d'une incessante méditation pour achever l'œuvre à laquelle tant de géomètres et de physiciens, depuis Léonard de Vinci et Copernic, avaient apporté leur contribution.

Les considérations les plus diverses, les doctrines les plus disparates sont venues, tour à tour, donner leur concours à la construction de la Mécanique céleste : l'expérience vulgaire qui nous révèle la gravité comme les mesures scientifiques de Tycho Brahé et de Picard, comme les lois d'observation formulées par Képler ; les tourbillons des Cartésiens et des Atomistes comme la Dynamique rationnelle d'Huygens ; les doctrines métaphysiques des péripatéticiens comme les systèmes des médecins et les rêveries des astrologues ;

les comparaisons de la pesanteur avec les actions magnétiques comme les rapprochements entre la lumière et les actions mutuelles des astres. Au cours de ce long et laborieux enfantement, nous pouvons suivre les transformations lentes et graduelles par lesquelles le système théorique a évolué ; mais, à aucun moment, nous ne pouvons saisir une création soudaine et arbitraire d'hypothèses nouvelles.

§ III. — *Le physicien ne choisit pas les hypothèses sur lesquelles il fondera une théorie ; elles germent en lui sans lui.*

L'évolution qui a produit le système de la gravité universelle s'est lentement déroulée au cours des siècles ; aussi avons-nous pu suivre pas à pas les progrès par lesquels l'idée s'est élevée peu à peu au degré de perfection que Newton lui a donné. Parfois, l'évolution qui doit aboutir à la construction d'un système théorique se condense extrêmement, et quelques années suffisent à conduire les hypothèses qui doivent porter cette théorie de l'état où elles sont à peine ébauchées à celui où elles sont achevées.

Ainsi, en 1819, Œrstedt découvre l'action du courant électrique sur l'aiguille aimantée ; en 1820, Arago fait connaître cette expérience à l'Académie des Sciences ; le 18 septembre 1820, l'Académie entend la lecture d'un mémoire où Ampère présente les actions mutuelles des courants, qu'il vient de mettre en évidence ; et le 23 décembre 1823, elle accueille un autre mémoire où Ampère donne leur forme définitive aux théories de l'Électrodynamique et de l'Électromagnétisme. Cent quarante-trois ans ont séparé les *De revolutionibus orbium cœlestium libri sex* des *Philosophiæ naturalis principia mathematica;* moins de quatre ans séparent la publication de l'expérience d'Œrstedt de la mémorable lecture d'Ampère. Mais si le cadre de cet ouvrage nous permettait de conter par le détail l'histoire des doctrines électrodynamiques (1) au cours de ces quatre années, nous y retrouverions tous les caractères que nous avons rencontrés en l'évolution séculaire de la Mécanique céleste. Nous n'y verrions point le génie d'Ampère embrasser d'un coup d'œil un vaste domaine expérimental déjà constitué et, par une décision libre et créatrice, choisir le système d'hypothèses qui représentera ces données de l'observation. Nous y remarquerions les hésitations, les tâtonnements, le progrès graduel obtenu par une suite de retouches partielles, que nous avons notés durant les trois demi-siècles qui séparent Copernic de Newton. L'histoire de l'Électrodynamique ressemble fort à l'histoire de l'attraction universelle; les multiples efforts, les tentatives réitérées qui constituent la trame de ces deux histoires se succèdent seulement en la première à intervalles beaucoup plus rapprochés qu'en la seconde, grâce à la prodigieuse fécondité d'Ampère, dont, pendant quatre ans, l'Académie des Sciences entend presque chaque mois une lecture; grâce aussi à la pléiade de savants géomètres, de physiciens habiles, d'hommes de génie qui s'effor-

(1) Le lecteur désireux de constituer cette histoire trouvera tous les documents nécessaires dans les tomes II et III de la *Collection de Mémoires relatifs à la Physique* publiés par la Société française de Physique (*Mémoires sur l'Electrodynamique*, 1885 et 1887).

cent avec lui à la construction de la nouvelle doctrine ; car, au nom d'Ampère, l'histoire de l'Électrodynamique doit associer non seulement le nom d'Œrstedt, mais encore ceux d'Arago, d'Humphry-Davy, de Biot, de Savart, de Babinet, de Savary, de La Rive, de Becquerel, de Faraday, de Fresnel et de Laplace.

Parfois l'histoire de l'évolution graduelle qui a produit un système d'hypothèses physiques nous demeure et nous demeurera à tout jamais inconnue ; elle s'est condensée en un petit nombre d'années et concentrée en un seul esprit ; l'inventeur ne nous a point, comme Ampère, fait connaître, au fur et à mesure de leur apparition, les idées qui germaient en lui ; imitant la longue patience de Newton, il a attendu, pour mettre au jour sa théorie, qu'elle ait revêtu une forme achevée. Soyons bien certains, cependant, que ce n'est pas sous cette forme qu'elle s'est tout d'abord présentée à son esprit ; que cette forme est le résultat de perfectionnements et de retouches innombrables, et qu'en chacune de ces retouches, le libre choix de l'inventeur a été guidé, conditionné, d'une manière plus ou moins consciente, par une infinité de circonstances extérieures ou intérieures.

D'ailleurs, quelque rapide et condensée que soit l'évolution d'une théorie physique, il est toujours possible de constater qu'une longue préparation en a précédé l'apparition ; entre la première ébauche et la forme parfaite, les intermédiaires peuvent nous échapper à tel point que nous pensions contempler une libre et soudaine création ; mais un labeur préalable a constitué le terrain favorable où est tombé le premier germe ; il a rendu possible ce développement accéléré ; et ce labeur se laisse suivre au cours des siècles.

L'expérience d'Œrstedt a suffi à provoquer le travail intense et comme fiévreux qui, en quatre ans, a conduit l'Électrodynamique à maturité ; mais c'est qu'au moment où ce germe a été déposé au sein de la science du XIXe siècle, celle-ci était merveilleusement préparée à le recevoir, à le nourrir, à le développer. Newton avait déjà annoncé que les attractions électriques et magnétiques devaient suivre des lois analogues à celles de la gravité universelle ; cette supposition avait été transformée en vérité d'expérience par Cavendish et par Coulomb pour les attractions électriques, par Tobias Mayer et par Coulomb pour les effets magnétiques ; les physiciens s'étaient ainsi accoutumés à résoudre toutes les forces qui s'exercent à distance en actions élémentaires inversement proportionnelles aux carrés des distances des éléments entre lesquels elles s'exercent. D'autre part, l'analyse des divers problèmes que pose l'Astronomie avait rompu les géomètres aux difficultés que l'on rencontre en composant de semblables forces. Le gigantesque effort mathématique du XVIIIe siècle venait d'être résumé en la *Mécanique céleste* de Laplace ; les méthodes créées pour traiter des mouvements des astres cherchaient de tous côtés, dans la Mécanique terrestre, l'occasion de prouver leur fécondité, et la Physique mathématique progressait avec une étonnante rapidité. En particulier, Poisson développait, au moyen des procédés analytiques imaginés par Laplace, la théorie mathématique de l'électricité statique et du magnétisme, tandis que Fourier trouvait, dans l'étude de la propagation de la chaleur, d'admirables occasions d'user des mêmes procédés. Les phénomènes électrodynamiques et électromagnétiques pouvaient se manifester aux physiciens et aux géomètres ; ceux-ci étaient armés pour s'en emparer et les réduire en théorie.

La contemplation d'un ensemble de lois d'expérience ne suffit donc pas à suggérer au physicien quelles hypothèses il doit choisir pour donner de ces lois une représentation théorique ; il faut encore que les pensées habituelles à ceux au milieu desquels il vit, que les tendances imprimées à son propre esprit par ses études antérieures viennent le guider et restreindre la latitude trop grande que les lois de la logique laissent à ses démarches. Combien de parties de la Physique gardent, jusqu'à ce jour, la forme purement empirique, attendant que les circonstances préparent le génie d'un physicien à concevoir les hypothèses qui les organiseront en théorie !

En revanche, quand les progrès de la science universelle ont suffisamment préparé les esprits à la recevoir, la théorie naît d'une manière presque forcée ; et, bien souvent, des physiciens qui ne se connaissent pas, qui poursuivent leurs méditations bien loin les uns des autres, l'enfantent presque en même temps ; on dirait que l'idée flotte dans l'air, portée d'un pays à l'autre par le vent qui souffle, prête à féconder tout génie qui est en état de l'accueillir et de la développer, semblable au pollen qui engendre un fruit partout où il rencontre un calyce mûr.

Sans cesse, au cours de ses études, l'historien des sciences a l'occasion d'observer cette poussée simultanée, en des terres éloignées les unes des autres, d'une même doctrine ; mais, quelque fréquent que soit ce phénomène, il ne peut jamais le contempler sans étonnement (1). Déjà, nous avons eu occasion de voir le système de la gravité universelle germer dans les esprits de Hooke, de Wren, de Halley, en même temps qu'il s'organisait dans le cerveau de Newton. De même, au milieu du XIXe siècle, nous verrions le principe de l'équivalence entre la chaleur et le travail formulé, à des époques très rapprochées les unes des autres, par Robert Mayer en Allemagne, par Joule en Angleterre, par Colding en Danemark ; chacun d'eux ignorait cependant les méditations de ses émules, et aucun d'eux ne soupçonnait que la même idée avait atteint, quelques années auparavant, une maturité précoce en France, au sein du génie de Sadi Carnot.

Nous pourrions multiplier les exemples de cette surprenante simultanéité d'invention ; bornons-nous à en mentionner encore un, qui nous semble particulièrement saisissant.

Le phénomène de la *réflexion totale* que la lumière peut éprouver à la surface de séparation de deux milieux ne se laisse point aisément comprendre dans l'édifice théorique qui constitue le système des ondulations. Fresnel avait donné, en 1823, des formules propres à représenter ce phénomène ; mais il les avait obtenues par l'une des divinations (2) les plus étranges et les plus illogiques que mentionne l'histoire de la Physique. Les ingénieuses vérifications expérimentales qu'il en avait données ne laissaient guère de doute sur

(1) Cf. F. MENTRÉ : *La simultanéité des découvertes scientifiques* (*Revue scientifique*, 5e série, t. II, p. 555 ; 1904.)

(2) Augustin FRESNEL : *Œuvres complètes*, t. I, p 782.

l'exactitude de ces formules ; mais elles n'en rendaient que plus souhaitable l'hypothèse logiquement admissible qui les rattacherait à la théorie générale de l'Optique. Pendant treize ans, les physiciens ne purent découvrir une telle hypothèse ; enfin la considération fort simple, mais fort imprévue et originale, de l'*onde évanescente* vint la leur fournir. Or, chose remarquable, l'idée d'onde évanescente se présenta presque simultanément à l'esprit de quatre géomètres différents, trop éloignés les uns des autres pour se communiquer les pensées qui les hantaient. Cauchy (1) formula le premier l'hypothèse de l'onde évanescente dans une lettre adressée à Ampère en 1836 ; en 1837, Green (2) la communiqua à la *Philosophical Society* de Cambridge, et, en Allemagne, F.-E. Neumann (3) la publia dans les *Annales de Poggendorff* ; enfin, de 1841 à 1845, Mac Cullagh (4) en fit l'objet de trois notes présentées à l'Académie de Dublin.

Cet exemple nous paraît bien propre à mettre en pleine lumière la conclusion à laquelle nous nous arrêterons : La logique laisse une liberté presque absolue au physicien qui voudrait faire choix d'une hypothèse; mais cette absence de tout guide et de toute règle ne saurait le gêner, car, en fait, le physicien ne choisit pas l'hypothèse sur laquelle il fondera une théorie ; il ne la choisit pas plus que la fleur ne choisit le grain de pollen qui la fécondera ; la fleur

(1) Cauchy : *Comptes rendus*, t. II, 1836, p. 364. — *Poggendorff's Annalen*, Bd. IX, 1836, p. 39.

(2) George Green : *Transactions of the Cambridge Mathematical Society*, vol. VI, 1838, p. 403. — *Mathematical Papers*, p. 231.

(3) F.-E. Neumann : *Poggendorff's Annalen*, Bd. X, 1837, p. 510.

(4) Mac Cullagh : *Proceedings of the Royal Irish Academy*, voll. II et III. — *Collected Works*, pp. 187, 218, 250.

se contente d'ouvrir toute grande sa corolle à la brise ou à l'insecte qui porte la poussière génératrice du fruit ; de même, le physicien se borne à ouvrir sa pensée, par l'attention et la méditation, à l'idée qui doit germer en lui, sans lui. A quelqu'un qui lui demandait comment il s'y prenait pour faire une découverte, Newton répondait (1) : « Je tiens le sujet de ma recherche constamment devant moi, et j'attends que les premières lueurs commencent à s'ouvrir lentement et peu à peu, jusqu'à se changer en une clarté pleine et entière. »

C'est seulement lorsque le physicien commence à voir clairement l'hypothèse nouvelle, reçue, mais non choisie, par lui que sa libre et laborieuse activité doit entrer en jeu ; car il s'agit maintenant de combiner cette hypothèse à celles qui sont déjà admises, d'en tirer des conséquences nombreuses et variées, de les comparer scrupuleusement aux lois expérimentales ; ces besognes, il lui appartient de les accomplir rapidement et exactement ; il ne dépend pas de lui de concevoir une idée neuve, mais il dépend de lui, pour une très grande part, de développer cette idée et de la faire fructifier.

§ IV. — *De la présentation des hypothèses dans l'enseignement de la Physique.*

Au professeur qui veut exposer les hypothèses sur lesquelles sont fondées les théories physiques, la logique ne donne pas plus d'indications qu'elle n'en

(1) Réponse citée par Biot dans l'article : *Newton* qu'il a écrit pour la *Biographie universelle* de MICHAUD.

donne à l'inventeur. Elle lui enseigne seulement que l'ensemble des hypothèses physiques constitue un système de principes dont les conséquences doivent représenter l'ensemble des lois établies par les expérimentateurs. Dès lors, un exposé vraiment logique de la Physique débuterait par l'énoncé de *toutes* les hypothèses dont les diverses théories feront usage, il se poursuivrait en déduisant une foule de conséquences de ces hypothèses, et il conclurait en mettant face à face cette multitude de conséquences et la multitude des lois expérimentales qu'elles doivent représenter.

Il est clair qu'un tel mode d'exposition de la Physique, qui serait seul parfaitement logique, est absolument impraticable ; il est donc certain qu'aucun enseignement de la Physique ne peut être donné sous une forme qui ne laisse rien à désirer au point de vue logique ; *toute exposition des théories physiques sera forcément un compromis entre les exigences de la logique et les besoins intellectuels de l'étudiant.*

Le maître, nous l'avons déjà dit, devra se contenter de formuler, tout d'abord, un certain groupe, plus ou moins étendu, d'hypothèses, d'en déduire un certain nombre de conséquences qu'il soumettra, sans plus tarder, au contrôle des faits. Ce contrôle, évidemment, ne sera pas pleinement convainquant ; il impliquera adhésion à certaines propositions qui découlent de conséquences non encore formulées. L'élève se scandaliserait, sans doute, des cercles vicieux qu'il y apercevrait s'il n'était dûment averti d'avance ; s'il ne savait que la vérification des formules, ainsi tentée, est une vérification hâtive, une anticipation sur les délais imposés par la stricte logique à toute application de la théorie.

Par exemple, un professeur qui a posé l'ensemble des hypothèses sur lesquelles reposent la Mécanique générale et la Mécanique céleste, qui en a déduit un certain nombre de chapitres de ces deux sciences, n'attendra pas d'avoir traité la Thermodynamique, l'Optique, la théorie de l'électricité et du magnétisme, pour comparer ses théorèmes à diverses lois expérimentales. Cependant, en faisant cette comparaison, il lui arrivera de se servir d'une lunette astronomique, de tenir compte de dilatations, de corriger des causes d'erreur provenant de l'électrisation ou de l'aimantation, partant d'invoquer les théories qu'il n'a pas encore exposées. L'élève non prévenu crierait au paralogisme ; il cessera au contraire de s'étonner s'il a compris que ces vérifications lui sont présentées par avance, afin d'éclairer aussitôt que possible, par des exemples, les propositions théoriques qui lui ont été exposées, mais qu'elles devraient, logiquement, venir beaucoup plus tard, alors qu'il posséderait le système entier de la Physique théorique.

Cette impossibilité pratique d'exposer le système de la Physique sous la forme même qu'exigerait la rigueur logique, cette nécessité de tenir une sorte d'équilibre entre ce que réclame cette rigueur et ce que peut assimiler l'intelligence de l'élève, rendent particulièrement délicat l'enseignement de cette science. Il est bien permis au maître, en effet, de donner une leçon où le logicien pointilleux trouverait à redire ; mais cette tolérance est subordonnée à certaines conditions ; l'élève doit savoir que la leçon recueillie par lui n'est exempte ni de lacunes, ni d'affirmations non encore justifiées ; il doit voir clairement où se trouvent ces lacunes et quelles sont ces affirmations ; il faut, en un mot, que l'enseignement, forcément boiteux et incomplet, dont il se doit contenter ne fasse point germer d'idées fausses en son esprit.

La lutte contre l'idée fausse, si prompte à se glisser en un tel enseignement, sera donc le constant souci du maître.

Aucune hypothèse isolée, aucun groupe d'hypothèses, séparé du reste de la Physique, n'est susceptible d'une vérification expérimentale absolument autonome ; aucun *experimentum crucis* ne peut trancher entre deux hypothèses, et entre ces deux hypothèses seulement ; le maître, cependant, ne pourra attendre que toutes les hypothèses aient été énoncées pour soumettre certaines d'entre elles au contrôle de l'observation ; il ne pourra se dispenser de présenter certaines expériences, l'expérience de Foucault, l'expérience d'Otto Wiener, par exemple, comme entraînant l'adhésion à une certaine supposition au préjudice de la supposition contraire ; mais il devra soigneusement marquer jusqu'à quel point le contrôle qu'il décrit anticipe sur les théories non encore exposées ; comment la soi-disant expérience cruciale implique l'acceptation préalable d'une foule de propositions que l'on est convenu de ne plus contester.

Aucun système d'hypothèses ne peut être tiré par induction de la seule expérience ; l'induction, cependant, peut indiquer, en quelque sorte, la voie qui conduit à certaines hypothèses ; il ne sera point interdit de le remarquer ; il ne sera point interdit, par exemple, au début d'un exposé de la Mécanique céleste, de prendre les lois de Képler et de montrer comment la traduction mécanique de ces lois conduit à des énoncés qui semblent appeler l'hypothèse de l'attraction universelle ; mais, ces énoncés une fois obtenus, il faudra attentivement observer à quel point ils diffèrent de l'hypothèse qu'on leur substitue.

En particulier, toutes les fois que l'on demandera à l'induction expérimentale de suggérer une hypothèse, on devra bien se garder de donner une expérience irréalisée pour une expérience faite, une expérience purement fictive pour une expérience faisable ; on devra surtout, cela va de soi, proscrire avec rigueur l'appel à l'expérience absurde.

§ V. — *Les hypothèses ne peuvent être déduites d'axiomes fournis par la connaissance commune.*

Par les considérations dont on environne souvent la présentation d'une hypothèse physique, il en est qui méritent d'arrêter notre attention ; très en faveur auprès d'un grand nombre de physiciens, ces considérations sont, si l'on n'y prend garde, particulièrement dangereuses et particulièrement fécondes en idées fausses. Elles consistent à justifier l'introduction de certaines hypothèses au moyen de propositions, soi-disant évidentes, tirées du sens commun.

Il peut arriver qu'une hypothèse trouve, dans les enseignements du sens commun, des analogies ou des exemples ; il peut même arriver qu'elle soit une proposition de sens commun rendue plus claire et plus précise par l'analyse ; dans ces divers cas, le maître pourra assurément mentionner ces rapprochements entre les hypothèses sur lesquelles repose la théorie et les lois que nous révèle l'expérience de chaque jour ; le choix de ces hypothèses en paraîtra d'autant plus naturel, d'autant plus satisfaisant pour l'esprit.

Mais de tels rapprochements exigent les plus minutieuses précautions ; il est fort aisé de se méprendre sur la ressemblance réelle entre une proposition de sens commun et un énoncé de Physique théorique ; bien souvent, l'analogie est toute superficielle ; elle est entre les mots et non entre les idées ; elle s'évanouirait si, prenant l'énoncé symbolique que formule la théorie, on en faisait la traduction ; si l'on transformait chacun des termes qu'emploie cet énoncé en substituant, selon le conseil de Pascal, la définition au défini ; on verrait alors à quel point, entre les deux propositions que l'on avait imprudemment rapprochées, la ressemblance est artificielle et purement verbale.

En ces malsaines vulgarisations où les intelligences de nos contemporains vont chercher la science frelatée dont elles s'enivrent, il arrive à chaque instant de lire des raisonnements auxquels la considération de l'*énergie* fournit des prémisses soi-disant intuitives. Ces prémisses, la plupart du temps, sont de véritables calembours ; on y joue sur le double sens du mot *énergie;* on prend des jugements qui sont vrais au sens vulgaire du mot énergie, au sens où l'on dit que la traversée de l'Afrique a réclamé des compagnons de Marchand une grande dépense d'énergie ; et ces jugements, on les transporte en bloc à l'énergie entendue au sens que lui donne la Thermodynamique, à la fonction de l'état d'un système dont la différentielle totale est, en chaque modification élémentaire, égale à l'excès du travail externe sur la chaleur dégagée.

Naguère encore, ceux qui se complaisent en de telles piperies déploraient que le principe de l'*accroissement de l'entropie* fût beaucoup plus abstrus et difficile à comprendre que le principe de la *conservation de l'énergie;* les deux principes, cependant, exigent du géomètre des calculs tout semblables ; mais le terme d'*entropie* n'a de sens que dans la langue du physicien ; il est inconnu au langage vulgaire ; il ne prête pas aux équivoques. Depuis peu, on n'entend plus ces doléances à l'égard de l'obscurité où demeurerait plongé le second principe de la Thermodynamique ; il passe aujourd'hui pour clair et vulgarisable. Pourquoi? Parce qu'on en a changé le nom. On l'appelle maintenant principe de la *dissipation* ou de la *dégradation de l'énergie;* or, ceux qui ne sont pas physiciens, mais le veulent paraître, entendent aussi ces mots-là ; ils leur prêtent, il est vrai, un sens qui n'est point celui que les physiciens leur attribuent ; mais que leur importe ? Voilà la porte ouverte à maint discours spécieux qu'ils donnent pour raisonnements, et qui ne sont que jeux de mots. C'est justement là ce qu'ils souhaitaient.

L'emploi de la précieuse règle de Pascal fait évanouir ces trompeuses analogies comme un coup de vent dissipe les effets du mirage.

Ceux qui prétendent tirer du fond du sens commun les hypothèses qui porteront leurs théories peuvent encore être victimes d'une autre illusion.

Le fond du sens commun n'est pas un trésor enfoui dans le sol, auquel nulle pièce ne vient plus s'ajouter ; c'est le capital d'une société immense et prodigieusement active, formée par l'union des intelligences humaines ; de siècle en siècle, ce capital se transforme et s'accroît; à ces transformations, à cet accroissement de richesse, la science théorique contribue pour sa très grande part ; sans cesse, elle se diffuse par l'enseignement, par la conversation, par les livres et les journaux ; elle pénètre jusqu'au fond de la connaissance vulgaire ; elle éveille son attention sur des phénomènes jusqu'alors négligés ; elle lui apprend à analyser des notions qui étaient demeurées confuses ; elle enrichit ainsi le patrimoine des vérités communes à tous les hommes ou, du moins, à tous ceux qui ont atteint un certain degré de culture intellectuelle. Qu'un maître vienne alors, désireux d'exposer une théorie physique ; il trouvera, parmi les vérités de sens commun, des propositions admirablement propres à justifier ses hypothèses ; il croira qu'il a tiré celles-ci des exigences premières et forcées de notre raison, qu'il les a *déduites* de véritables *axiomes;* en fait, il aura simplement repris, dans le fonds des connaissances communes, pour les rendre à la science théorique, les pièces que la science théorique avait elle-même déposées dans ce trésor.

De cette grave erreur, de ce cercle vicieux, nous trouvons un exemple frappant dans l'exposé que maint auteur donne des principes de la Mécanique ; cet exposé, nous l'emprunterons à Euler ; mais ce que nous dirons des raisonnements exposés par ce grand géomètre, nous pourrions le répéter d'une foule d'écrits plus récents.

« Dans le premier chapitre, dit Euler (1), je démontre

(1) LEONHARDI EULERI *Mechanica sive motus scientia, analytice exposita*, Petropoli, 1736 ; t. I, Præfatio.

les lois universelles de la nature qu'observe un corps lorsqu'il est libre de se mouvoir et qu'il n'est sollicité par aucune force. Si un tel corps est en repos à un instant donné, il persévérera éternellement dans son état de repos ; s'il est en mouvement, il se mouvra éternellement en ligne droite avec une vitesse constante; ces deux lois peuvent être commodément réunies sous le nom de loi de la conservation de l'état. Il suit de là que la conservation de l'état est une propriété essentielle de tous les corps, et que tous les corps, en tant que tels, ont une force ou faculté de persévérer perpétuellement dans leur état, force qui n'est autre que la force d'inertie... Puisque tout corps, par sa nature même, persévère constamment dans le même état, soit de repos, soit de mouvement, il est clair qu'il faudra attribuer aux forces extérieures toute circonstance où un corps ne suivra pas cette loi, où il se mouvra d'un mouvement non uniforme ou bien selon une ligne courbe... Ainsi sont constitués les véritables principes de la Mécanique, au moyen desquels on doit expliquer tout ce qui concerne l'altération du mouvement ; comme ces principes n'ont été confirmés jusqu'ici que d'une manière trop légère, je les ai démontrés de telle manière qu'on les comprenne non seulement comme certains, mais comme nécessairement vrais. »

Si nous poursuivons la lecture du traité d'Euler, nous trouvons, au commencement du chapitre II, les passages suivants :

« Définition : *La puissance est la force qui tire un corps du repos pour le mettre en mouvement, ou qui altère son mouvement.* La gravité est une force ou puissance de ce genre ; en effet, si l'on rend un corps libre de tout empêchement, elle le tire du repos pour le faire tomber et lui communique un mouvement de descente qui s'accélère sans cesse.

« COROLLAIRE. Tout corps abandonné à lui-même demeure en repos ou se meut d'un mouvement rectiligne et uniforme. Toutes les fois donc qu'il advient à un corps libre, qui était en repos, de se mettre en mouvement, ou bien de se mouvoir d'un mouvement non uniforme, ou d'un mouvement non rectiligne, la cause en doit être attribuée à une certaine puissance ; car tout ce qui peut déranger un corps de son mouvement, nous l'appelons puissance. »

Euler nous présente cette phrase : « La puissance est la force qui met un corps en mouvement ou qui altère son mouvement » comme une *définition*. Que faut-il entendre par là ? Euler veut-il, destituant le mot *puissance* de tout sens antérieurement acquis, donner une simple définition de nom, dont rien ne limite l'arbitraire ? Dans ce cas, la déduction qu'il déroule à nos yeux sera d'une impeccable logique ; mais elle sera une simple construction de syllogismes, sans aucun contact avec la réalité. Ce n'est point là l'œuvre qu'Euler a entendu accomplir ; il est clair qu'en énonçant la phrase que nous rapportions tout à l'heure, il a pris le mot *puissance* ou *force* au sens qu'il a dans le langage courant et non scientifique ; l'exemple de la pesanteur, immédiatement cité, nous en est un sûr garant ; c'est, d'ailleurs, parce qu'il attribue au mot *puissance*, non pas un sens nouveau et arbitrairement défini, mais le sens que tout le monde y attache, qu'Euler peut emprunter à ses prédécesseurs, notamment à Varignon, les théorèmes de Statique dont il fait usage.

Cette définition n'est donc pas une définition de nom, mais une définition de nature; prenant le mot *puissance* au sens où chacun l'entend, Euler se propose de marquer le caractère essentiel de là puissance, caractère dont se tireront toutes les autres propriétés de la force. La phrase que nous avons citée est bien moins une définition qu'une proposition dont Euler postule l'évidence, qu'un *axiome*. Cet axiome, d'autres axiomes analogues lui permettront seuls de prouver que les lois de la Mécanique sont non seulement vraies, mais nécessaires.

Or, est-il évident, est-il clair par les seules lumières du sens commun, qu'un corps soustrait à l'action de toute force se meuve éternellement en ligne droite, avec une vitesse constante? Qu'un corps soumis à une pesanteur constante accélère sans cesse la vitesse de sa chute? De telles opinions sont, au contraire, prodigieusement loin de la connaissance vulgaire; pour les enfanter, il a fallu les efforts accumulés de tous les génies qui, pendant deux mille ans, ont traité de la Dynamique (1).

Ce que nous enseigne l'expérience de chaque jour, c'est qu'une voiture qui n'est pas attelée demeure immobile; c'est qu'un cheval qui développe un effort constant entraîne le véhicule avec une vitesse constante; c'est que, pour faire courir le char plus rapide-

(1) Cf. E. Wohlwill : *Die Entdeckung der Beharrungsgesetzes* (Zeitschrift für Volkerpsychologie und Sprachwissenschaft, Bd. XIV et Bd. XV, 1883-1884). — P. Duhem : *De l'accélération produite par une force constante* (Congrès d'Histoire des sciences ; Genève, 1904).

ment, il faut que le cheval développe un effort plus grand, ou bien qu'on lui adjoigne un compagnon. Comment donc traduirions-nous ce que de telles observations nous apprennent touchant la *puissance* ou la *force?* Nous formulerions ces énoncés :

Un corps qui n'est soumis à aucune puissance demeure immobile.

Un corps qui est soumis à une puissance constante se meut avec une vitesse constante.

Lorsqu'on accroît la puissance qui meut un corps, on accroît la vitesse de ce corps.

Tels sont les caractères que le sens commun attribue à la force ou puissance ; telles sont les hypothèses qu'il faudrait prendre pour bases de la Dynamique si l'on voulait fonder cette science sur les évidences du sens commun.

Or, ces caractères, ce sont ceux qu'Aristote (1) attribue à la *puissance* (δύναμις) ou *force* (ἰσχύς); cette Dynamique, c'est la Dynamique du Stagirite; lorsqu'en une telle Dynamique on constate que la chute des graves est un mouvement accéléré, on en conclut non pas que les graves sont soumis à une force constante, mais que leur poids augmente au fur et à mesure qu'ils descendent.

Les principes de la Dynamique péripatéticienne semblaient d'ailleurs si certains, leurs racines plongeaient si profondément dans le sol résistant des connaissances communes que, pour les extirper, pour faire croître à leur place ces hypothèses auxquelles Euler attribue une immédiate évidence, il a fallu l'un des

(1) Aristote : Φυσικῆς ἀκροάσεως H, ε. — Περὶ Οὐρανοῦ Γ,β.

efforts les plus longs, les plus persévérants que nous fasse connaître l'histoire de l'esprit humain ; il a fallu qu'Alexandre d'Aphrodisias, Themistius, Simplicius, Albert de Saxe, Nicolas de Cus, Léonard de Vinci, Cardan, Tartalea, Jules César Scaliger, Jean-Baptiste Benedetti, frayassent la voie à Galilée, à Descartes, à Beeckman et à Gassendi.

Ainsi les propositions qu'Euler regarde comme des axiomes dont l'évidence s'impose à nous et sur lesquelles il veut fonder une Dynamique non seulement vraie, mais nécessaire, ce sont, en réalité, des propositions que la Dynamique seule nous a enseignées et qu'elle a très lentement, très péniblement, substituées aux fausses évidences du sens commun.

Le cercle vicieux dans lequel tourne la déduction d'Euler ne saurait être évité par ceux qui pensent justifier les hypothèses sur lesquelles repose une théorie physique au moyen d'axiomes de consentement universel ; les prétendus axiomes qu'ils invoquent ont été tirés des lois mêmes qu'ils en voudraient déduire (1).

Il est donc tout à fait illusoire de vouloir prendre les enseignements du sens commun comme fondement des hypothèses qui doivent porter la Physique théorique. A suivre une telle marche, ce n'est pas la Dynamique de Descartes et de Newton que l'on atteint, mais la Dynamique d'Aristote.

Ce n'est pas que les enseignements du sens commun

(1) Le lecteur pourra rapprocher ce que nous venons de dire des critiques adressées par M. E. Mach à la démonstration, proposée par Daniel Bernoulli, pour justifier la règle du parallélogramme des forces. (Ernst Mach : *La Mécanique, exposé historique et critique de son développement*, Paris, 1904, p. 45.)

ne soient très vrais et très certains ; il est très vrai et très certain qu'une voiture non attelée n'avance pas, qu'attelée de deux chevaux elle marche plus vite qu'attelée d'un seul cheval. Nous l'avons dit à plusieurs reprises : Ces certitudes et ces vérités du sens commun sont, en dernière analyse, la source d'où découle toute vérité et toute certitude scientifique. Mais, nous l'avons dit aussi, les observations du sens commun sont d'autant plus certaines qu'elles détaillent moins, qu'elles se piquent moins de précision ; les lois de sens commun sont très vraies, mais à la condition expresse que les termes généraux entre lesquels elles établissent un lien soient de ces abstractions spontanément et naturellement jaillies du concret, de ces abstractions inanalysées, prises en bloc, comme l'idée générale de voiture ou l'idée générale de cheval.

C'est une grave méprise de prendre des lois qui relient des idées si complexes, si riches de contenu, si peu analysées, et de vouloir les traduire immédiatement au moyen des formes symboliques, produits d'une simplification et d'une analyse portées à l'extrême, qui composent le langage mathématique ; c'est une illusion singulière que de prendre l'idée de puissance motrice constante comme équivalente à l'idée de cheval, l'idée de mobile absolument libre comme représentation de l'idée de voiture. Les lois de sens commun sont des jugements touchant les idées générales, extrêmement complexes, que nous concevons à propos de nos observations quotidiennes ; les hypothèses de Physique sont des relations entre des symboles mathématiques amenés au plus haut degré de simplification ; il est absurde de méconnaître l'extrême différence de nature qui sépare ces deux sortes de propositions ; il est absurde de penser que les secondes se relient aux premières comme le corollaire au théorème.

C'est en ordre inverse que doit se faire le passage des hypothèses de la Physique aux lois de sens commun ; de l'ensemble des hypothèses simples qui servent de bases aux théories physiques se tireront des conséquences plus ou moins lointaines, et celles-ci fourniront une représentation schématique des lois que nous révèle l'expérience vulgaire ; plus les théories seront parfaites, plus cette représentation sera compliquée ; et cependant, les observations vulgaires qu'elle doit figurer la surpasseront toujours infiniment en complexité ; bien loin que l'on puisse tirer la Dynamique des lois que le sens commun a connues en regardant rouler une voiture tirée par un cheval, toutes les ressources de la Dynamique suffisent à peine à nous donner une image très simplifiée du mouvement de cette voiture.

Le dessein de tirer des connaissances du sens commun la démonstration des hypothèses sur lesquelles reposent les théories physiques a pour mobile le désir de construire la Physique à l'imitation de la Géométrie ; en effet, les axiomes d'où la Géométrie se tire avec une si parfaite rigueur, les *demandes* qu'Euclide formule au début de ses *Éléments* sont des propositions dont le sens commun affirme l'évidente vérité. Mais nous avons vu, à plusieurs reprises, combien il était dangereux d'établir un rapprochement entre la méthode mathématique et la méthode que suivent les théories physiques ; combien, sous une ressemblance tout extérieure, due à l'emprunt, fait par la Physique, du langage mathématique, ces deux méthodes se montraient profondément différentes ; à la distinction de ces deux méthodes il nous faut encore revenir.

La plupart des idées abstraites et générales qui naissent spontanément en nous, à l'occasion de nos perceptions, sont des conceptions complexes et inanalysées ; il en est, cependant, qui, presque sans effort, se montrent claires et simples ; ce sont les diverses idées qui se groupent autour des notions de *nombre* et de *figure;* l'expérience vulgaire nous conduit à relier ces idées par des lois qui, d'une part, ont la certitude immédiate des jugements du sens commun, et qui, d'autre part, ont une netteté et une précision extrêmes. Il a donc été possible de prendre un certain nombre de ces jugements pour prémisses de déductions où l'incontestable vérité de la connaissance commune se trouvait inséparablement unie à la clarté parfaite des enchaînements de syllogismes. Ainsi se sont constituées l'Arithmétique et la Géométrie.

Mais les sciences mathématiques sont des sciences très exceptionnelles ; elles seules ont ce bonheur de traiter d'idées qui jaillissent de nos quotidiennes perceptions par un travail spontané d'abstraction et de généralisation, et qui, cependant, se montrent de suite nettes, pures et simples.

Ce bonheur est refusé à la Physique. Les notions fournies par les perceptions, dont elle a à traiter, sont des notions infiniment confuses et complexes, dont l'étude exige un long et pénible travail d'analyse ; les hommes de génie qui ont créé la Physique théorique ont compris que, pour mettre dans ce travail de l'ordre et de la clarté, il fallait demander ces qualités aux seules sciences qui fussent naturellement ordonnées et claires, aux sciences mathématiques. Mais ils n'ont pu faire, néanmoins, que la clarté et l'ordre vinssent en Physique, comme ils viennent en Arithmétique et en Géométrie, se joindre d'une manière immédiate à la certitude obvie. Tout ce qu'ils ont pu faire, c'est de se placer en face de la foule des lois tirées directement de l'observation, lois confuses, complexes, désordonnées, mais douées d'une certitude qui se constate directement, et de tracer une représentation symbolique de ces lois, représentation admirablement claire et ordonnée, mais dont on ne peut même plus dire proprement qu'elle soit vraie.

Dans le domaine des lois d'observation, le sens commun règne ; lui seul, par nos moyens naturels de percevoir et de juger nos perceptions, décide du vrai et du faux. Dans le domaine de la représentation schématique, la déduction mathématique est souveraine maîtresse ; tout doit se ranger aux règles qu'elle impose. Mais d'un domaine à l'autre s'établit une continuelle circulation, un continuel échange de propositions et d'idées. La théorie demande à l'observation de soumettre quelqu'une de ses conséquences au contrôle des faits ; l'observation suggère à la théorie de modifier une hypothèse ancienne ou d'énoncer une hypothèse nouvelle. Dans la zone intermédiaire au travers de laquelle s'effectuent ces échanges, par laquelle est assurée la communication entre l'observation et la théorie, le sens commun et la logique mathématique font concourir leurs influences et mêlent les uns aux autres, d'une manière inextricable, les procédés qui leur sont propres.

Ce double mouvement qui, seul, permet à la Physique

d'unir les certitudes des constatations de sens commun aux clartés des déductions mathématiques, a été dépeint en ces termes par M. Édouard Le Roy (1) :

« Bref, nécessité et vérité sont les deux pôles extrêmes de la science. Mais ces deux pôles ne coïncident pas ; c'est le rouge et c'est le violet du spectre. Dans la continuité intercalaire, seule réalité effectivement vécue, vérité et nécessité varient en sens inverse l'une de l'autre suivant celui des deux pôles vers lequel on s'oriente et se dirige... Si l'on choisit de marcher vers le nécessaire, on tourne le dos au vrai, on travaille à éliminer tout ce qui est expérience et intuition, on tend au schématisme, au discours pur, aux jeux formels de symboles sans signification. Pour conquérir la vérité, au contraire, c'est l'autre sens de marche qu'il faut adopter ; l'image, la qualité, le concret, reprennent leurs droits prééminents ; et l'on voit alors la nécessité discursive se fondre graduellement en contingence vécue. Finalement, ce n'est point par les mêmes parties que la Science est nécessaire et que la Science est vraie, qu'elle est rigoureuse et qu'elle est objective. »

La vigueur de ces termes excède peut-être quelque peu la pensée même de l'auteur ; en tous cas, pour qu'elle exprime fidèlement la nôtre, il suffit de substituer les mots *ordre* et *clarté* aux mots *rigueur* et *nécessité* employés par M. Le Roy.

Il est très juste, alors, de déclarer que la science physique est issue de deux sources : l'une de certitude, qui est le sens commun ; l'autre de clarté, qui

(1) Édouard Le Roy : *Sur quelques objections adressées à la nouvelle philosophie.* (*Revue de Métaphysique et de Morale*, 1901, p. 319.)

est la déduction mathématique ; et la science physique est à la fois certitude et clarté parce que les flux qui naissent de ces deux sources concourent et mêlent intimement leurs eaux.

En Géométrie, la connaissance claire produite par la logique déductive et la connaissance certaine issue du sens commun sont si exactement juxtaposées qu'on ne saurait apercevoir cette zone mixte où s'exercent simultanément et à l'envi tous nos moyens de connaître ; voilà pourquoi le géomètre, lorsqu'il traite des sciences physiques, est exposé à oublier l'existence de cette zone ; pourquoi il veut construire la Physique, à l'imitation de sa science préférée, sur des axiomes immédiatement tirés de la connaissance vulgaire ; à la poursuite de cet idéal, que M. Ernst Mach nomme si justement (1) une *fausse rigueur,* il risque fort de n'atteindre que des démonstrations hérissées de paralogismes et tissues de pétitions de principes.

§ VI. — *Importance en Physique de la méthode historique.*

Comment le maître chargé d'exposer la Physique prémunira-t-il ses élèves contre les dangers d'une telle méthode ? Comment pourra-t-il leur faire embrasser du regard l'immense étendue du territoire qui sépare le domaine de l'expérience vulgaire, où règnent les lois de sens commun, du domaine théorique, ordonné par les principes clairs ? Comment pourra-t-il, en même temps, leur faire suivre la double démarche par

(1) Ernst Mach : *La Mécanique, exposé historique et critique de son développement,* Paris, 1904, p. 80.

laquelle l'esprit établit une communication continuelle et réciproque entre ces deux domaines ; entre la connaissance empirique qui, privée de théorie, réduirait la Physique à une matière informe, et la théorie mathématique qui, séparée de l'observation, détachée du témoignage des sens, ne donnerait à la science qu'une forme vide de matière ?

Mais cette méthode, pourquoi chercher à l'imaginer de toutes pièces ? N'avons-nous pas sous les yeux un étudiant qui, dans l'enfance, ignorait tout des théories physiques et qui, dans l'âge adulte, est parvenu à la pleine connaissance de toutes les hypothèses sur lesquelles reposent ces théories ? Cet étudiant, dont l'éducation s'est poursuivie durant des millénaires, c'est l'humanité. Pourquoi, dans la formation intellectuelle de chaque homme, n'imiterions-nous pas le progrès par lequel s'est formée la science humaine ? Pourquoi ne préparerions-nous pas l'entrée de chaque hypothèse dans l'enseignement par un exposé sommaire, mais fidèle, des vicissitudes qui ont précédé son entrée dans la Science ?

La méthode légitime, sûre, féconde, pour préparer un esprit à recevoir une hypothèse physique, c'est la méthode historique. Retracer les transformations par lesquelles la matière empirique s'est accrue, tandis que la forme théorique s'ébauchait ; décrire la longue collaboration par laquelle le sens commun et la logique déductive ont analysé cette matière et modelé cette forme jusqu'à ce que l'une s'adaptât exactement à l'autre, c'est le meilleur moyen, voire le seul moyen, de donner à ceux qui étudient la Physique une idée juste et une vue claire de l'organisation si complexe et si vivante de cette science.

Sans doute, il n'est pas possible de reprendre étape par étape la marche lente, hésitante, tâtonnante, par laquelle l'esprit humain est parvenu à la vue claire de chaque principe physique ; il y faudrait trop de temps; pour entrer dans l'enseignement, il faut que l'évolution de chaque hypothèse se raccourcisse et se condense ; il faut qu'elle se réduise dans le rapport qu'a la durée de l'éducation d'un homme à la durée de la formation de la science ; à l'aide d'une abréviation semblable, les métamorphoses par lesquelles un être passe de l'état d'embryon à l'état adulte reproduisent la lignée, réelle ou idéale, par laquelle cet être se rattache à la souche première des êtres vivants.

Cette abréviation, d'ailleurs, est presque toujours aisée, pourvu que l'on veuille bien négliger tout ce qui est simplement fait accidentel, nom d'auteur, date d'invention, épisode ou anecdote, pour s'attacher aux seuls faits historiques qui paraissent essentiels aux yeux du physicien, aux seules circonstances où la théorie se soit enrichie d'un principe nouveau, où elle ait vu se dissiper une obscurité, disparaître une idée erronée.

Cette importance qu'acquiert, dans l'étude de la Physique, l'histoire des méthodes par lesquelles les découvertes se sont faites marque, de nouveau, l'extrême différence entre la Physique et la Géométrie.

En Géométrie, où les clartés de la méthode déductive se soudent directement aux évidences du sens commun, l'enseignement peut se donner d'une manière entièrement logique ; il suffit qu'un postulat soit énoncé pour que l'étudiant saisisse aussitôt les données de la connaissance commune que condense un tel jugement; il n'a pas besoin, pour cela, de connaître la voie par laquelle ce postulat a pénétré dans la science. L'histoire des Mathématiques est, assurément, l'objet d'une curiosité légitime ; mais elle n'est point essentielle à l'intelligence des Mathématiques.

Il n'en est pas de même en Physique. Là, nous l'avons vu, il est interdit à l'enseignement d'être purement et pleinement logique. Dès lors, le seul moyen de relier les jugements formels de la théorie à la matière des faits que ces jugements doivent représenter, et cela en évitant la subreptice pénétration des idées fausses, c'est de justifier chaque hypothèse essentielle par son histoire.

Faire l'histoire d'un principe physique, c'est, en même temps, en faire l'analyse logique. La critique des procédés intellectuels que la Physique met en jeu se lie d'une manière indissoluble à l'exposé de l'évolution graduelle par laquelle la déduction perfectionne la théorie, en fait une image toujours plus précise, toujours mieux ordonnée des lois que révèle l'observation.

Seule, d'ailleurs, l'histoire de la Science peut garder le physicien des folles ambitions du Dogmatisme comme des désespoirs du Pyrrhonisme.

En lui retraçant la longue série des erreurs et des hésitations qui ont précédé la découverte de chaque principe, elle le met en garde contre les fausses évidences ; en lui rappelant les vicissitudes des Écoles cosmologiques, en exhumant de l'oubli où elles gisent les doctrines autrefois triomphantes, elle le fait souvenir que les plus séduisants systèmes ne sont que des représentations provisoires et non des explications définitives.

Et, d'autre part, en déroulant à ses yeux la tradition continue par laquelle la science de chaque époque est nourrie des systèmes des siècles passés, par laquelle elle est grosse de la Physique de l'avenir; en lui citant les prophéties que la théorie a formulées et que l'expérience a réalisées, elle crée et fortifie en lui cette conviction que la théorie physique n'est point un système purement artificiel, aujourd'hui commode et demain sans usage; qu'elle est une classification de plus en plus naturelle, un reflet de plus en plus clair des réalités que la méthode expérimentale ne saurait contempler face à face.

Chaque fois que l'esprit du physicien est sur le point de verser en quelque excès, l'étude de l'histoire le redresse par une correction appropriée; l'histoire pourrait définir le rôle qu'elle joue à l'égard du physicien en empruntant ce mot de Pascal (1) : « S'il se vante, je l'abaisse; s'il s'abaisse, je le vante. » Elle le maintient ainsi en cet état de parfait équilibre d'où il peut sainement apprécier l'objet et la structure de la théorie physique.

(1) Pascal : *Pensées*, Édition Havet, art. 8.

TABLE DES MATIÈRES

SECONDE PARTIE

LA STRUCTURE DE LA THÉORIE PHYSIQUE

La Chapelle-Montligeon (Orne). — Imp. de Montligeon.

Spotted something that isn't quite right?

Let us know and we'll fix it for future reprints. And as a thank you for your diligence, we'll send you a free Sothis book of your choice.

publisher@sothis.press

This page intentionally left blank

Except of course for that line above. And this one.
And whilst we have your attention, perhaps you'd
like to follow us on Instagram @sothis.press. Go on.

Made in the USA
Monee, IL
13 September 2026

62977125R00267